ZHINENG PEIDIANWANG ZHUANGTAI GUJI YU GANZHI

智能配电网状态估计与感知

（第二版）

葛磊蛟　白星振◎著

中国电力出版社
CHINA ELECTRIC POWER PRESS

内 容 提 要

随着配电技术快速发展，尤其是可再生能源和多种类型负荷的接入，使得配电网的拓扑结构变得动态复杂。本书针对目前配电网可靠监测与控制的技术需求，在第一版的基础上，进一步补充配电网状态虚拟数据采集技术，并讨论智能配电网的态势预测及优化控制技术等内容。

全书共分为13章，包括概述、基于相似日与神经网络的分布式光伏数据虚拟采集方法、基于改进鲸鱼优化算法与轻量梯度提升机混合虚拟采集方法、考虑分布式光伏时空耦合和RPV仿射优化的虚拟采集方法、基于连续一二值去噪自编码器的分布式光伏数据虚拟采集方法、量测丢失情形下的配电网状态估计、基于事件触发的配电网预测辅助状态估计、基于鲁棒EKF的配电网预测辅助状态估计、基于自适应扩展集员滤波的配电网状态估计、计及时滞的含风电配电网节点电压安全分析、智能配电网无功优化方法、计及时延的智能配电网光储就地—分布电压优化控制方法和基于混合动作空间的深度强化学习配电网双时间尺度电压控制。

本书适合从事配电网状态监测、估计及控制等的科学研究人员及高等院校电气工程相关专业的研究生阅读和参考。

图书在版编目（CIP）数据

智能配电网状态估计与感知 / 葛磊蛟 ，白星振著. 2版. -- 北京 ：中国电力出版社，2025. 7. -- ISBN 978-7-5239-0044-4

Ⅰ. TM727

中国国家版本馆CIP数据核字第20250UH633号

出版发行：中国电力出版社
地　　址：北京市东城区北京站西街19号（邮政编码100005）
网　　址：http://www.cepp.sgcc.com.cn
责任编辑：罗　艳（010-63412315）　张晓燕（010-63412464）
责任校对：黄　蓓　常燕昆
装帧设计：张俊霞
责任印制：石　雷

印　　刷：三河市万龙印装有限公司
版　　次：2020年12月第一版　　2025年7月第二版
印　　次：2025年7月北京第一次印刷
开　　本：710毫米×1000毫米　16开本
印　　张：17
字　　数：269千字
印　　数：0001—1000册
定　　价：115.00元

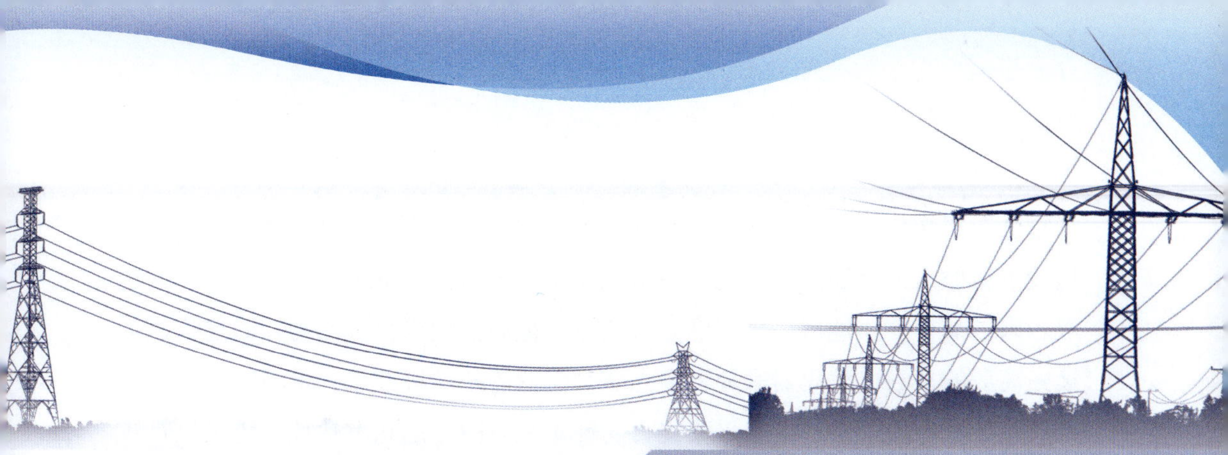

前 言

随着全球能源结构的转型和可再生能源的快速发展，配电网作为电力系统中直接面向用户的关键环节，正经历着前所未有的变革。传统配电网逐步向有源配电网转变，大量分布式电源的接入在提升能源利用效率的同时，也带来了运行复杂度的大幅增加。用户对供电质量和可靠性的需求日益提高，加之可再生能源的随机性和波动性，使得配电网的运行管理面临诸多挑战。在此背景下，发展智能配电网已成为行业共识，而构建高效的状态感知与优化控制体系则是实现这一目标的核心。

本书针对目前配电网可靠监测与控制的技术需求，在第一版的基础上，进一步补充配电网状态虚拟数据采集技术，还讨论智能配电网的态势预测及优化控制技术等内容。在排除各种干扰因素的影响下，实现配电网准确采集、状态估计与自适应控制，进而提升配电网的调度控制能力。本书围绕智能配电网的三大关键技术——虚拟采集、状态估计和优化控制展开系统性的阐述。针对分布式光伏电站监测数据点数量庞大，数据采集成本过高的问题，提出一种基于相似日、蝙蝠算法与小波神经网络（BA-WNN）相结合的分布式光伏数据虚拟采集方法，大幅降低了开发和存储成本，缓解了数据传输堵塞问题。针对分布式光伏运行环境复杂多变，数据采集不全、传输堵塞和设备故障等问题，提出一种基于改进多目标鲸鱼优化算法（improved multi-objective whale optimization algorithm, IMOWOA）与轻量梯度提升机（light gradient boosting machine, LightGBM）相结合的分布式光伏虚拟采集方法。实现高精度的区域内电站功率数据虚拟采集。

针对分布式光伏空间分布的不均匀性及太阳辐射强度不确定性，利用仿射数学构建了仿射人工神经网络实现对参考光伏（reference photovoltaic，RPV）的选取。为了减少复杂地形环境下的设备数量，提高抗数据丢失能力，通过构建连续—离散的去噪自编码器来分析多光伏系统的静态特性并选择 RPV，提高了数据质量较低的场景下的虚拟采集能力。针对配电网动态状态估计的随机性存在的问题，通过对具有随机性丢包特性的滤波器结构进行优化，并建立丢包情况下的鲁棒估计器，设计了一种新型鲁棒滤波算法，有效降低了随机丢包对系统估计性能的影响。针对配电网动态估计中高频信号受限等问题，提出了一种基于单峰参数抑制效应的预测策略措施，并设计相应的动态估计器，所提出的滤波算法能减少由事件触发引起的不确定观测所带来的影响，在确保状态估计性能情况下节约更多网络通信资源。针对配电网参数普遍呈现高维向量的特点，设计了闭环鲁棒状态估计器，通过改进的扩展卡尔曼滤波算法有效降低线性化误差，从而显著提升系统状态估计精度。且所设计的滤波算法具有较好的有效性和实用性。针对常规动态状态估计难以处理非高斯噪声影响的问题，提出了一种基于未知有界噪声的自适应扩展集员滤波的方法。引入自适应处理方法显著提高了滤波器的估计精度和稳定性，通过优化迭代过程，提高了算法迭代的收敛精度和收敛速度。在配电网运行控制过程中，数据计算、指令传输、指令响应等多个环节均存在时延不确定性，可能会造成控制策略失灵乃至局部节点电压越限，为此构建了计及时滞的含风电配电网节点电压安全分析偏导数微分超越方程的数学模型，提出一种 Lyapunov-Krasovskii 泛函构造方法，增强了配电网系统的安全性和可控性。针对光伏出力的不确定性和间歇性，提出了一种考虑光伏不确定性的配电网日前随机—日内实时滚动分布式无功优化方法，增强了系统的鲁棒性。针对高比例光伏并入配电网导致的功率倒送和电压越限问题，提出了一种考虑时延因素影响的光储就地—分布式协调控制策略，有效解决了电压越限问题。为了解决有源配电网的电压/无功控制（voltage/var control，VVC）中多设备合作的挑战，提出了一种基于配电网状态决策的混合动作空间强化学习算法，能够熟练地协调离散连续设备，并实现最小的电压违例。

本专著围绕智能配电网状态感知与可靠控制的热点技术，内容新颖，重点突出，能为从事配电网状态监测、估计及控制等的科学研究人员及高等院校相关专业的研究生提供学习参考。本专著内容在研究过程中得到了国家 863 计划项目（No.2015AA05203）、国家自然科学基金项目（No.51807134、No.618032335）、国家电网有限公司科技项目（No.KJ18-1-04、No.PD71-14-0235）、国内天津市电力公司科技项目（No.KJ17-1-19）的联合资助。最后，对所有对本专著研究内容、撰写和出版过程中给予帮助和支持的人表示感谢。

希望本专著对相关领域的研究者有所帮助，由于作者水平有限，书中难免有疏忽及错误之处，恳请大家批评指正。

著者

2025 年 2 月

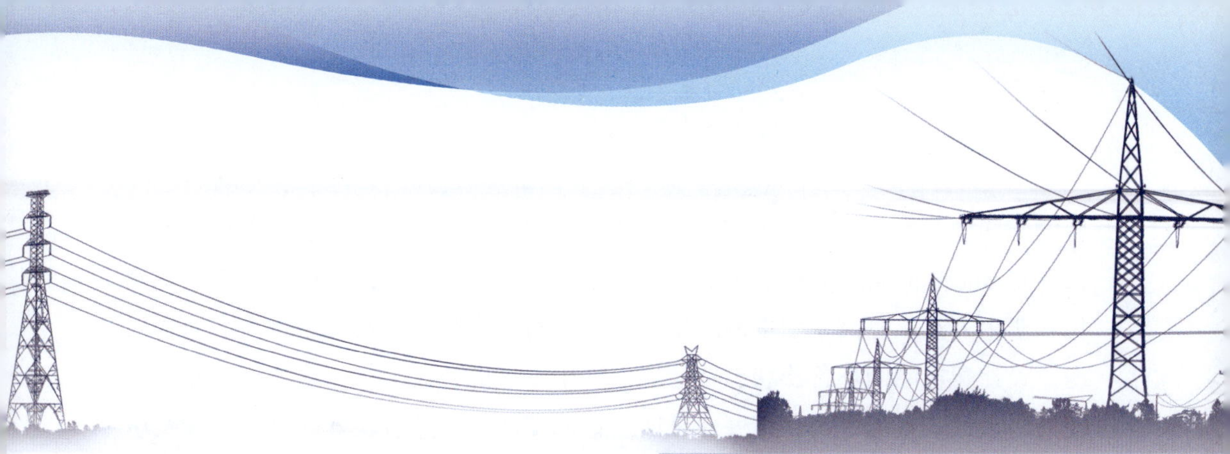

第一版前言

目前，随着供配电技术的发展，配电网中大量可再生能源及多种类型负荷接入，使配电网的拓扑结构变得越来越复杂，这给网络状态的监测与控制带来了严峻挑战。为了应对配电网所面临的挑战和满足用户日益增长的供电质量和可靠性要求，发展智能配电网已成为共识。在智能配电网条件下，受用户随机需求响应、客户多样化需求、应急减灾等因素影响，配电网运行趋于复杂多样，对配电管理的要求日趋提高。配电网状态估计根据系统监测装置提供的实时数据信息，排除由各种干扰因素所引起的错误信息，估计出系统的运行状态。配电网状态估计可实现对配电网运行状态的全面准确掌控，为提高复杂配电网的调度控制能力提供有力支撑。构建有效的智能配电网状态感知体系，增强对配电系统的状态感知能力已成为当前一个研究热点。

随着系统采集和处理的数据海量增长，配电网动态性变化的加强，现有的配电运行状态感知体系在数据采集、通信网络、计算分析、可靠性等诸多环节上均难以满足智能配电网的发展需求。另外，系统动态量测中的干扰噪声及网络化诱导现象造成网络量测信息的不确定性，严重影响系统状态估计性能。针对目前配电网状态估计中存在的问题，本专著从配电网状态可观测性、数据及网络拓扑辨识、不完全量测下可靠状态估计等方面进行研究阐述，主要研究工作如下：针对配电网数据观测难和计算量大等问题，通过建立基于支路电流的配电系统状态估计模型，提出了对有功/无功解耦的可观测性分析和数据辨识的方法，可一次性快速辨识出不可观测支路和关键量测数据，极大降低了计算量，提高了计算速度且无需迭代计算；针对由于分布式电源、新用户、即插即用设备的无序接入等导致的配电网拓扑辨识困难问题，提出了一种基于高级量测体系（advanced metering infrastructure，AMI）量测近邻回归的三相不平衡配电网拓扑辨识方法，提高了配电网运维效率；针对配电网中参数大多为高维向量问题，设计配电网闭环鲁棒状态估计器，基于改进的扩展卡尔曼滤波算法降低了线性化误差，提高了估计精度，且所设计的滤波算法具有较好的有效性和实用性；针对常规动态状态估计难以处理非高斯噪声影响的问题，提出了一种基于未知有界噪声的自适应扩展集员滤波的状态估计方法，引入自适应处理方法显著地提高了滤波器的估计精度和稳定性，通过优化迭代过程，提高了算法迭代的收敛精度和收敛速度；针对三相不平衡配电系统的不确定性问题，建立了三相可靠状态估计基本模型，提出了一种三相不平衡配电系统的两阶段可靠状态估计方法，基于仿射技术和潮流计算求解一系列线性规划问题得到保证，包含系统真实状态的最小区间，该方法对于当前 AMI 逐步健全的配电系统具有很好的可行性；针对配电网动态状态估计的随机性丢包的问题，通过对带有随机性丢失的滤波器的结构进行优化和建立量测丢失下的鲁棒估计器，设计了一种鲁棒递归滤波算法，减少了随机丢包对估计性能的影响；针对配电网状态估计受制于有限的通信带宽问题，提出了一种事件触发机制来规范数据的传输，并设计了基于事件触发的状态估计器。所提出的滤波算法能减少由事件触发引起的不确定观测所带来的影响，在确保状态估计性能情况下节约更多网络通信资源。

本专著第 1、4、5、7、8 章由白星振、程成撰写；第 2、3、6 章由葛磊蛟、梁栋撰写，董礼廷、秦飞宇等研究生也做了部分工作。在开展本专著内容的研究过程中，得到了国家 863 计划项目（No.2015AA05203）、国家自然科学基金项目（No.51807134，No.618032335）、国家电网有限公司科技项目（No.KJ18－1－04，No.PD71－14－0325）、国网天津市电力公司科技项目（No.KJ17－1－19）的联合资助。最后，对所有对本专著研究内容、撰写和出版过程中给予帮助和支持的人表示感谢。

希望本专著对相关领域的研究者有所帮助，由于作者水平有限，书中难免有疏忽及错误之处，恳请大家批评指正。

著者

2020 年 6 月

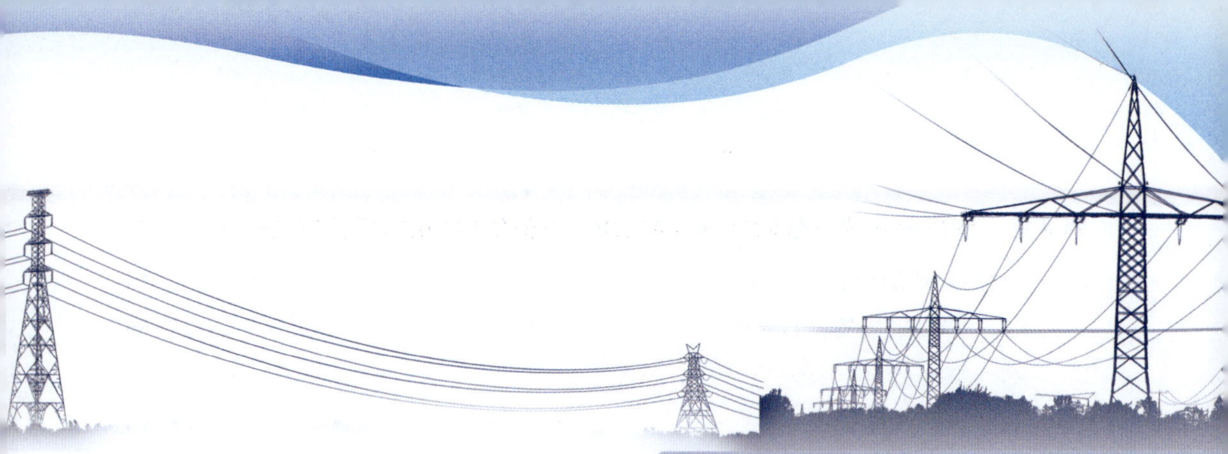

目 录

第1章

概　述

配电网作为电力系统中直接面向用户的重要一环，其重要性不言而喻。目前配电网中接入了大量可再生能源，这也促使传统配电网逐步转变为有源配电网。为了应对有源配电网所面临的挑战和满足用户日益增长的供电质量和可靠性要求，发展智能配电网已成为共识。在智能配电网条件下，系统采集和处理的数据呈海量增长，并且受用户随机需求响应、客户多样化需求、应急减灾等因素影响，配电网运行趋于复杂多样，对配电管理的要求日趋提高。

现有的配电运行状态感知体系在数据采集、通信网络、计算速度、可靠性等诸多环节上均难以满足智能配电网的发展需求。配电网内分布式电源分布范围广，容易受安装位置的地理限制而难以高效、经济地传输数据，并且使数据传输信道不足问题、量测设备难以全面覆盖问题更加突出。分布式电源的随机性和波动性增加了状态估计的复杂性，对数据采集的准确性提出了更高的要求。目前通信网络在面对海量数据传输时可能出现延迟和拥堵，并且现有计算资源难以快速处理海量数据并生成高精度估计结果，在大规模计算场景下可能存在性能瓶颈。更多的分布式能源接入导致配电网潮流分布不均，局部过负荷和电压偏差等问题频繁出现，影响系统的安全稳定运行。此外，通信时延和信息不对称使得分布式协调控制难以实现全局最优，进一步增加了调控的难度。

构建有效的智能配电网状态感知体系，增强对配电系统的优化控制已成为当前一个研究热点。为此，本书对智能配电网虚拟采集、动态状态估计和自适应优化控制的过程进行了阐述，如图 1-1 所示。针对配电网状态数据获取难度大的问题，介绍了虚拟采集技术，包括数据采集成本高、参考电站选择难度大、太阳辐射强度不确定性强、复杂气候条件下数据质量差等挑战，并根据不同情况分别提出了相应的虚拟采集方法。为应对配电网状态估计过程中数据丢失、网络拥堵、非线性噪声大等问题，提出了动态估计方法。根据具体情况，研究不同的配电网状态估计算法。最后，在优化控制部分，针对风电波动、配电网功率分布不平衡、通信时延等问题，研究各种分布式调控方法。这些方法能够有效解决多种实际工况下的配电网调控与协同优化问题，提升智能配电网的整体性能和运行效率。因此，先进的虚拟采集技术、状态估计算法和控制方法，可以全面提升系统的感知精度、响应速度和运行可靠性。

虚拟采集技术
数据采集成本高、预测模型复杂度高
启发式虚拟采集
虚拟采集区域划分难度大、参考电站选择难度大
数据推演虚拟采集
太阳辐射强度不确定性强、参考光伏功率选取难度大
普通天气下的虚拟采集
复杂气候条件下数据质量差、多光伏系统存在动态变化
复杂天气下的虚拟采集
动态状态估计
配电网信道带宽受限导致数据丢失
考虑量测丢失的配电网状态估计
配电网中“海量”数据传输导致网络拥堵
基于事件触发的配电网状态估计
配电系统非线性强、噪声大
基于鲁棒 EKF 的配电网状态估计
配电网中的非高斯噪声导致估计误差大
自适应扩展集员配电网状态估计
自适应优化控制
风电的强间歇性对配电网的电力潮流产生影响
调控的时间裕度
配电网中光伏出力具有不确定性
基于机理的分布式调控
通信时延加剧电压调节的难度
基于时滞的分布式调控
离散和连续控制动作在同一优化框架下协作困难
基于强化学习的分布式调控

图 1-1　智能配电网状态感知与自适应控制

1.1　配电网虚拟采集

随着传统能源短缺和环保压力日益加剧，可再生能源逐渐成为全球能源转型的重要方向。光伏发电作为一种清洁、无噪声的能源，逐步得到各国的支持

与推广，成为新能源领域的重要组成部分。光伏发电可分为集中式和分布式两种形式，其中，分布式光伏（distributed photovoltaic，DPV）具有高能源利用率、低环境污染和就地消纳灵活等优势。随着《中华人民共和国可再生能源法》的实施，我国相继出台了有利政策，推动了分布式光伏的迅速发展。国家能源局也发布了《关于整县屋顶分布式光伏开发试点名单的通知》（国能综通新能〔2021〕84 号），全国 676 个地区启动了屋顶光伏项目，进一步推动了该行业的高效发展。然而，分布式光伏的成功运行依赖于高效的技术支持与运维管理。传统的人工运维方式存在着效率低、成本高和故障修复滞后的问题，因此，探索一种更加智能化和高效的运维模式显得尤为迫切。尽管 DPV 的应用日益广泛，但其在实际运行中仍面临多个挑战。首先，由于分布式光伏系统分散且数量庞大，精准获取运行数据变得尤为困难。尤其是在设备故障或数据缺失的情况下，如何补全和修复数据成了一个急需解决的问题。

当前，数据采集通常依赖于大量传感器的安装，这不仅增加了设备投资，还面临地理限制和隐私保护问题。更重要的是，过多的设备可能导致成本过高，无法有效提升 DPV 的收益，甚至可能制约行业的健康发展。因此，如何以低成本、高效、可靠的方式进行大规模的数据采集，成为了解决这些问题的关键所在。为了克服这些问题，已有研究提出了一种面向 DPV 的数据虚拟采集技术框架，旨在通过人工智能和云平台技术，实现低成本的光伏数据采集，特别是在偏远地区。虚拟采集是通过同一区域内的已知数据来预测出未知数据，本质上是一种“实时 + 虚拟”的预测技术。在分布式光伏的数据监测中，同区域内分布式光伏设备的气候等外部条件相同，设备运行状态数据和运行趋势相似，可以建立一个虚拟采集模型。通过虚拟采集模型可将区域内其余数据不完备的分布式光伏设备的数据补充完整，实现整个区域内分布式光伏发电数据的全面获取，体现出虚拟采集方法的经济性。

目前，虚拟采集技术在分布式光伏方面的相关研究较少。分布式光伏数据的虚拟采集主要涉及数据修复与功率预测等相关技术。针对光伏数据修复，许多研究提出了基于空间和时间相关性的补全方法。例如，于若英等人提出了一种结合历史数据和空间相关电站数据的光伏功率修复方法，利用神经网络对缺失数据进行修复。此外，去噪自编码器（DAE）被广泛应用于数据修复和去噪，其通过深度学习技术分析历史数据，实现数据的修复与补全。P.Vincent 等通过去噪自编码器对光伏数据进行修复，但这些方法通常假设数据是独立的，缺乏对数据时间关联性的处理。随着样本数量与特征维度的增加，以长短时记忆网络卷积神经网络为代表的深度学习算法，以及轻量梯度提升机（LightGBM）、XGBoost 为代表的集成学习算法凭借着出色的性能在功率预测问题中得到了广泛应用。为此，C.Zhang 等提出了基于长短期记忆网络（LSTM）改进的去噪自编码器方法，解决了数据时序性问题，并在异常检测中取得了良好的效果。Ke 等人提出的 LightGBM 相比于其他算法在保证精度的前提下，有效提升了模型的训练速度，能够为虚拟采集的计算精度与效率提供保障。李燕青等人提出将历史数据与气象数据结合，使用神经网络进行光伏出力预测，取得了良好的效果。此外，采用随机森林和深度学习算法（如 LSTM）也成为光伏输出预测的重要手段。这些方法为 DPV 数据的预测与修复提供了有力的技术支持。这些技术为光伏数据的实时补全和修复提供了理论依据，特别是在设备故障和数据缺失的情况下，利用人工智能技术进行数据修复，能够极大提高 DPV 的数据采集效率和准确性。

现有研究主要集中于光伏系统的预测和输出修复，尚缺乏针对数据采集设备不足情况下的虚拟数据采集技术。因此，如何在减少传感器数量的同时，依靠已有的光伏数据进行实时修复和补全，成为当前研究的重点。由于缺乏数据传输设备，只有少量的光伏有功功率数据，因此可用的电气数据类型更加有限。因此，由于数据类型和数量的匮乏，使得模型驱动的状态估计方法并不适用。这种量测挑战已经成为大规模 DPV 部署的瓶颈。目前缺乏对减少 DPV 数据传输装置数量并得到其运行数据的研究。针对上述研究的局限性，本书介绍的 DPV 虚拟采集技术能够根据输入的不完整的 DPV 运行数据推测其完整的运行数据，相当于是对由多个子系统组成的大系统进行的系统辨识。因此，该过程的关键是找到最重要的数据的“精选”机理，提高 DPV 不完整的运行数据的价值。通过整合人工智能技术、运维大数据分析及光伏数据预测方法，本书提出一种基于时空关联性的虚拟数据采集框架，利用人工智能对历史数据进行深度挖掘，修复缺失数据，降低数据采集成本，并提高数据的覆盖率和准确性。可在通信条件不佳的地区提高光伏数据采集效率。这一技术不仅对解决 DPV 数据采集成本过高的问题提供了可行方案，还能为光伏行业的长期可持续发展提供数据支撑和技术保障。

1.2 配电网状态估计

随着全球能源危机和环境问题日益严峻，促进可再生能源的发展和提高能源利用效率已成为亟待解决的问题。为应对电网规模扩大、设备老化以及供电质量和可靠性需求提高等挑战，各国纷纷提出发展智能电网的战略。智能配电网通过实时数据采集和监测，实现电网状态的精确估计，优化运行方式，并提高电网的供电可靠性。然而，在实际应用中，获取完整、实时的电网监测数据仍面临诸多困难。因此，如何通过现有技术手段，弥补监测数据的不足，提高状态估计精度，成为研究的重点。状态估计是利用量测数据的冗余性通过“滤波”过程去除原本的测量误差，获得全面可靠的系统状态信息，为其他软件提供可靠，精确，完整的实时数据。配电网状态估计是现代电网管理的重要组成部分。它通过对配电系统的实时数据进行处理和分析，估算出电网各节点的状态（如电压和功率），并为电网运行提供决策支持。常用的状态估计方法有静态估计和动态估计。

（1）静态估计：如图 1－2 所示，该方法利用配电系统参数和量测信息，通过迭代计算得到系统的状态估计值。最常用的静态估计算法是加权最小二乘法（weighted least squares，WLS），它通过优化计算来得到每个节点的电压和功率状态。静态估计的缺点是无法对系统的动态变化进行预测，且计算量较大，收敛速度较慢。

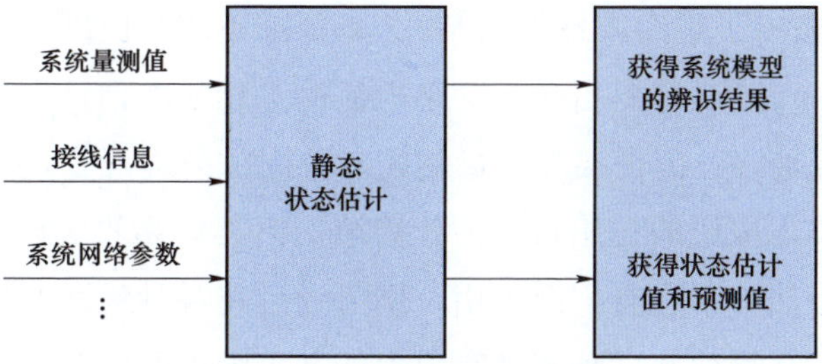

图 1－2 配电网静态状态估计

（2）动态估计：如图 1－3 所示，动态状态估计（dynamic state estimation，DSE）不仅可以利用当前时刻的量测信息进行状态更新，还可以获得下一时刻的状态预测值，相比静态估计，动态估计能够处理系统的非线性变化，具有更强的实时性和灵活性。

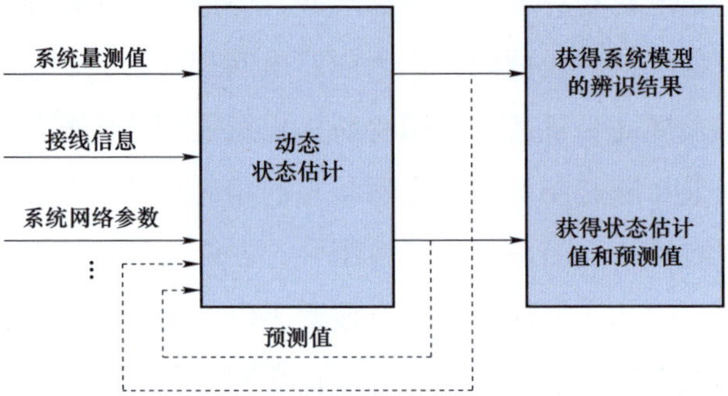

图 1－3　配电网动态状态估计

目前配电网状态估计所面临的问题主要有以下几点：

（1）针对配电网自身的特点，需要研究配电网中各种元件的建模问题，因为高效的配电网络模型对于配电网状态估计起到了至关重要的作用。

（2）针对配电网中实时量测数据不足的特点，需要通过建立负荷伪量测和零虚拟注入量测的数学模型来弥补这一缺点。

（3）在配电网中由于设备种类多种多样，其量测类型也非常复杂，因此，如果能充分利用这些量测信息是至关重要的，它可以增强状态估计在不同条件下的适用性。

配电网状态估计研究主要集中在以下几个方向：

静态估计中，WLS 是最常见的算法，广泛应用于节点电压和支路功率的估算。Wu F.F 等提出了带约束条件的 WLS 来处理单相配电网，但未考虑三相不平衡问题。Baran M.E 等提出基于支路电流的三相状态估计方法，这种方法能够有效提升计算速度，但需要功率量测配对且无法处理混合量测情况。Li.K 提出了一种基于节点电压的三相状态估计算法，但其计算效率较低。此外，量测变换技术在静态估计中也有广泛应用，例如通过将各种量测变换为支路电流量测，从而提高了计算效率。孙宏斌等提出的基于配电匹配潮流技术的状态估计方法，简化了计算过程，收敛性良好，但同样未考虑三相不平衡。辛开远等研讨了配电网状态估计中的量测变换技术，并将量测变换技术应用于不同的算法当中。虽然量测变换技术提高了算法的计算速度，但是估计精度明显下降，因此在实际应用当中对这两者应该有所取舍。李清政等都是通过应用人工智能技术，将遗传算法引入到配电网状态估计当中，经算例仿真验证，该方法在较小的配电网络中估计效果不错，但引入实际配电网后还需要改进。

动态状态估计依赖于滤波技术，尤其是卡尔曼滤波（Kalman filtering，KF）及其扩展版本。Mandal 等将非线性部分加入卡尔曼滤波公式中，改善了负荷变化对估计的影响。Lin JM 等人结合模糊数学和扩展卡尔曼滤波（extended kalman filtering，EKF），提出了适应负荷剧烈变化的动态状态估计方法。自适应卡尔曼滤波（adaptive kalamn filtering，AKF）则通过在线估计系统模型和噪声特性，提高了滤波精度。此外，动态状态估计结合了人工智能技术进行优化，例如利用人工神经网络进行负荷预测，将伪量测引入到估计模型中，从而增加冗余度和精度。国内外专家学者除了对基本动态状态估计做了大量改进研究以外，还在关于量测信息处理方面做了深入的研讨。Bernieri 等是利用人工神经网络来预测母线上的负荷值，从而将其作为负荷的伪量测值，提高了系统的冗余度和估计精度，但同时增加了预测的复杂程度和计算量。卫志农等则通过量测变换技术和相量测量单元（phasor measurement unit，PMU）相结合，提出了混合量测下的动态状态估计算法，显著提高了估计速度和精度。

在配电网状态估计中，量测误差和通信不稳定性是影响估计结果的关键因素。传统的 WLS 往往不能有效处理系统中的不确定性，导致估计结果偏差较大。因此，研究者提出了抗差估计方法，例如利用加权最小绝对值法（least absolute value，LAV）来增强鲁棒性，抵御不良数据的影响。针对数据丢失和传感器故障的问题，提出了利用量测备份和冗余信息来替代丢失的数据，从而提高状态估计的稳定性。卫志农等人利用线性外推法和超短期负荷预测，将负荷预测值作为伪量测值，进一步改善了估计精度。随着智能配电网和分布式电源的大规模接入，传统的配电网状态估计方法面临新的挑战。未来的研究方向可能包括：

（1）多源数据融合。利用来自不同类型设备（如 PMU、遥测装置等）的数据进行融合，提高估计精度，并为配电网的安全与经济调度提供支持。

（2）动态状态估计的实时性优化。随着电网规模的扩大和自动化程度的提高，状态估计算法需要更加高效和实时。智能优化算法和机器学习技术在此领域的应用将有助于提升计算效率。

（3）抗差估计与鲁棒性提升。面对量测数据不完全和传感器故障等问题，抗差估计方法将进一步发展，以提高系统的鲁棒性，确保在恶劣条件下仍能提供准确的状态估计。

（4）多类型 DG 接入下的估计。随着分布式发电（distributed generator，DG）接入配电网，电网的状态变得更加复杂，需要开发新的算法以应对潮流不平衡、三相不对称等问题。

配电网状态估计是智能电网的核心技术之一，能够实时监测配电系统的运行状况，为调度中心提供决策支持。当前，尽管在算法优化、量测设备配置和误差处理等方面已有大量研究成果，但随着分布式电源和智能设备的不断发展，配电网状态估计面临新的挑战。未来，结合大数据、人工智能和优化算法，将进一步提升配电网状态估计的精度和实时性，助力智能电网的建设和发展。

1.3 智能配电网优化控制

随着“双碳”目标的深入推进和高比例新能源的接入，配电网的运行控制正面临前所未有的挑战。随着风电、光伏等可再生能源的广泛应用，配电网的潮流分布发生了剧烈变化，传统电网的单向电力流动模式被打破，逐渐转变为双向流动。这一转变不仅给电网的调度带来了困难，还引发了大量电压波动和电压越限问题。分布式光伏和风电由于其间歇性和随机性，特别是在负荷高峰或低谷时，电压波动和频繁的无功功率变化使得传统电压控制方法无法有效应对。光伏发电的波动性和风电的不可预测性进一步加剧了电压和功率的不稳定性，给电网的安全稳定运行带来了严峻的考验，可能引发设备过载、脱网甚至电压崩溃等严重问题。

此外，配电网中的分布式光伏系统和风电设备通常分布广泛，且系统规模庞大，这使得集中式控制方法的实施面临计算复杂度高、通信瓶颈以及数据共享困难等一系列问题。传统的电压调节设备如有载调压变压器（on-load tap changer，OLTC）、电容器组（capacitor bank，CB）和静止无功补偿器（static var compensator，SVC）等，设计上是针对较低频率的调节要求，并且其响应速度较慢，难以应对配电网中高频的电压波动和快速变化的负荷需求。随着新能源比例的增加，传统设备的调节能力受到限制，且无法及时响应风电、光伏等设备的快速波动。

与此同时，配电网的监测与控制过程涉及大量数据的采集、传输和处理，尤其是在大规模分布式电源接入的背景下，通信延迟和计算时延成为系统实时控制性能的关键瓶颈。在电力系统中，通信延迟不仅影响调度命令的时效性，还可能导致设备间的协调失效，影响电网的安全稳定运行。设备间的信息同步和实时性要求更高，传统基于模型的优化方法在这种复杂环境下的可行性和精度受到质疑，尤其是当配电网拓扑发生动态变化时，模型的实时更新变得尤为困难。

这些背景因素使得传统的电压调控方法在面对高比例新能源接入时，无法有效解决系统面临的电压波动、功率失衡和设备调控的复杂性问题。因此，如何在面对电网运行时延、系统动态变化和多种控制设备的协同下，提出一种高效、灵活且能适应快速变化的电压控制策略，成为当前配电网领域亟待解决的核心挑战。

1. 含时滞的风电配电网节点电压分析

随着风电广泛接入，通信延迟和拓扑计算等时滞现象对配电网电压调控产生显著影响，可能导致电压安全控制参数失效。目前，针对配电网运行控制的时滞稳定性分析，Zhang C 等提出一种广义的自由权矩阵方法来估计函数正向差分中的求和项，解决了原来求和项不能提供延迟变化信息的问题；钱伟等对积分不等式进行改进，并与自由权矩阵结合，降低了解析误差和判据保守性。针对这一问题，提出了一种计及时滞的节点电压安全分析方法。通过构建时滞分析模型，推导偏导微分超越方程，利用 Lyapunov-Krasovskii 泛函结合 Wirtinger 不等式优化泛函导数中的积分项，降低了稳定判据的保守性。此外，通过计算时滞稳定裕度，分析配电网在风电功率波动下的稳定运行极限，为调度人员提供科学的决策依据。在 IEEE33 节点算例中，该方法有效扩大了配电网的稳定运行范围，为应对风电引发的电压越限和设备损坏问题提供了有力支持。

2. 高比例光伏配电网的两阶段分布式无功优化

高比例光伏接入使得无功优化面临随机性和动态性问题。目前多数针对配电网无功电压控制方式展开研究中，主要包括集中式和分布式两种。配电网分布式优化需要将配电网划分成不同的子区，Li P 等基于电压灵敏度矩阵提出综合评价指标，利用粒子群算法求解分区结果并提出两阶段无功优化框架，但是此方法容易陷入局部最优；王晶晶提出一种动态分区方法，但每个分区内的节点数目差距较大不利于分布式求解。针对上述问题，提出了一种计及日前随机优化和日内滚动优化的两阶段分布式无功调控方法。在日前阶段，通过蒙特卡罗方法生成随机场景，并结合二阶锥松弛和大 M 方法优化光伏动作方案，以应对光伏功率的不确定性。在日内阶段，基于实时采集数据和后续预测数据进行滚动优化，并提出一种动态分区策略，利用布谷鸟算法根据功率平衡和区间耦合动态调整分区方案。为进一步提升计算效率，引入 RMSprop 改进同步型交替方向乘子法（synchronous alternating direction method of multipliers，SADMM），实现子问题的并行求解。实验验证表明，该方法能够大幅降低电压越限值和网损，同时显著提高计算速度和优化方案的全局性。

3. 计及时延的分布式电压优化控制

配电网中分布式光伏的随机性和分散性使得设备间的通信延迟成为电压优化控制的关键难题。Zeng 设计了考虑通信时延的一致性控制律，补偿时延引起的荷电状态偏差，并实现储能单元快速协调控制；Huang 考虑通信时延建立了主动配电网分布式经济调度控制模型，提高了系统稳定性。尽管上述研究在配电网时延控制方面取得了一定成果，但尚未从分布式光伏和储能系统协调电压控制的角度来分析时延影响。为此，提出了一种基于分布式一致性算法的光伏储能协调控制方法。以光伏逆变器的无功功率利用率和储能荷电状态（state of charge，SOC）为一致性变量，引入一致性因子，构建了无时延分布式电压优化模型，并进一步考虑通信延迟的影响，建立线性矩阵不等式（linear matrix inequality，LMI）模型计算时延裕度。在此基础上，通过积分二次型优化设计时延补偿策略，有效提升控制系统的动态响应能力。实验结果显示，该方法在高比例光伏接入的复杂通信环境中，能够显著降低电压偏差并提高控制方案的可靠性和鲁棒性。

4. 混合动作空间强化学习的双时间尺度 VVC（voltage and var control）策略

传统 VVC 策略难以同时处理离散设备和连续设备的混合控制需求。Sun 提出了 VVC 的两阶段 DRL 方法，初始阶段将离散器件优化问题转化为基于模型的混合整数二阶锥规划，后续阶段利用 DRL 求解光伏逆变器的动作；Gong 提出了一种利用电弹簧进行电压/无功控制（VVC）的双时间尺度协调策略。然而，准确的电路模型对于充分优化解决方案至关重要。针对上述问题，提出了一种基于混合动作空间的强化学习算法（HAR－TD3）。在该算法中，通过变分自编码器（variational autoencoder，VAE）构建动作重构网络，将 OLTC 和 CB 等离散动作与光伏逆变器和 SVC 等连续动作嵌入潜在表示空间，捕捉其动态关联性。此外，结合双时间尺度策略，实现传统离散设备的小时级调控和快速连续设备的分钟级响应，以适应多时间尺度的电压波动管理。在 IEEE 标准算例中的验证结果表明，该策略不仅能够大幅减少电压越限，还能在无模型环境中高效协调多设备的动作，显著提升系统的动态控制性能。

参考文献

[1] 李燕青，杜莹莹. 基于双维度顺序填补框架与改进 Kohonen 天气聚类的光伏发电短期预测［J］. 电力自动化设备，2019，39（1）：60－65.

[2] P. Vincent, H. Larochelle, Y. Bengio, et al. Extracting and composing robust features with denoising autoencoders［C］. Proceedings of the 25th International Conference on Machine Learning：1096－1103, 2008.

[3] C. Zhang, D. Hu, T. Yang. Anomaly detection and diagnosis for wind turbines using long short-term memory-based stacked denoising autoencoders and XG Boost［J］. Reliability Engineering and System Safety, 2022, 222: 108445.

[4] H. Sheng, J. Xiao, Y. Cheng, et al. Short-Term Solar Power Forecasting Based on Weighted Gaussian Process Regression［J］. IEEE Transactions on Industrial Electronics, 2018, 65(1): 300－308.

[5] S. J. Chai, Z. Xu, Y. W. Jia, et al. A Robust Spatiotemporal Forecasting Framework for

Photovoltaic Generation [J]. IEEE Transactions on Smart Grid, 2020, 11(6): 5370–5382.

[6] Y. Y. Zhao, Q. Liu, D. S. Li, et al. Hierarchical Anomaly Detection and Multimodal Classification in Large-Scale Photovoltaic Systems [J]. IEEE Transactions on Sustain. Energy, 2019, 10(3): 1351–1361.

[7] 刘文霞，杨梦瑶，马铁，等. 主动配电系统中失联分布式电源差异化就地控制策略优化 [J]. 电力系统自动化，2020，44（11）：32–40.

[8] Mokhtari A, Shi W, Ling Q, et al. DQM：Decentralized quadratically approximated alternating direction method of multipliers [J]. IEEE Transactions on Signal Processing, 2016, 64(19): 5158–5173.

[9] 罗清局，朱继忠. 基于多参数规划改进 ADMM 的线性电–气综合能源系统分布式优化调度 [J/OL]. 电工技术学报，1–13 [2024–02–28].

[10] KE Guo lin, MENG Qi, FINLEY T, et al. LightGBM：a highly efficient gradient boosting decision tree [C] //Proceedings of the 31st International Conference on Neural Information Processing Systems. Long Beach：Curran Associates Inc. , 2017: 3149–3157.

[11] CHEN Tianqi, GUESTRIN C. XGBoost：a scalable tree boosting system [C] //Proceedings of the 22nd ACM SIGKDD International Conference on Knowledge Discovery and Data Mining. San Francisco：ACM, 2016：785–794.

[12] Zhang Chuanke, He Yong, L. Jiang, et al. Delay-variation-dependent stability of delayed discrete-time systems [J]. IEEE Transactions on Automatic Control, 2016, 61(9): 2663–2669.

[13] 钱伟，王晨晨，费树岷. 区间变时滞广域电力系统稳定性分析与控制器设计 [J]. 电工技术学报，2019，34（17）：3640–3650.

[14] Li P, Wu Z, Meng K, et al. Decentralized optimal reactive power dispatch of optimally partitioned distribution networks [J]. IEEE Access, 2018, 6：74051–74060.

[15] 王晶晶，姚良忠，刘科研，等. 面向区域自治的配电网动态区域划分方法 [J/OL]. 电网技术，1–12 [2024–02–28].

[16] Zeng YJ, Zhang QJ, Liu YC, et al. An Improved Distributed Secondary Control Strategy for Battery Storage System in DC Shipboard Microgrid [J]. IEEE Transactions on Industry Applications, 58(3): 4062–4075.

[17] Huang B, Liu L, Zhang H, et al. Distributed Optimal Economic Dispatch for Microgrids

Considering Communication Delays [J]. IEEE Transactions on Systems, Man, and Cybernetics：Systems, 2019, 49(8):1634 – 1642.

[18] X. Sun and J. Qiu, "Two-stage volt/var control in active distribution networks with multi-agent deep reinforcement learning method, " IEEE Transactions on Smart Grid, vol. 12，no. 4，pp. 2903—2912，Jul. 2021.

[19] J. Gong and K. –W. Lao, "Electric spring for two-timescale coordination control of voltage and reactive power in active distribution networks," IEEE Transactions on Power Delivery, vol. 39，no. 3, pp. 1864–1876, Jun. 2024.

第2章

基于相似日与神经网络的分布式光伏数据虚拟采集方法

在全球能源危机和环境污染加剧的背景下，太阳能作为一种高效、清洁的可再生能源，得到了广泛支持并迅速发展。分布式光伏电站大多具有点多面广、分散无序、数量庞大的特点，导致分布式光伏电站监测数据点数量庞大，仅依靠增加传感器数量或提高采集频率等方法，会导致数据采集成本过高，且多数户用型分布式光伏的用户不愿承担该项费用，这制约了分布式光伏行业的发展。为此，开发一种适用于分布式光伏运维的低成本、高效率的新型分布式光伏运维数据采集方案具有重要意义。本章提出一种基于相似日、蝙蝠算法与小波神经网络（BA－WNN）相结合的分布式光伏数据虚拟采集方法。为了减少预测模型的复杂度，提高数据采集的精度，本章利用灰色关联理论与余弦相似度相结合的指标进行相似日的选取，然后利用蝙蝠算法BA（Bat Algorithm）对小波神经网络模型的权值、伸缩因子与平移因子进行优化。最后通过仿真实验实现分布式光伏电站功率数据的虚拟采集，验证模型的可行性与有效性。

2.1　基于灰色关联理论与余弦相似度结合的相似日选取

分布式光伏发电功率受到气候、地域等多因素影响，但是一个特定地域内光伏发电的历史数据具有一定相似性，即相似日。本章采用灰色关联理论与余弦相似度相结合的方法选取相似日，减少模型需要的历史数据量，简化虚拟采集模型。选取相似日的步骤如下。

（1）构造气象特征向量。一般而言，光伏发电的主要决定因素为光照强度，光伏电站的输出功率随光照强度的变化而变化。图 2－1 所示为电站在平稳天气与突变天气 2 种天气特性下的光照强度与光伏出力特征曲线。从图中可以看出，

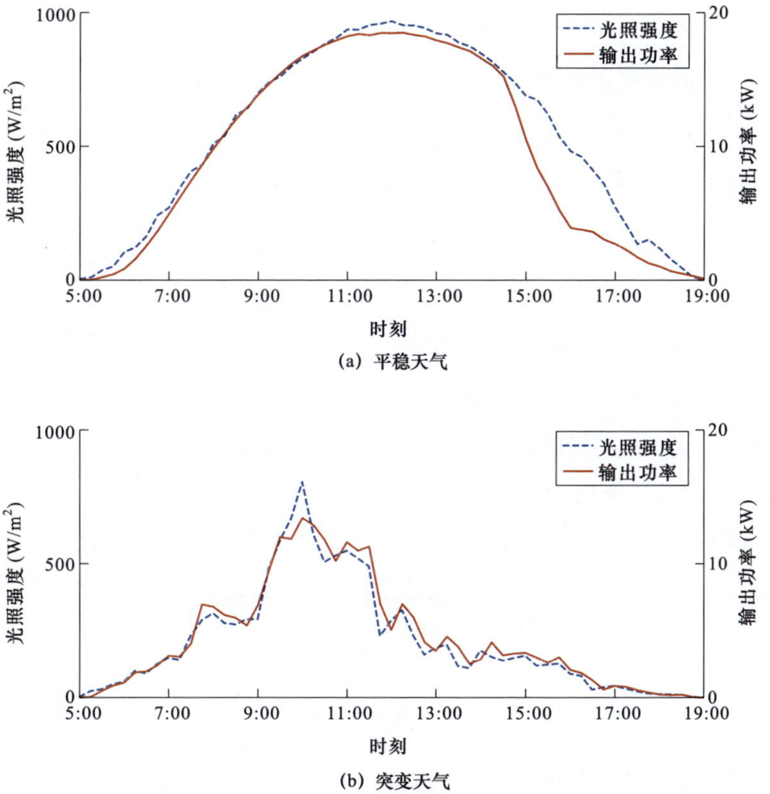

图 2－1　光照强度与输出功率曲线图

无论天气特征如何，输出功率的曲线特征与光照强度的曲线特征总是极为相似的，二者具有较高的关联度。本章将光照强度作为相似日选取的特征向量。

考虑历史数据对光伏发电的影响具有“近大远小”的特点，本章选取近 3 个月的历史数据作为训练集，采用每个历史日光照强度的平均值与各时刻的光照强度构造特征向量 X

$$X=[F_1,F_2,\cdots,F_g,\cdots,F_{av}] \tag{2-1}$$

式中　F_g ——第 g 个时刻的光照强度；

F_{av} ——光照强度的平均值。

（2）数据归一化。对光照强度数据进行如下归一化处理

$$x'=\frac{x-x_{min}}{x_{max}-x_{min}} \tag{2-2}$$

式中　x ——原始数据中的任意值，Wm^2；

x_{max} ——原始数据中的最大值，Wm^2；

x_{min} ——原始数据中的最小值，Wm^2；

x' ——归一化后的数据。

归一化后的待采集日与历史日的特征向量分别为

$$x_0=[x_0(1),x_0(2),\cdots,x_0(n),\cdots] \tag{2-3}$$

$$x_i=[x_i(1),x_i(2),\cdots,x_i(n),\cdots] \tag{2-4}$$

式中　x_0 ——待采集日的特征向量；

x_i ——第 i 个历史日的特征向量；

$x_0(n)$ ——待采集日的特征向量的第 n 个元素；

$x_i(n)$ ——第 i 个历史日的特征向量的第 n 个元素。

（3）关联度计算。分别计算 x_0 与 x_i 在第 n 个分量的关联系数

$$\xi_i(n)=\frac{\min\limits_i\min\limits_n\varDelta+r\max\limits_i\max\limits_n\varDelta}{\varDelta+r\max\limits_i\max\limits_n\varDelta} \tag{2-5}$$

$$\varDelta=\left|x_0(n)-x_i(n)\right|$$

式中　$\xi_i(n)$ ——关联系数；

r ——分辨系数，一般取 0.5。

由于关联系数很多，信息过于分散，不便于比较，为综合各个分量的关联系数，一般采用求平均值的方式进行处理，x_0 与 x_i 的灰色关联度定义为

$$R_i = \frac{1}{N}\sum_{n=1}^{N}\xi_i(n) \tag{2-6}$$

式中　N——各分量的关联系数总数。

余弦相似度的定义为

$$D_{\cos i} = \frac{\sum_{n=1}^{N} x_i(n)x_0(n)}{\sqrt{\sum_{n=1}^{N} x_i^2(n)\sum_{n=1}^{N} x_0^2(n)}} \tag{2-7}$$

灰色关联度分析法是一种灰色系统分析方法，其根据数据序列数值之间的相似程度来判断关联程度，是一种衡量因素数值间关联程度的方法。而余弦相似度则是一种衡量数据序列变化趋势间相似性的方法。为避免单一评价方法的局限性，综合考虑数据序列数值的相似性与变化趋势的相似性，本章将灰色关联度 R_i 和余弦相似度 $D_{\cos i}$ 这 2 个指标组合成 1 个相似性综合指标 S_i 表征总体相似性，其计算公式如式（2-8）所示，其值越接近 1 表示越相似。

$$S_i = \gamma R_i + (1-\gamma)D_{\cos i} \tag{2-8}$$

式中　γ——经验权重系数，本章取为 0.5。

（4）相似日选取。将相似性综合指标 S_i 按由大到小顺序排列，选取前 10d 作为相似日数据集。

2.2　基于 BA - WNN 的分布式光伏运维数据的虚拟采集

2.2.1　小波神经网络原理

小波神经网络是将神经网络的激活函数替换成小波函数，而相应的输入层到隐含层的权值和激活阈值由小波函数的尺度伸缩因子和时间平移因子所代

替，这是使用最广泛的紧致性结构，网络结构见图 2－2。图中，$I_i(i=1,2,\cdots,q)$ 为小波神经网络的输入数据，q 为输入层节点总数；$y(k)(k=1,2,\cdots,m)$ 为小波神经网络的输出数据，m 为输出层节点总数；$\omega_{ij}(i=1,2,\cdots,q;j=1,2,\cdots,p)$ 为输入层和隐含层的权值，p 为隐含层节点总数；$\omega_{jk}(j=1,2,\cdots,p;k=1,2,\cdots,m)$ 为隐含层和输出层的权值；$\varphi_i(j=1,2,\cdots,p)$ 为隐含层输出。

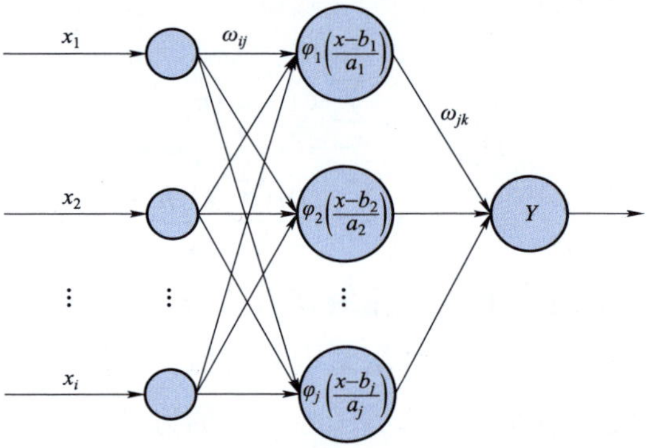

图 2－2　小波神经网络结构

本章选取 Morlet 函数作为小波基函数

$$\rho(\kappa)=\cos(1.75\kappa)e^{-\kappa^2/2} \tag{2-9}$$

式中　κ——该函数的输入变量。

隐含层输出公式为

$$\varphi_j=\rho\left(\frac{\sum_{i=1}^{q}\omega_{ij}I_i-b_j}{a_j}\right)(j=1,2,\cdots,p) \tag{2-10}$$

式中　a_j——隐含层第 j 个节点的伸缩因子；

b_j——隐含层第 j 个节点的平移因子。

输出层计算公式为

$$y(k)=\sum_{j=1}^{p}\omega_{jk}\varphi_j\ (k=1,2,\cdots,m) \tag{2-11}$$

网络误差定义为

$$e=\sum_{k=1}^{m}|y'(k)-y(k)| \tag{2-12}$$

式中　$y'(k)$——期望输出值；

$y(k)$——拟合输出值。

相较于 BP 神经网络，小波神经网络的基元和整个结构是依据小波分析理论确定的，有效避免了 BP 神经网络等结构设计上的盲目性。此外，小波理论是全尺度分析，不仅有全局最优解，还保持了局部细节最优解，因此小波神经网络具有相对更强的学习能力与更高的精度。但是随着输入维数增加，训练样本增大，小波神经网络的收敛速度大幅下降。同时，当小波神经网络初始化参数不合理时，将导致整个网络学习过程不能收敛，因此本章对神经网络参数初始化问题采用蝙蝠算法进行优化。

2.2.2　蝙蝠算法优化小波神经网络

蝙蝠算法是一种全局搜索优化算法，其基本思想是将蝙蝠种群个体映射为空间中的可行解，将搜索过程和优化过程模拟成蝙蝠个体搜寻猎物和移动的过程，蝙蝠所处位置的优劣以求解问题的适应度函数来衡量，将寻优过程类比为个体的优胜劣汰过程。蝙蝠算法基本原理如下。

（1）设置蝙蝠算法初始值：最大迭代次数 I_{max}、种群规模 N_B、种群维度 D、脉冲频率范围 $f_i\in[f_{min},f_{max}]$（f_i 为蝙蝠个体 i 的脉冲频率，f_{min}、f_{max} 分别为脉冲频率的上、下限）、初始脉冲发射率 r_0、初始脉冲响度 A_0、脉冲响度控制系数α、频度控制系数μ及精度ε。

（2）随机初始化蝙蝠个体位置 $B_i(i=1,2,\cdots)$，并根据适应度函数 F_{itness} 的最小值找到最佳位置 $B*$。

$$F_{itness}=\frac{1}{2}\sum_{k=1}^{m}|y'(k)-y(k)| \tag{2-13}$$

（3）进行个体位置的寻优，每个个体脉冲频率、速度、位置更新如下

$$f_i=f_{min}+(f_{max}-f_{min})\beta \tag{2-14}$$

$$v_i^{t+1}=v_i^t+(p_i^t-p_{best})f_i \tag{2-15}$$

$$p_i^{t+1}=p_i^t+v_i^{t+1} \tag{2-16}$$

式中　β ——均匀分布在［0，1］上的随机数；

v_i^t 、v_i^{t+1} ——蝙蝠个体 i 在 t 和 $t+1$ 时刻的速度；

p_{best} ——当前所有蝙蝠个体的最优位置在 t 时刻的速度；

p_i^t、p_i^{t+1} ——蝙蝠个体 i 在 t 和 $t+1$ 时刻的位置。

（4）产生随机数 p_i^t、p_i^{t+1} 用于选取当前最优位置，若 $\mathrm{rand}_1 > r_{\mathrm{i}}$（$r_{\mathrm{i}}$ 为迭代中的脉冲发射率），则扰动处于最优位置的蝙蝠个体，以扰动后的位置取代当前位置。

（5）产生随机数 rand_2，若 $\mathrm{rand}_2 < r_{\mathrm{i}}$，且 $F_{\mathrm{itness}}(B_i) < F_{\mathrm{itness}}(B^*)$，则将蝙蝠个体移动到更新后的位置。

（6）当满足步骤（5）时，分别根据式（2–17）、式（2–18）调整脉冲发射率和响度

$$r_i^{t+1} = r_0(1 - \mathrm{e}^{-\mu t}) \tag{2–17}$$

$$A_i^{t+1} = \alpha A_i^t \tag{2–18}$$

式中　r_i^{t+1} ——$t+1$ 时刻的脉冲发射率；

A_i^{t+1}、A_i^t ——蝙蝠个体 i 在 $t+1$、t 时刻的脉冲响度；

α、μ ——常量、通常取 0.9。

脉冲响度和脉冲发射率只在解进化时更新，这意味着蝙蝠算法只朝着最优解方向进行。

（7）根据蝙蝠群体适应度值，找出优化后蝙蝠个体的最佳位置。

（8）若达到最大搜索次数或者满足搜索精度，则转入步骤（9），否则转入步骤（2）进行搜索。

（9）输出全局最优解，算法结束。

2.2.3　虚拟采集模型的建立

蝙蝠算法具有较好的收敛性和全局搜索能力且模型简单、参数少、通用性强。若将其与小波神经网络相结合，则可利用蝙蝠算法较强的全局收敛能力对小波神经网络中的权值、伸缩因子与平移因子进行不断调整优化，使小波神经网络的性能得到明显提高。

本章建立基于相似日和 BA–WNN 相结合的分布式光伏运维数据虚拟采集模型，如图 2–3 所示。

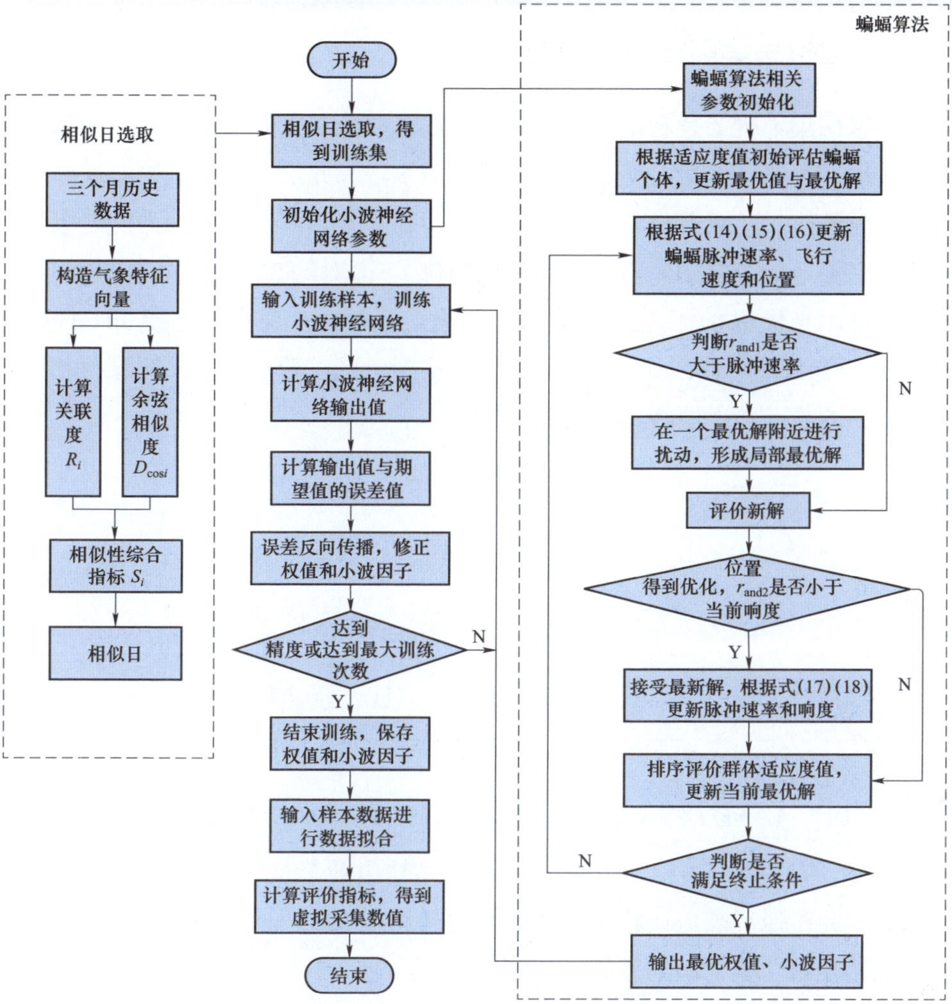

图 2－3　虚拟采集模型示意图

2.3 算 例 分 析

为提高实时滚动框架下的配电网无功优化计算效率，本章采用分布式方法代替集中式方法，合理的配电网分区策略是分布式控制模式优化求解的基础。基于合理的指标将整个配电网分成满足一定内外特性的小区，进一步进行各分区同步求解，能有效简化优化控制的复杂程度，从而实现配电网分布式无功优化。

2.3.1 虚拟采集前提条件的判断

虚拟采集本质上是利用1座具有完备数据的分布式光伏电站与自身站内的电流数据，实现自身站内功率数据的预测技术。因此，虚拟采集的实现要满足2个前提条件：区域内分布式光伏电站的功率具有相似性；电站内的电流数据能够较完整地反映电站输出功率的变化趋势。下面对这2个前提条件进行验证。分析各电站光伏功率情况之间的关系，选取同区域内9座电站连续3d（05:00～19:00）的有效功率曲线如图2–4所示。从图中可以看出，同一区域内相同时段各电站的光伏功率曲线趋势基本相似。

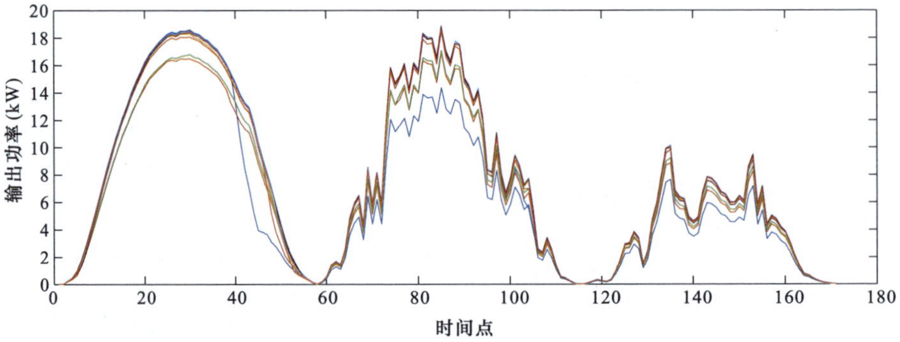

图2–4　9座分布式光伏电站连续3d（05:00～19:00）的有效功率曲线

另外，从图2–5中1号分布式光伏电站输出功率与电流曲线可以看出，电流能够较完整地反映电站输出功率的变化趋势，可以引入各电站电流数据来调整各电站输出功率之间的差异。

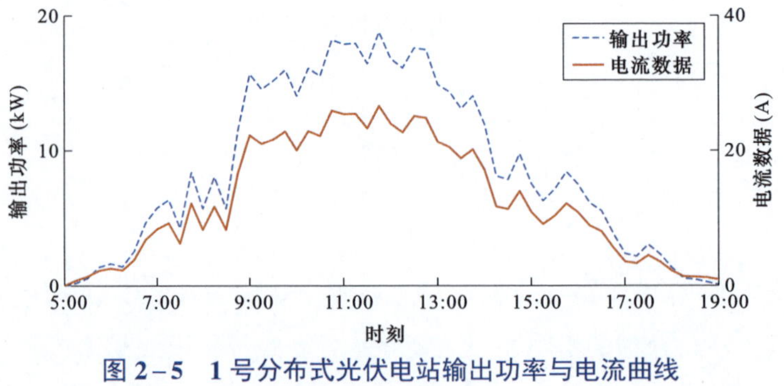

图2–5　1号分布式光伏电站输出功率与电流曲线

因此，对于本章中选取的同区域9座分布式光伏电站，可以利用1座数据获取完备的电站实现其余电站数据的虚拟采集。

2.3.2　虚拟采集算例结果与分析

为了验证本章虚拟采集方法的适用性，分别选取平稳天气与突变天气进行验证实验，首先根据 2.1 分别选取各待采集日的相似日作为神经网络的训练样本。具体选取方法为将 S_i 按由大到小顺序排列，选取前 10d 作为相似日数据集，综合相似日选取结果如图 2－6 所示。由图 2－6 中可以看出，本章所建立的相似日选取模型效果较好，各相似日的光照强度无论在数值上还是变化趋势上都具有较强的相似性，可以为后续神经网络的训练提供强有力的支撑。利用相似日的功率数据、电流数据作为小波神经网络的训练样本，将数据归一化后分别对稳定天气与突变天气进行神经网络的训练。小波神经网络相关参数设置为：训练次数为 100 次，权重因子学习效率为 0.01，网络结构为 3 层，输入层节点总数为 2，输出层节点总数为 1。待采集数据电站的输出功率隐含层节点数选取的经验公式如式

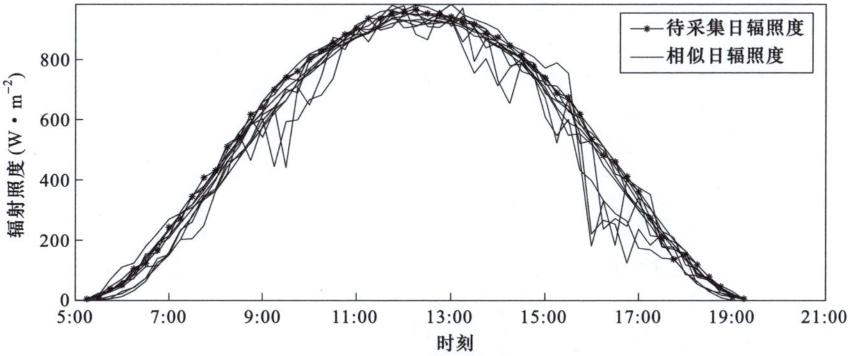

(a) 平稳天气

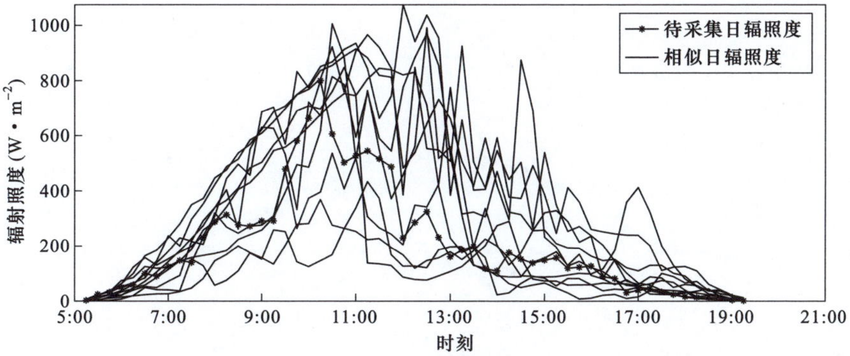

(b) 突变天气

图 2－6　相似日选取结果

（2–19）所示，经过多次实验比对结果，本章选取隐含层节点总数为 4。

$$p = \sqrt{q+m} + a \tag{2-19}$$

式中　a——1～10 之间的常数。

蝙蝠算法相关参数设置为：最大迭代次数为 100 次，种群规模为 25，需要优化的权值、平移因子、伸缩因子的总数量为 $2\times4+4\times1+4+4=20$，因此蝙蝠算法解空间的维度为 20，蝙蝠脉冲频率范围为$[f_{\min}, f_{\max}]=[0,2]$，初始脉冲响度为 0.9，初始脉冲发射率为 0.5，脉冲响度控制参数为 0.98，频度控制参数为 0.98，精度为 0.01。设置完毕后开始训练模型并进行数据的虚拟采集，虚拟采集结果如图 2–7 与图 2–8 所示。

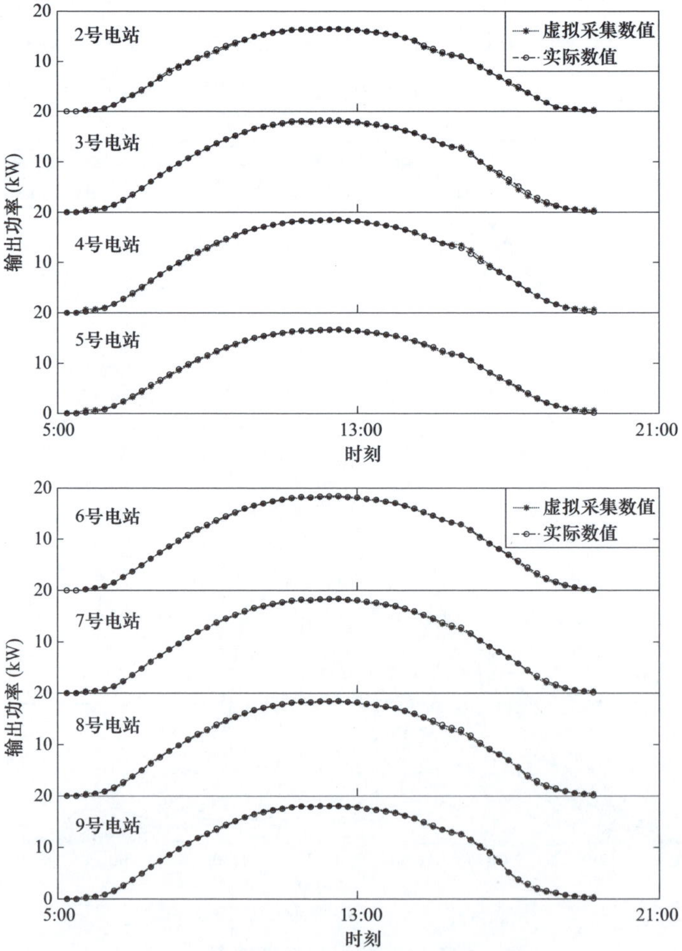

图 2–7　平稳天气各电站虚拟采集数据

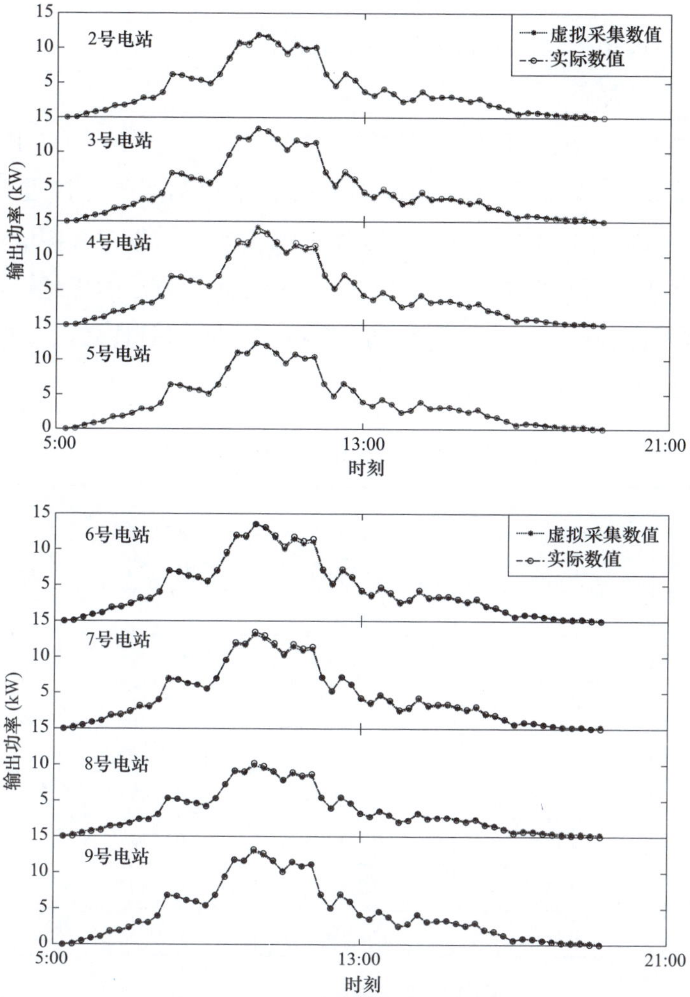

图 2-8　突变天气各电站虚拟采集数据

本章以均方误差 RMSE 与平均绝对误差 MAE 评价虚拟采集结果，计算方法分别如式（2-20）与式（2-21）所示

$$R_{\mathrm{MSE}}=\sqrt{\frac{\sum_{i=1}^{N_P}(P_{\mathrm{f}}^i-P_{\mathrm{a}}^i)^2}{N_{\mathrm{P}}}} \tag{2-20}$$

$$M_{\mathrm{AE}}=\frac{1}{N_{\mathrm{P}}}\sum_{i=1}^{N_{\mathrm{P}}}|P_{\mathrm{f}}^i-P_{\mathrm{a}}^i| \tag{2-21}$$

式中　N_P ——所采集数据点的总数；

P_f^i ——虚拟采集的光伏输出功率数据；

P_a^i ——实际值。

平稳天气与突变天气下本章方法的误差指标如表 2-1 所示。由图 2-7 与图 2-8 中可以看出，虚拟采集模型的实时数据预测值十分接近真实值。由表 2-1 可以看出，本章虚拟采集模型的实时数据预测结果与真实值之间误差较小，虚拟采集模型采集效果较好。为进一步验证本章方法的优越性，与 BP 神经网络、小波神经网络、基于历史日的 BA-WNN 进行比较，结果如图 2-9 所示。各方法的误差如表 2-2 所示。

表 2-1　不同天气条件下本章方法的误差指标

分布式光伏电站编号	平稳天气		突变天气	
	R_{MSE}（kW）	M_{AE}（kW）	R_{MSE}（kW）	M_{AE}（kW）
2	0.1940	0.1502	0.1118	0.0783
3	0.2481	0.1903	0.1575	0.1351
4	0.2450	0.1694	0.1725	0.1050
5	0.2266	0.2015	0.0914	0.0691
6	0.1795	0.1509	0.1845	0.1579
7	0.1992	0.1739	0.1775	0.1389
8	0.2468	0.2166	0.1546	0.1350
9	0.1772	0.1503	0.1068	0.0872

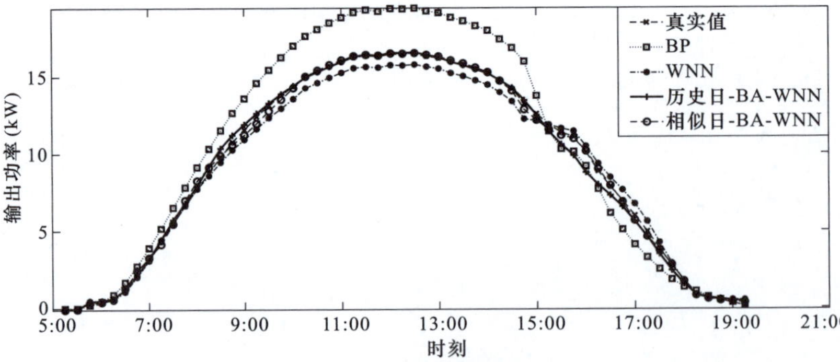

(a) 平稳天气

图 2-9　各方法虚拟采集结果（一）

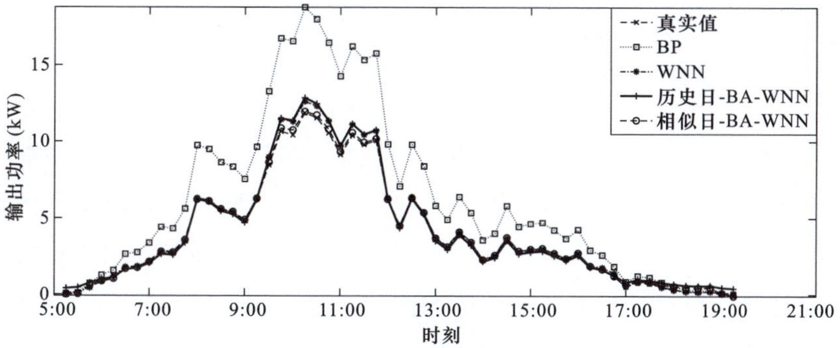

(b) 突变天气

图 2-9　各方法虚拟采集结果（二）

表 2-2　各方法的误差指标

方法	平稳天气		突变天气	
	R_{MSE}（kW）	M_{AE}（kW）	R_{MSE}（kW）	M_{AE}（kW）
BP 神经网络	1.9527	1.6275	2.9659	2.2133
小波神经网络	0.5492	0.4673	0.3121	0.1981
基于历史日的 BA-WNN	0.2232	0.1940	0.3856	0.2937
本章方法	0.1940	0.1502	0.1118	0.0783

由图 2-9 和表 2-2 可以得出以下结论：

（1）基于 BP 神经网络虚拟采集得到的数据误差较大，但其训练过程较好，说明其存在明显的过拟合状态，不能很好地拟合需要的数据；

（2）无论在平稳天气还是突变天气，相比于基于小波神经网络的虚拟采集方法和基于历史日的 BA-WNN 虚拟采集方法，本章方法都能够更好地反映光伏输出功率的情况，相似日的选取与算法的优化都在一定程度上降低了虚拟采集模型的误差，验证了本章方法的有效性。

综上所述，对于区域范围内分布式光伏电站光伏功率数据的虚拟采集，本章方法相较于其他方法具有更加优越的性能。

2.4 本 章 小 结

本章提出了一种基于相似日与BA－WNN结合的分布式光伏数据虚拟采集方法，并通过算例验证了其有效性与优越性。研究表明，该方法结合灰色关联和余弦相似度构建相似日样本数据，使虚拟采集的光照强度在数值和变化趋势上更具相似性，为神经网络训练提供了可靠支撑。在平稳与突变天气下，该方法均能准确采集光伏功率数据，性能优于 BP 神经网络、小波神经网络及基于历史日的 BA－WNN。相较传统依赖传感器采集的方式，该方法大幅降低了开发和存储成本，减轻了数据传输堵塞的问题，对节约我国分布式光伏工程成本具有重要参考价值。

参 考 文 献

[1] 江华，金艳梅，叶幸，等. 中国光伏产业2019年回顾与2020年展望［J］. 太阳能，2020（3）：14－23.

JIANG Hua, JIN Yanmei, YE Xing, et al. Review of China's PV industry in 2019 and prospect in 2020［J］. Solar Energy, 2020（3）：14－23.

[2] 王贤，刘文颖，夏鹏，等. 光伏电站参与电网主动调压的无功优化控制方法［J］. 电力自动化设备，2020，40（7）：76－83.

WANG Xian, LIU Wenying, XIA Peng, et al. Reactive power optimization control method for PV station participating in active voltage regulation of power grid［J］. Electric Power Automation Equipment, 2020，40（7）：76－83.

[3] 王洪坤，葛磊蛟，李宏伟，等. 分布式光伏发电的特性分析与预测方法综述［J］. 电力建设，2017，38（7）：1－9.

WANG Hongkun, GE Leijiao, LI Hongwei, et al. A review on characteristic analysis and prediction method of distributed PV［J］. Electric Power Construction, 2017，38（7）：1－9.

[4] 李燕青，杜莹莹. 基于双维度顺序填补框架与改进 Kohonen 天气聚类的光伏发电短期

预测［J］. 电力自动化设备，2019，39（1）：60－65.

LI Yanqing, DU Yingying. Short-term photovoltaic power forecasting based on double-dimensional sequential imputation framework and improved Kohonen clustering[J]. Electric Po-wer Automation Equipment, 2019,39(1):60－65.

［5］AMROUCHE B, LE PIVERT X. Artificial neural network based daily local forecasting for global solar radiation［J］. Applied Energy, 2014，130：333－341.

［6］李建文，焦衡，刘凤梧，等. 基于相似时段的分时段光伏出力短期预测［J］. 电力自动化设备，2018，38（8）：183－188.

LI Jianwen, JIAO Heng, LIU Fengwu, et al. Short-time segmented photovoltaic output forecasting based on similar period［J］. Electric Power Automation Equipment, 2018，38（8）：183－188.

［7］于若英，陈宁，苗淼，等. 考虑天气和空间相关性的光伏电站输出功率修复方法[J]. 电网技术，2017，41（7）：2229－2236.

YU Ruoying, CHEN Ning, MIAO Miao, et al. A repair method for PV power station output data considering weather and spatial correlations［J］. Power System Technology, 2017, 41(7): 2229－2236.

［8］梁彩霞，高赵亮. 基于相似日和 GA－DBN 神经网络的光伏发电短期功率预测［J］. 电气应用，2019，38（3）：97－102.

［9］LUO P, ZHU S C, HAN L J, et al. Short-term photovoltaic generation forecasting based on similar day selection and extreme learning machine［C］// 2017 IEEE Power & Energy Society General Meeting. Chicago, IL, USA: IEEE, 2017: 1－5.

［10］CUI Y, ZHANG J, ZHONG W. Short-term photovoltaic output prediction method based on similar day selection with grey relational theory［C］// 2019 IEEE Innovative Smart Grid Technologies-Asia(ISGT Asia).［S. l.］：IEEE, 2019：792－797.

［11］祝暄懿，姚李孝. 基于相似日和小波神经网络的光伏短期功率预测［J］. 电网与清洁能源，2019，35（3）：75－78.

ZHU Xuanyi, YAO Lixiao. Solar power plant short-term power forecast based on similar days and WNN［J］. Power Syste mand Clean Energy, 2019, 35(3): 75－78.

［12］韦航宇. 基于 GA-BP 神经网络的光伏电站短期发电功率预测［D］. 南宁：广西大学，2019.

WEI Hangyu. Short-term generation power forecast of photovoltaic power station based on GA-BP neural network［D］. Nanning：Guangxi University, 2019.

［13］ 黎静华，赖昌伟. 考虑气象因素的短期光伏出力预测的奇异谱分析方法［J］. 电力自动化设备，2018，38（5）：50－57，76.
LI Jinghua, LAI Changwei. Singular spectrum analysis method for short-term photovoltaic output prediction considering meteorological factors［J］. Electric Power Automation Equipment, 2018, 38(5): 50－57，76.

［14］ 许寅，李佳旭，王颖，等. 考虑光伏出力不确定性的园区配电网日前运行计划［J］. 电力自动化设备，2020，40（5）：85－94，106.
XU Yin, LI Jiaxu, WANG Ying, et al. Day-ahead operation plan for campus distribution network considering uncertainty of photovoltaic output［J］. Electric Power Automation Equipment, 2020, 40(5): 85－94，106.

［15］ 王育飞，付玉超，薛花. 计及太阳辐射和混沌特征提取的光伏发电功率 DMCS－WNN 预测法［J］. 中国电机工程学报，2019，39（增刊 1）：63－71.
WANG Yufei, FU Yuchao, XUE Hua. DMCS-WNN prediction method of photovoltaic power generation by considering solar radiation and chaotic feature extraction［J］. Proceedings of the CSEE, 2019, 39(Supplyment1): 63－71.

［16］ 程伟. 基于神经网络的微电网光伏发电及负荷短期预测研究［D］. 济南：山东大学，2019.
CHENG Wei. Research on micro-grid photovoltaic power gene-ration and load short-term forecasting based on neural network［D］. Jinan：Shandong University, 2019.

［17］ 杜杰，彭丽霞，刘玉宝，等. 风电场风机测量风速缺损值的组合填充模型［J］. 电力自动化设备，2015，35（9）：125－129.
DU Jie, PENG Lixia, LIU Yubao, et al. Combined interpolation model for wind speed measurement missing of wind farm［J］. Electric Power Automation Equipment, 2015, 35(9): 125－129.

［18］ 郑金宇. 基于小波神经网络及布谷鸟算法的停车位预测方法研究［D］. 长春：吉林大学，2018.
ZHENG Jinyu. Research on parking space prediction methods based on wavelet neural network and cuckoo search algorithm［D］. Changchun：Jilin University, 2018.

[19] 吴云，雷建文，鲍丽山，等. 基于改进灰色关联分析与蝙蝠优化神经网络的短期负荷预测［J］. 电力系统自动化，2018，42（20）：67－72.

WU Yun, LEI Jianwen, BAO Lishan, et al. Short-term load forecasting based on improved grey relational analysis and neural network optimized by bat algorithm［J］. Automation of Electric Power Systems, 2018, 42(20): 67－72.

[20] 姚珊. 基于蝙蝠算法的神经网络预测模型的研究及应用［D］. 鞍山：辽宁科技大学，2019.

YAO Shan. Neural network prediction model based on bat algorithm research and application［D］. Anshan：University of Science and Technology Liaoning, 2019.

第3章

基于改进鲸鱼优化算法与轻量梯度提升机混合虚拟采集方法

随着分布式光伏规模的扩大，其运行环境复杂多变，易出现数据采集不全、传输堵塞和设备故障等问题，亟需开发成本效益高、计算效率高的数据采集方案。分布式光伏的虚拟采集方案在实施过程中面临着如下技术难题：如何精确划分虚拟采集的区域。如何高效地选择虚拟采集的参考电站。如何获得高精度的虚拟采集数据。针对这些问题，本章提出一种基于改进多目标鲸鱼优化算法（improved multi-objective whale optimization algorithm，IMOWOA）与轻量梯度提升机（light gradient boosting machine，LightGBM）相结合的分布式光伏虚拟采集方法。实现高精度的区域内电站功率数据虚拟采集，并通过某省真实案例验证方法的可行性与有效性。

3.1 混合虚拟采集框架

本章提出的虚拟采集旨在为分布式光伏的输出功率提供经济高效的数据获取方法，具体应用场景是利用所划分区域内分布式光伏电站的相似性，通过参考分布式光伏电站的输入对待采集分布式光伏电站进行数据获取或者缺失数据补全。虚拟采集框架如图 3-1 所示，主要包含以下几部分：① 虚拟采集区域的划分；② 参考分布式光伏电站的选取；③ 分布式光伏功率数据的虚拟采集。

根据精度与成本需求选择合适的参考分布式光伏电站与 LightGBM 超参数，后续便可以参考分布式光伏电站的功率数据作为输入，对其他电站的数据进行实时采集。除了参考分布式光伏电站外，其他电站有两种场景选择：① 将虚拟采集方法与数据采集设备相结合，在数据缺失的情况下进行高精度数据补充；② 用虚拟采集方法代替采集设备，获取分布式光伏输出数据，从而降低数据采集成本。本章节将重点针对第 2 种场景进行分析。

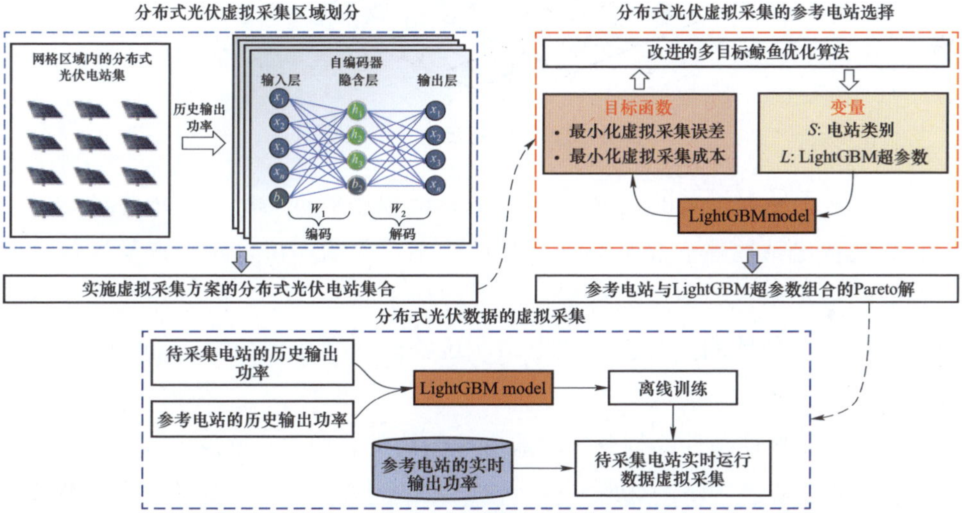

图 3－1　虚拟采集框架图

3.2　虚拟采集区域划分

邻近区域内的分布式光伏电站通常具有相似的现场设备、技术配置以及相似的气象条件，这使得光伏电站的输出功率具有相似的数据分布，可以为待采集电站提供有参考价值的数据输入。因此，预先对分布式光伏区域进行划分得到相似度较高的分布式光伏集合是进行虚拟采集需要满足的先决条件。

3.2.1 虚拟采集区域的网格划分法

本章针对分布式光伏特点，提出一种虚拟采集区域的初步划分方法，如图 3－2 所示，首先将环境和天气等外部因素基本相似的区域，根据地理位置和环境条件初步将该区域划分为多个子区域，具体划分方式如下：

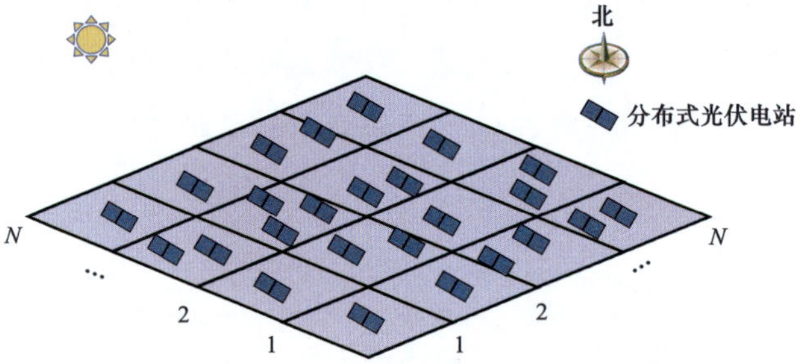

图 3－2　区域初步划分示意图

（1）基于地理位置的划分。在海拔 1km 以下的低海拔平原或丘陵地区，分布式光伏电站往往安装密集，且容量较小。因此，可以将平方千米视为区域划分的最小单位。位于高海拔地区（海拔 1.5km 以上）的分布式光伏电站通常是地理上分散的大容量光伏电站，这些区域将被划分为 3km × 3km 的子区域。

（2）基于环境条件的划分。与地形一致的区域相比，地形更复杂的区域在不同位置将面临更独特的环境条件。使用较小的分区能够更好地考虑该分区内不同光伏电站的辐照度、温度、风速和方向等环境参数。相应地，该区域将被划分为低海拔地区的 0.5km × 0.5km 和高海拔地区的 1.5km × 1.5km。

3.2.2 基于自编码器的相似性分析

基于地理位置和环境条件对虚拟采集区域初步划分后，需要根据相似性进一步精确划分区域，保证虚拟采集的可行性。考虑到传统相关性分析方法的局限性，本章节提出一种基于自编码器（autoencoder，AE）的相关性分析方法，通过图 3－3 所示的自编码器结构重构分布式光伏电站的功率数据，以重构误差（reconstruction error，RE）为依据进一步筛选划分区域内的电站，具体流程如下。

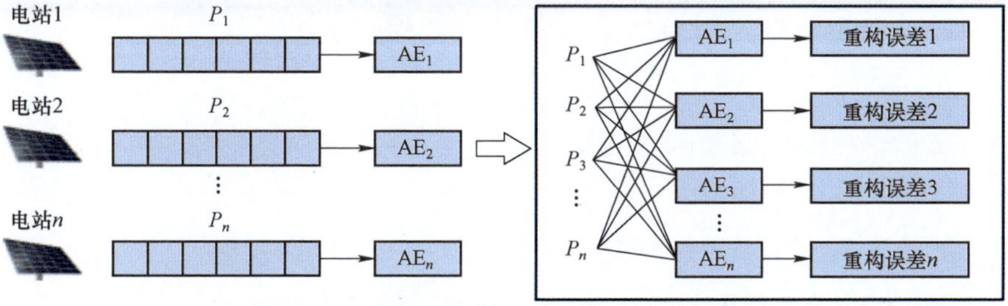

图 3－3　基于自编码器的光伏电站相似性分析

假设光伏电站的数量为 n，其历史输出功率序列分别为 $P_1, P_2, \cdots, P_n$，分别以每个电站的历史输出功率为输入，通过式（3－1）～式（3－3）进行训练，分别得到每个电站对应的 AE。

$$P_i^R = f_2(W_2P_i + b_2) \tag{3-1}$$

$$H = f_1(W_1P_i + b_1) \tag{3-2}$$

$$J(W,b) = \sum_{j=1}^{N} P_{ij}^{\mathrm{R}} - P_{ij}^{\ 2} \tag{3-3}$$

式中　W_1、b_1 ——表示从输入层到隐含层的权重和偏置项；

W_2、b_2 ——表示从隐藏层到输出层的权重和偏置项；

P_i、H、P_i^R ——表示原始数据、隐含变量和重构数据；

N ——每个电站输出功率的样本数量；

f_1、f_2 ——激活函数。

获得训练完毕的多个 AE 模型后，分别通过 AE_1～AE_n 对所有电站功率数据进行重构，定义第 k 个 AE 对第 i 个电站功率输出序列的重构为 P_i^k。

通过式（3－4）、式（3－5）分别计算每个 AE 对区域内光伏电站的输出功率序列重构误差总和，若某一 AE 重构误差总和越高，说明对应训练集的输出功率与整个分布式光伏集群的输出功率相似性越低，并将满足式（3－6）的电站视为非相似电站，从而进一步精确虚拟采集电站集。

$$e_i^k = P_i^k - P_i \tag{3-4}$$

$$E_k = \sum_{i=1}^{n} e_i^k \tag{3-5}$$

$$\left|E_k - \overline{E}\right| > 3\sigma_{\mathrm{s}} \tag{3-6}$$

式中 e_i^k——第 k 个 AE 对电站 i 的输出功率序列重构误差；

E_k——第 k 个 AE 对所有电站的输出功率序列重构误差总和；

E——所有电站重构误差均值；

n——电站数量；

σ_s——所有电站重构误差的标准差。

采集区域划分完毕后，下面将重点阐述虚拟采集方法。

3.3 分布式光伏 IMOWOA－LightGBM 的虚拟采集方法

3.3.1 LightGBM 原理

本章需要将多目标优化算法与数据推理模型进行结合，从而获取最佳参考电站和模型超参数，因此数据推理模型的选择需要同时考虑精度和效率。集成学习中的 Boosting 策略通过串行迭代不断调整错误样本的权重，相比于其他集成策略能够有效防止过拟合并具有更高的精度。其中，XGBoost 和 LightGBM 凭借良好的性能已经成为 Boosting 集成策略的代表性算法。

然而，XGBoost 需要针对每个特征扫描整个功率数据以计算每个可能的分割点的增益，从而造成巨大的时间/内存消耗。而 LightGBM 使用基于梯度的单侧采样（gradient-based one-side sampling，GOSS）和专有特征捆绑（exclusive feature bundling，EFB）技术有效缩短了数据处理时间，更适用于本章节所提出的应用场景。

其中，GOSS 根据训练样本的梯度绝对值降序排列，保留前具有较大梯度的样本得到样本子集 A，对于剩余的小梯度样本集进行比例为 b 的随机抽样得到样本子集 B，最后根据子集在点 d 处的分裂特征 k 的估计方差增益分割样本。通过排除小梯度样本保留具有较高信息增益的大梯度样本，由于具有大梯度的数据更为关键，因此，即使针对小规模数据集，也可以快速准确地估计信息。具体公式如下

$$\tilde{V}_k(d)=\frac{1}{n}[\tilde{V}_{k1}(d)+\tilde{V}_{k2}(d)] \tag{3-7}$$

$$\tilde{V}_{k1}(d)\left(\sum_{x_i\in A_l}g_i+\frac{1-a}{b}\sum_{x_i\in B_l}g_i\right)^2=\frac{x_i\in A_l}{n_l^j(d)} \tag{3-8}$$

$$\tilde{V}_{k2}(d)=\frac{\left(\sum_{x_i\in A_r}g_i+\frac{1-a}{b}\sum_{x_i\in B_r}g_i\right)^2}{n_r^j(d)} \tag{3-9}$$

此外，如图 3－4 和图 3－5 所示，LightGBM 使用直方图算法寻找最佳分割点和采用带深度限制的按叶生长策略（leaf-wise tree growth，LTG）来降低模型复杂度，避免了大量不必要的计算，以较短的训练时间实现了良好的性能，因此，将 LightGBM 应用于分布式光伏输出功率的虚拟采集，可以有效提高数据采集的效率。

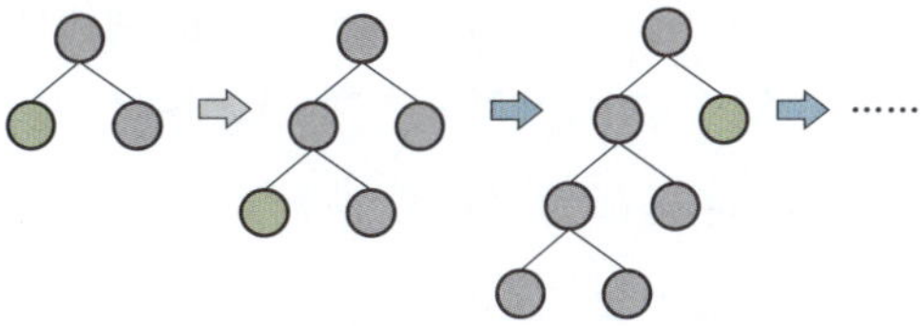

图 3－4　带深度限制的按叶生长策略

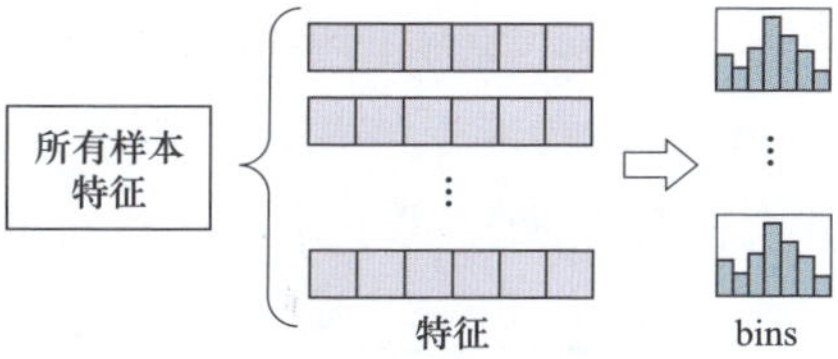

图 3－5　直方图构建过程

3.3.2　改进的多目标鲸鱼优化算法

多目标优化算法可以通过不断的迭代搜寻，找到图 3－6 所示的 Pareto 前沿。本章节中，Pareto 前沿是以电站类型与超参数为变量的最优解集在目标空间的映射结果。

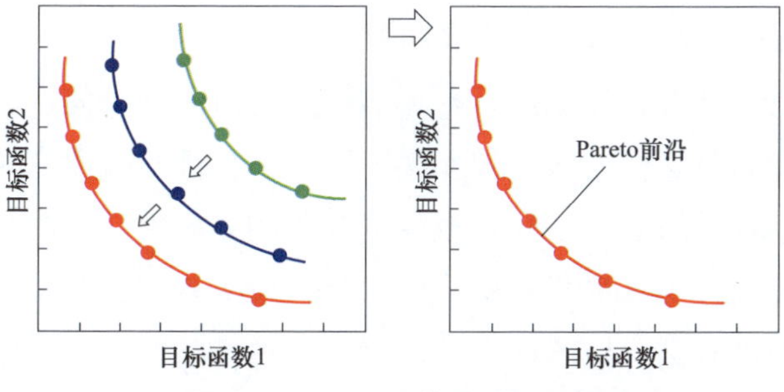

图 3－6　Pareto 前沿获取过程

鲸鱼优化算法（whale optimization algorithm，WOA）是基于座头鲸行为特性的仿生算法，具有收敛速度快，搜索能力强等优点，在仿真中显示出比粒子群优化（particle swarm optimization，PSO）、遗传算法（genetic algorithm，GA）、差分进化（differential evolution algorithm，DE）、射线优化（ray optimization，RO）、和谐搜索（harmony search，HS）等许多经典优化算法更强的搜索性能。然而，WOA 在多目标优化问题中的性能还没有得到充分验证，位置更新策略对于本章所提出的场景适应性不足。因此，本章将在 IMOWOA 基础上进行改进，引入多种改进策略，使其更适用于本章所提出的应用场景并进一步提高全局搜索能力，从而找到更优的 Pareto 前沿。

（1）基于反向学习的初始化策略。传统鲸鱼优化算法通过随机数方式初始化个体位置，但是在缺乏先验知识的情况下，该种方式会导致种群分布不均匀从而降低搜索效率。优质的种群分布能够协助算法快速寻找全局最优解，同时也可提高 Pareto 解的多样性。因此，本章节引入一种基于反向学习的初始化策略，将初始种群平均划分为两部分，前半部分解集 P_1 通过随机初始化方法生成，其余部分 P_2 通过式（3－11）进行初始化，最后将集合 $P_1 \cup P_2$ 作为初始种群进行优化，从而在缺乏先验知识的前提下提高算法的搜索效率。

$$Y' = [y'_1, y'_2, \cdots, y'_{N_p}] \tag{3-10}$$

$$y'_{ij} = y^j_{\max} + y^j_{\min} - y_{ij} \tag{3-11}$$

式中 $y^j_{\max}$ ——第 j 个决策变量的上限；

$y^j_{\min}$ ——第 j 个决策变量的下限；

Y' ——随机初始化解 Y 的反向解；

y_{ij} ——随机初始化后的第 i 个个体的第 j 个决策变量。

（2）基于拥挤距离的领导者选择机制。

领导者是引导种群更好地接近真正的帕累托前沿的个体，选择合适的领导者成为进一步提高算法性能的关键步骤。同时，在目标函数空间的映射呈均匀分布，拥挤距离较小的 Pareto 解可以保证解集的多样性。因此，本章节提出一种基于拥挤距离的领导者选择机制，具体步骤为：根据式（3－12）计算外部档案中每个解的拥挤距离；按照拥挤距离对个体进行降序排列，排序时去除两个极值点；设定每个解被选为领导者的概率如式（3－13）所示，进一步根据概率值随机选取个体作为领导者，引导种群向分布均匀的空间移动。

$$d_i = \sum_{m=1}^{M} \frac{f_m^{i+1} - f_m^{i-1}}{f_m^{\max} - f_m^{\min}} \tag{3-12}$$

$$P_k^L = \frac{d_k^{'}}{\sum_{k=1}^{N_P-2} d_k^{'}}, k = 1, \cdots, N_P - 2 \tag{3-13}$$

式中　d_i ——第 i 个解的拥挤距离；

M ——目标函数的数量；

f_m^{i-1}、f_m^{i+1} ——将第 m 个目标函数排序后仅次于和优于第 i 个解的目标函数值；

$f_m^{\max}$、$f_m^{\min}$ ——第 m 个目标函数的最大值和最小值；

d_k' ——排序后排名为 k 的拥挤距离；

P_k^L ——排名为 k 的个体被选为领导者的概率。

（3）局部二进制转换函数。由于参考电站的选取是一个二进制优化问题，而超参数选取是连续优化问题，于是本章节采用一种局部二进制优化方案，对于鲸鱼位置向量中的参考电站变量采用式（3－15）所示的转换函数，将其转化为二进制值

$$T_{\mathrm{s}}[X^d(t)] = \frac{1}{1 + \mathrm{e}^{-X^d(t)}} \tag{3-14}$$

$$\tilde{X}^d(t) = \begin{cases} 1, r_{\mathrm{d}} < T_s[X^d(t)] \\ 0, r_{\mathrm{d}} \geqslant T_s[X^d(t)] \end{cases} \tag{3-15}$$

式中　$X^d(t)$ ——二进制变量按照原始公式更新后的位置；

$\tilde{X}^d(t)$ ——通过转移函数更新后的二进制变量的位置；

r_{d} ——［0，1］的随机数。

应用改进的多目标鲸鱼优化算法对本章节所提出的虚拟采集优化模型的求解流程如下：

步骤 1：输入各个分布式光伏电站的历史输出功率，并初始化各鲸鱼的位置；

步骤 2：计算每个个体的适应度，根据非支配关系更新个体最优解集和全局最优解集，并更新外部存储库；

步骤 3：结合所提出的改进方案更新每个个体的位置，然后判断是否满足

约束条件，如果不满足则重新初始化位置；

步骤 4：算法在达到最大迭代次数时停止迭代；否则，返回步骤 2。

3.3.3 参考电站选择

本章定义的参考电站是安装了完备的数据采集装置的分布式光伏电站，其实时功率数据将作为多维度特征输入到 LightGBM。因此，在电站区域内选择合理的参考电站组合进行虚拟采集可以起到相互补充的作用，进而有效提高虚拟采集的精度。在使用机器学习算法时，超参数的设置是否合理也严重影响模型的性能。因此，在合理的运行时间内根据数据集的属性选择更合适的模型结构和超参数配置对实现高精度的虚拟采集也具有重要意义。

综合考虑上述问题，本章将虚拟采集参考电站的选择转化为以 LightGBM 超参数 $L=[l_1, l_2, \cdots, l_m]$和电站类型向量 $S=[s_1, s_2, \cdots, s_i]$为决策变量的多目标混合整数规划问题。目标是通过优化超参数 L 和电站类型 S 实现采集误差和虚拟采集成本的最小化，从而提供满足不同成本与精度需求的组合。具体目标函数定义如下：

（1）虚拟采集误差。本章在定义虚拟采集误差目标函数时采用各待采集电站的误差平均与方差之和而不是误差总和，避免优化时为减小总误差从而偏向于减少待采电站的数量。

定义各电站虚拟采集的误差平均为

$$E_{av} = \frac{1}{N_c}\sum_{j=1}^{N_c} M_{AEj} \tag{3-16}$$

式中 E_{av}——各待采集电站的误差平均值；

N_c——参考电站的数量；

M_{AEj}——第 j 个待采集电站的平均绝对误差。

其中

$$M_{AEj} = \frac{1}{N}\sum_{k=1}^{N}\left|\hat{y}_{jk} - y_{jk}\right| \tag{3-17}$$

$$N_c = \sum_{i=1}^{n} s_i \tag{3-18}$$

$$\hat{y}_{jk} = F(L) \tag{3-19}$$

式中　N——电站的训练样本总数；

$\hat{y}_j$、y_j——第 j 个待采集电站的虚拟采集值和真实值；$F(L)$ 为超参数为 L 时的 LightGBM 模型。

定义各电站虚拟采集误差的标准差为

$$\sigma_{\mathrm{c}} = \sqrt{\sum_{j=1}^{N_{\mathrm{c}}}(M_{\mathrm{AE}j} - E_{\mathrm{av}}) / N_{\mathrm{c}}} \tag{3-20}$$

综上所述，虚拟采集误差函数定义为

$$f_1 = E_{\mathrm{av}} + \sigma_{\mathrm{c}} \tag{3-21}$$

（2）虚拟采集成本。在本章中，虚拟采集成本目标函数用于平衡参考电站和待采集电站的数量，同时量化不同数量参考电站下的经济效益。因此，本章节定义了一个简单的虚拟采集成本函数，包括参考站采集设备的年投资成本、待采集站的年投资成本以及采集设备的附加通信成本。定义参考电站采集设备的年投资成本为

$$C^{\mathrm{I}} = C^{\mathrm{D}}(1+\rho+\theta)A(r,n) \tag{3-22}$$

其中

$$C^{\mathrm{D}} = \sum_{i=1}^{n} s_i C_{\mathrm{PV}} \tag{3-23}$$

$$A(r,n) = \frac{r(1+r)^T}{(1+r)^{T-1} - 1} \tag{3-24}$$

式中　C^{I}——等年值投资成本；

C^{D}——采集设备的总购买成本；

ρ、θ——运行维护成本和安装成本占购买成本的比例；

$A(r,n)$——采集设备的现值单价；

r——贴现率；

T——采集设备的使用年限。

本章通过一段时间的历史功率数据获取有效的虚拟采集模型，通过高精度虚拟采集模型节约待采集电站的采集设备，故不考虑待采集电站的采集设备购

买成本。因此，待采集电站设备的投资成本包括安装以及拆卸设备的成本，具体计算公式为

$$C^2 = 2\sum_{i=1}^{n}\theta(1-s_i)C_{\text{PV}} \tag{3-25}$$

采集设备的年附加通信成本计算公式为

$$C^{\text{G}} = \sum_{i=1}^{n}(1-s_i)C^{\text{M}} \tag{3-26}$$

式中　C^{M}——采集设备固有通信成本。

综上所述，虚拟采集成本定义为

$$f_2 = C^1 + C^2 + C^{\text{G}} \tag{3-27}$$

综合虚拟采集误差和虚拟采集成本 2 个目标，总目标函数为

$$f = \min(f_1, f_2) \tag{3-28}$$

（3）约束条件。为保证虚拟采集的可行性，参考电站的数量应满足以下约束

$$N_{\min} \leqslant \sum_{i=1}^{n} s_i \leqslant N_{\max} \tag{3-29}$$

为了确保 LightGBM 模型是可运行的，超参数应满足以下约束：

$$l_{\min} \leqslant l_m \leqslant l_{\max} \tag{3-30}$$

式中　$N_{\min}$、$N_{\max}$——参考电站数量上下限约束；

$l_{\min}$ 和 $l_{\max}$——LightGBM 超参数的上下限约束。

3.3.4　虚拟采集性能评价指标

不同的指标可以从不同的角度反映模型的性能，因此，在本章节中将均方根误差（root mean square error，RMSE）、平均绝对误差（mean squared error，MAE）和平均绝对百分比误差（mean absolute percentage error，MAPE）用于评估提出虚拟采集方法的效果，指标定义如下

$$\gamma_{\text{RMSE}} = \sqrt{\frac{1}{N^T}\sum_{i=1}^{N^T}(\hat{y}_i - y_i)^2} \tag{3-31}$$

$$\gamma_{\mathrm{MAE}}=\frac{1}{N^T}\sum_{i=1}^{N^T}\left|\hat{y}_i-y_i\right| \tag{3-32}$$

$$\gamma_{\mathrm{MAPE}}=\frac{1}{N^T}\sum_{i=1}^{N^T}\left|\frac{\hat{y}_i-y_i}{y_i}\right|\times 100\% \tag{3-33}$$

式中　N^T ——测试样本的数量；

$\hat{y}_i$、y_i ——表示分布式光伏输出功率的虚拟采集数值和真实值。

通过 γ_{MAPE} 评估虚拟采集性能时需要去除实际功率的为 0 的采样点。

3.4　算　例　分　析

本章将以某省某平原地区 2018 年 2 月 1 日～12 月 31 日的 29 个分布式光伏电站的实际光伏输出数据为例，验证提出虚拟采集方法的有效性和可行性。各分布式光伏电站均在同一网格区域内，数据采集时间间隔为 15min，选取的 5 个典型日内 29 个电站的输出功率如图 3－7 所示。

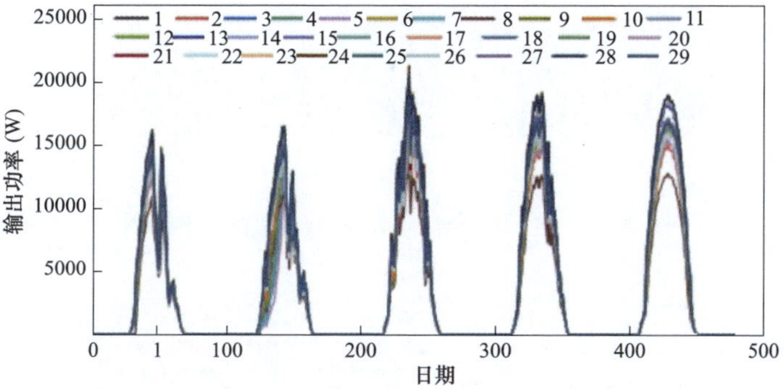

图 3－7　虚拟采集区域内光伏电站输出功率曲线

3.4.1　虚拟采集区域划分效果验证

从图 3－7 可以看出，由于所选地区地势平缓，初步进行网格化区域划分可以得到整体功率趋势基本一致的电站集合。进一步，通过提出的自编码器方法验证网格化区域划分的合理性，并根据相似性确定区域内参与虚拟采集的电站。同时，计算各电站与其他电站的皮尔逊相关系数（pearson correlation coefficient，PCC）与余弦相似度（cosine similarity，COS）同本章节提出方法进行对比验证。

区域内每个电站对其他电站的重构误差结果如图 3-8 所示。可以看出，每个电站训练所得的自编码器模型对整个光伏系统的重构误差均较低，并没有满足式（3-6）条件的电站。从图 3-9 可以看出，PCC 和 COS 两种方法所得相似性结果在 0.985～1，说明所得网格区域内电站之间具有较高的相似性，其中，6、19、20 号电站与其他电站相似性偏低，与自编码器重构误差结果吻合，证明提出的相似性分析方法的可行性和有效性。综合来讲，所选区域内电站在地理位置、气候状况、设备安装等多种因素耦合情况下具有较高的相似性，满足虚拟采集的前提条件。

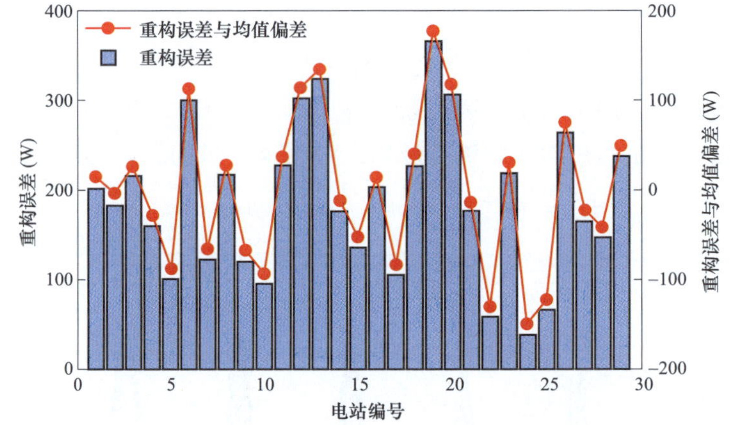

图 3-8　区域内光伏电站输出功率的重构结果

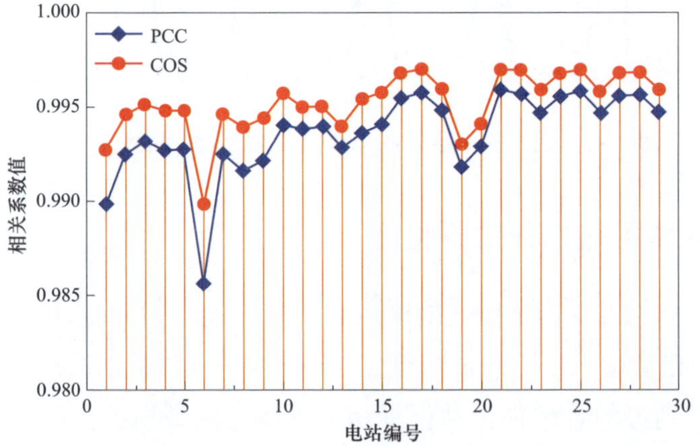

图 3-9　区域内各电站对其他电站的 PCC 和 COS 相似性分析结果

为展示提出的相似性分析方法较 PCC 和 COS 方法的优势，逐次对 39 个非原划分区域内的电站与区域内电站进行相似性分析，编号分别 30、31、32。其中，30 号和 31 号电站来自其他区域，功率趋势与原区域内电站偏差较大，32 号电站通过原区域内 1 号电站添加均值为 0 的高斯噪声生成，典型日各电站的功率曲线如图 3－10 所示。新添加电站对原光伏集合的相似性指标如表 3－1 所示，表中 REs 为总的重构误差，PCC 和 COS 分别表示皮尔逊相关系数和余弦相似度的均值。通过分析可以得出如下结论：

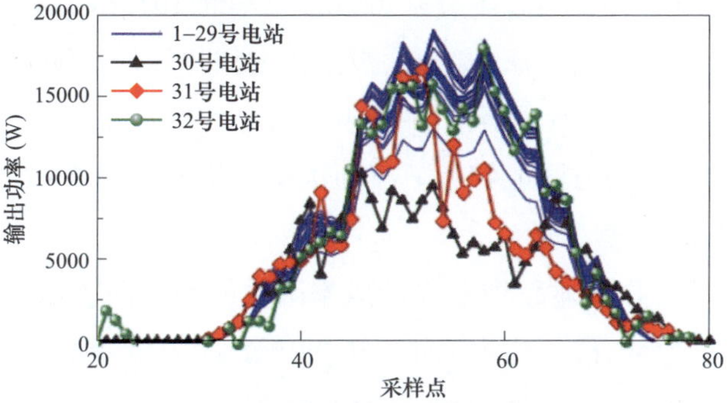

图 3－10　典型日各电站输出功率曲线

表 3－1　不同方法的相似性分析结果

相似性指标	RE_s	$\overline{PCC}$	$\overline{COS}$
30 号电站	11.715kW	0.127	0.413
31 号电站	7.412kW	0.162	0.476
32 号电站	0.269kW	0.980	0.794

（1）通过对 30 号和 31 号电站的相似性分析结果可以看出，PCC 和 AE 这两种方法的灵敏度显著优于 COS，能够有效的识别非相似性电站，从而得到满足虚拟采集前提条件的分布式光伏集合。

（2）32 号电站添加了高斯噪声，但是整体趋势仍然与区域内电站保持一致。从相似性结果可以看出，COS 在 32 号电站添加高斯噪声后与光伏系统的相似性结果从 0.993 降低到了 0.794 具有较差的抗噪声能力，而 AE 在添加噪声后仍能够有效挖掘出时间序列的趋势特征，在本章所提出场景中具有显著的优越性。值得注意的是，较 PCC 而言，AE 能够分析长度不同的序列之间的相似性，能够用于更多情况下时间序列的相似性分析。然而，由于 AE 需要通过训练来学习样本的趋势特征，所以并不适用于样本量较少的时间序列相似性分析。

3.4.2 参考电站选择结果分析

改进多目标鲸鱼优化算法参数设置如下：变量维度为 37，种群大小为 200，迭代次数为 50 次。设定设备价格为 5000 元，贴现率为 10%，使用年限为 15 年，年运行维护成本和安装成本分别占设备成本的 10%和 3%。

将各电站前 10 个月的分布式光伏数据作为优化算法的输入，得到图 3-11 所示的 Pareto 前沿，清楚地显示了参考电站数量和虚拟采集误差之间的冲突关系，可以看出，提出的方法能够有效权衡虚拟采集误差和成本之间的关系，从而提供较多的组合方案。

表 3-2 显示了根据本章所定义的成本函数所得不同 Pareto 方案的经济效益，所得 Pareto 方案中最低成本为 13450.99 元，对应参考电站数量为 3 个，最高成本为 21076.92 元，对应参考电站数量为 21 个，说明本章节方法在不同的 Pareto 方案下均能够通过光伏子集实现对整个光伏系统的数据采集，从而达到降低采集成本的目的。而且，实施者可根据不同的成本与精度需求在其中选择合适的方案，证明了本章节所设置目标函数的合理性。

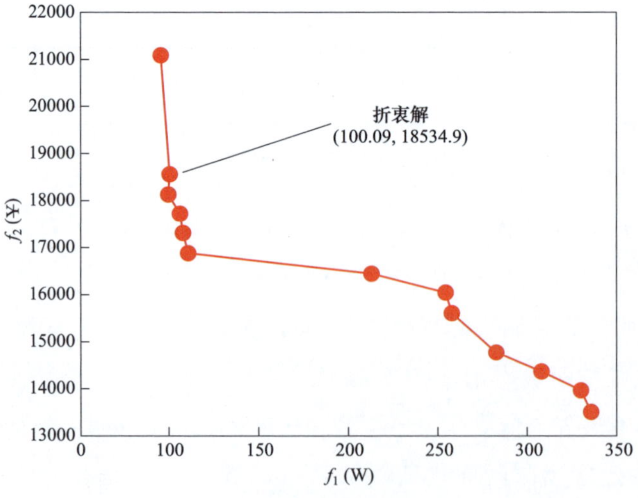

图 3-11　虚拟采集成本与误差的 Pareto 前沿

表 3-2　　不同 Pareto 方案下的经济效益

虚拟采集误差 f_1（W）	经济成本 f_1（¥）	C^B（¥）	虚拟采集误差 f_1（W）	经济成本 f_1（¥）	C^B（¥）
95.49	21076.92	3389.30	255.08	15992.97	8473.25
100.10	18534.94	5931.28	258.27	15569.30	8896.92
100.38	18111.28	6354.94	283.18	14721.98	9744.24
106.90	17687.62	6778.60	308.67	14298.31	10167.91
108.39	17263.95	7202.27	330.34	13874.65	10591.57
111.07	16840.29	7625.93	336.41	13450.99	11015.23
213.52	16416.63	8049.59	—	—	—

注　C^B 表示虚拟采集与全覆盖式安装采集设备的情况比较，节约成本的多少。

为便于进行下一步分析，在求得 Pareto 解集后，需要根据运行人员或者专家的经验提供决策指导，根据不同的经济和精度偏好选取最合适的 Pareto 解。由于本章节缺少相关经验，所以采用客观评价法中的熵权法得到采集误差和成本的权重分别为 0.663 和 0.337，运用 TOPSIS 方法对 Pareto 解集进行排序，选择出图 3-11 所标出的折衷解，该解均衡考虑了虚拟采集的成本和误差，具体如表 3-3 所示。

表 3-3　　折衷解的参考电站编号与 LightGBM 超参数

参考电站编号	Light GBM 超参数
4、9、10、11、	learning_rate=0.0641, n_estimators=752,
12、13、14、15、	Num_leaves=56, min_child_sample=15,
18、20、21、22、	max_depth=6, col sample_by tree=0.914,
24、25、27	subsample=0.887, early _stoping_rounds= 76

为展示本章节所选参考电站作为输入的虚拟采集效果，采用表 3-3 所示的参考电站编号 LightGBM 模型，以 12 月 26～31 日的数据作为测试集进行虚拟采集，得到图 3-12 所示的各待采集电站虚拟采集误差指标。

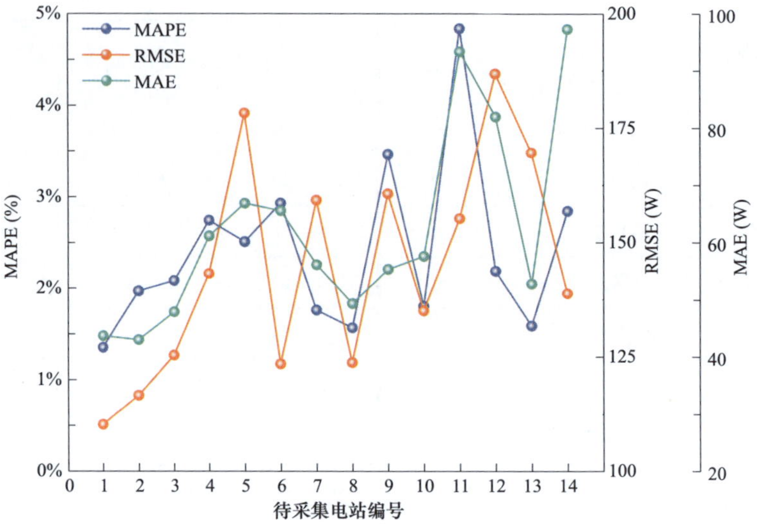

图 3-12　各待采集电站的虚拟采集误差指标值

综合来看，本章方法对各待采集电站的平均 MAE 为 62.23W，平均 RMSE 为 144.67W，说明各电站通过本章方法进行虚拟采集的异常数值较少，具有良好的虚拟采集性能。同时，剔除真实功率为 0 的点，得到平均 MAPE 为 2.38%，说明虚拟采集结果的相对误差较小，可以满足工程需求。综合上述多个统计指标可知，通过选择合理的电站集合作为参考电站，能够以较低的成本和足够的精度推理出整个光伏系统的运行数据。

3.4.3　采集算法性能对比分析

为展示本章所应用数据采集方法的优越性，将小波神经网络（wavelet neural network，WNN）、BP 神经网络（back propagation neural network，BPNN）、LSTM 以及 XGBoost 的虚拟采集效果与 LightGBM 进行对比。其中 XGBoost 的参数与表 3-3 一致。测试集同样为 12 月 26～31 日各电站的输出功率。

通过表 3-3 所示参考电站对待采集站进行虚拟采集，各算法的虚拟采集误差指标平均值与运行时间如表 3-4 所示，经对比分析可得出以下结论：

表 3-4　　各算法虚拟采集误差指标与运行时间

算法	$\overline{\gamma}_{MAE}$（W）	$\overline{\gamma}_{RMSE}$（W）	$\overline{\gamma}_{MAPE}$（%）	时间（s）
LSTM	78.69	234.59	2.29	571.1
XG Boost	64.78	183.39	2.14	89.5
B PNN	110.07	290.92	4.93	9.4
LightGBM	62.23	144.67	2.38	6.7
WNN	107.70	309.27	4.37	11.3

（1）本章节选取的参考电站具有较好的代表性，所有算法均能完成对其他电站的虚拟采集。其中，LSTM、LightGBM、XGBoost 的精确度都明显高于 WNN 和 BPNN，因此更适合本章提出的应用场景。

（2）XGBoost 的虚拟采集精度与 LightGBM 接近，但是运行时间是 LightGBM 的 13.4 倍，若在参考电站选择阶段采用 XGBoost 会造成巨大的时间/内存消耗。因此，综合来讲，仍然是本章所采用的 LightGBM 方法最优。

（3）LSTM、XGBoost 的 MAE 和 RMSE 均大于 LightGBM，但是 MAPE 较小。说明 LSTM 和 XGBoost 的异常点大多分布在实际输出功率较大的点，而 LightGBM 异常点大多为实际输出功率较小的点。因此，后续可考虑将三者进行有效结合，从而提高虚拟采集精度。可以看出，本章采用多个指标评价虚拟采集性能可以从不同角度发现算法的优缺点，便于算法的改进优化。

为验证本章所提出虚拟采集方法的在天气较为平稳和天气波动较大情况下的虚拟采集效果，本章以 1 号电站为典型待采集站进行可视化分析。限于篇幅，图 3-13 展示了几种算法对 12 月 29～31 日的虚拟采集结果，通过图 3-13（a）可以看出，在平稳天气下以参考电站的数据作为输入，各算法的输出与真实值拟合程度均较好，说明本章节所选取的参考电站具有较好的代表性，能提供较高质量的输入数据。从图 3-13（b）、图 3-13（c）可以看出，在天气变化较大的情况下，WNN 和 BPNN 的虚拟采集精度显著下降，而本章所提出方法与真实值仍然能够保持较好的拟合度。同时，从局部放大图中可以看出两种情景下本章节所提出方法均最为接近真实值，即使在拐点处仍有较高的精度，具有一定的鲁棒性，充分证明了提出的方法的优越性。

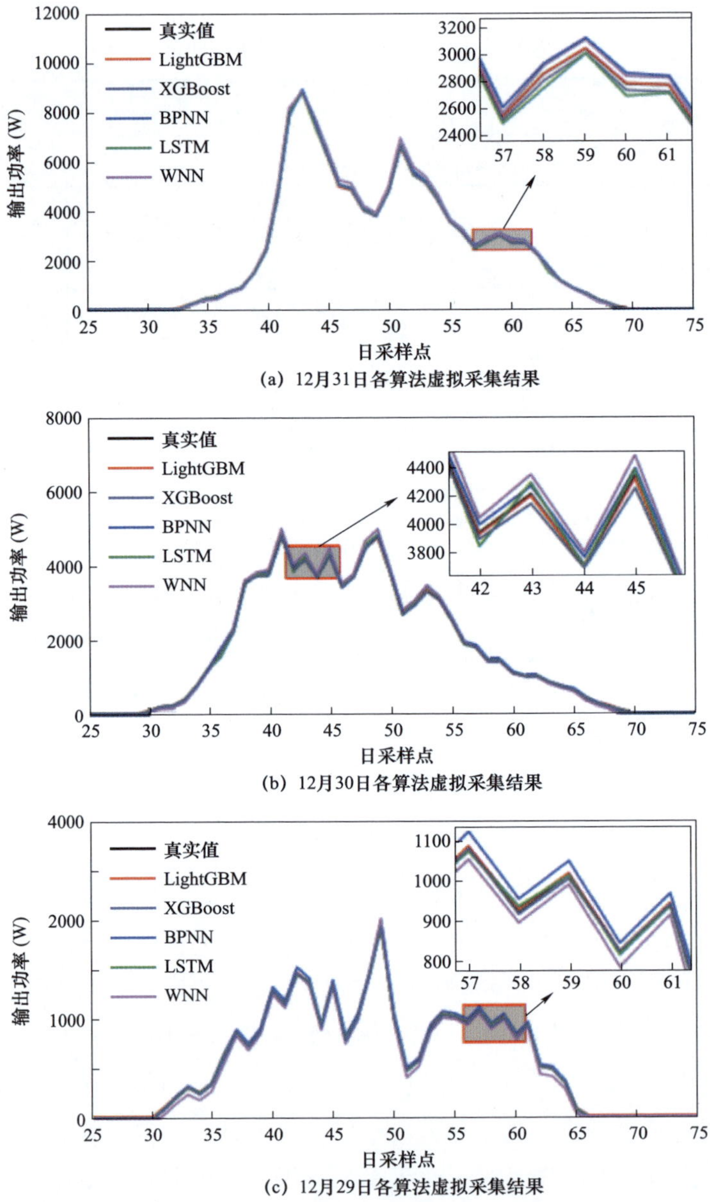

(a) 12月31日各算法虚拟采集结果

(b) 12月30日各算法虚拟采集结果

(c) 12月29日各算法虚拟采集结果

图 3－13　对比算法的虚拟采集结果

3.4.4　优化算法性能对比分析

最后，为展示提出的优化算法的优越性，将提出的IMOWOA与NSGA－Ⅱ、MOWOA 进行对比，各算法种群大小与迭代次数等参数均相同。各算法所得

Pareto 前沿如图 3 – 14 所示，可以看出，NSGA – Ⅱ 在本章节实验中体现出的多样性较差，在空间内寻找到的 Pareto 最优解较少。MOWOA 经过搜索所得到的 Pareto 最优解个数与 IMOWOA 相当，但是提出的优化算法具有更好的 Pareto 前沿，因为在相同的采集成本下，本章节方法所提供的 Pareto 最优解具有更低的虚拟采集误差，说明本章节提出的 IMOWOA 具有更好的全局搜索能力，从而提供更高质量的组合。

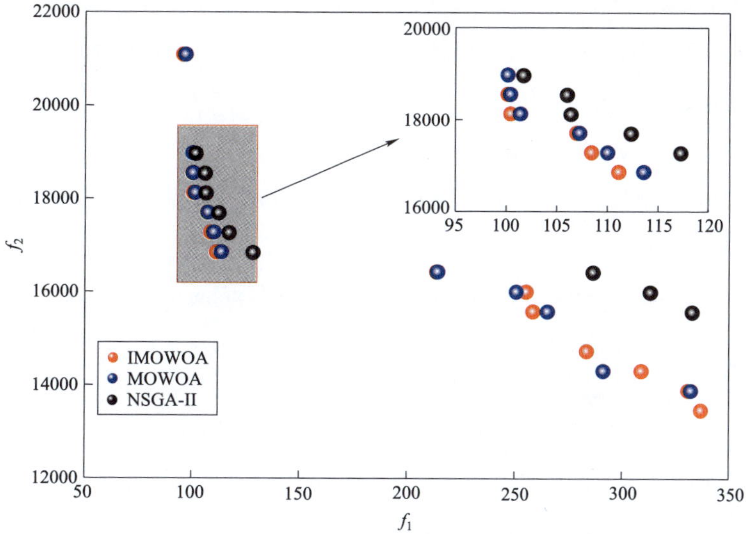

图 3 – 14　不同优化算法的 Pareto 前沿

3.5　本　章　小　结

本章提出一种基于 IMOWOA-LightGBM 方法的分布式光伏电站功率数据虚拟采集方法。通过对我国一个真实地区的案例研究，验证了所提方法的有效性和可行性。实验证明，在平稳和波动的天气条件下，所提出的方法均具有良好的虚拟采集性能。有效弥补了数据缺失问题，提高了数据质量和采集精度，有助于提升光伏电站的发电预测和性能分析，推动智能化运维系统的建设。

参 考 文 献

［1］盛万兴，吴鸣，季宇，等. 分布式可再生能源发电集群并网消纳关键技术及工程实践［J］. 中国电机工程学报，2019，39（08）：2175－2186＋1.

［2］Jia X, Du H, Zou H, et al. Assessing the effectiveness of China’s net-metering subsidies for household distributed photovoltaic systems［J］. Journal of Cleaner Production, 2020, 262 (prepublish): 121161－121161.

［3］Zhu C, Long X, Han G, et al. A virtual grid-based real-time data collection algorithm for industrial wireless sensor networks［J］. EURASIP Journal on Wireless Communications and Networking, 2018，2018（1）：1－20.

［4］GE Leijiao, LIU Hangxu, YAN Jun, et al. A virtual data collection model of distributed PVs considering spatiotemporal coupling and affine optimization reference［J］. IEEE Transactions on Power Systems, 2023, 38(4): 3939－3951.

［5］朱永强，田军. 最小二乘支持向量机在光伏功率预测中的应用［J］. 电网技术，2011，35（07）：54－59. DOI：10. 13335/j. 1000－3673. pst. 2011. 07.013.

［6］陈志宝，丁杰，周海，等. 地基云图 3－结合径向基函数人工神经网络的光伏功率超短期预测模型［J］. 中国电机工程学报，2015，35（03）：561－567. DOI：10. 13334/j. 0258－8013. pcsee. 2015. 03. 007.

［7］崔旻，顾洁. 电力系统中长期负荷预测的改进决策树算法［J］. 上海交通大学学报，2004，（08）：1246－1249＋1255. DOI：10.16183/j.cnki.jsjtu.2004.08.005.

［8］Gao M, Li J, Hong F, et al. Day-ahead power forecasting in a large-scale photovoltaic plant based on weather classification using LSTM［J］. Energy, 2019，187115838－115838.

［9］Oveis A, Mehdi B, Salay M N, et al. A New Combinatory Approach for Wind Power Forecasting［J］. IEEE Systems Journal, 2020，1－12.

［10］KE Guolin, MENG Qi, FINLEY T, et al. LightGBM：a highly efficient gradient boosting decision tree［C］//Proceedings of the 31st International Conference on Neural Information Processing Systems. Long Beach：Curran Associates Inc., 2017: 3149－3157.

［11］CHEN Tianqi, GUESTRIN C. XGBoost：a scalable tree boosting system［C］//Proceedings of the 22nd ACM SIGKDD International Conference on Knowledge Discovery and Data Mining. San Francisco：ACM, 2016：785－794.

［12］ 胡梦月，胡志坚，仉梦林，等. 基于改进 AdaBoost. RT 和 KELM 的风功率预测方法研究［J］. 电网技术，2017，41（02）：536－542.

［13］ Zhiyuan S, Ming Y, Yixiao Y, et al. Photovoltaic power forecast based on satellite images considering effects of solar position［J］. Applied Energy, 2021，302.

［14］ 余光正，陆柳，汤波，等. 考虑转折性天气的海上风电功率超短期分段预测方法研究［J］. 中国电机工程学报，2022，42（13）：4859－4871.

［15］ 赖昌伟，黎静华，陈博，等. 光伏发电功率预测技术研究综述［J］. 电工技术学报，2019，34（06）：1201－1217.

［16］ Zhang R, Ma H, Hua W, et al. Data-Driven Photovoltaic Generation Forecasting Based on a Bayesian Network With Spatial-Temporal Correlation Analysis［J］. IEEE Transactions on Industrial Informatics, 2020, 16(3): 1635－1644.

［17］ Ge L, Xian Y, Yan J, et al. A Hybrid Model for Short-term PV Output Forecasting Based on PCA-GWO-GRNN［J］. Journal of Modern Power Systems and Clean Energy, 2020, 8(06):1268－1275.

［18］ 来杰，王晓丹，向前，等. 自编码器及其应用综述［J］. 通信学报，2021，42（09）：218－230.

［19］ Mirjalili S, Lewis A. The Whale Optimization Algorithm［J］. Advances in Engineering Software, 2016，9551－67.

［20］ 刘嘉恒，张明，葛磊蛟，等. 基于改进郊狼优化算法的光伏智能边缘终端优化配置方法［J］. 电工技术学报，2021，36（07）：1368－1379.

［21］ 陈琪华，何育恒，曾永忠，等. TOPSIS 法在垃圾焚烧发电锅炉蒸汽空气预热器综合评价中的应用［J］. 中国电机工程学报，2020，40（04）：1274－1281＋1418.

第4章

考虑分布式光伏时空耦合和 RPV 仿射优化的虚拟采集方法

虚拟采集在对 DPV 的应用中面临两个主要问题：一是由于 DPV 空间分布的不均匀性及其输出的时空相关性，传统方法难以准确捕捉所有 DPV 的动态输出特性；二是太阳辐射强度的区域不确定性对采集精度的影响较大。为了克服太阳辐射强度不确定性的影响和虚拟采集器中 RPV 选取的高维度最优化问题。本章提出了针对一般气候区域的虚拟采集方法。提出了深度训练的递归去噪自编码器（deep trained recurrent denoising auto-encoder，D–RDAE）。通过对去噪自动编码器添加记忆刷新和复现模块，并用优化器对它进行深度训练。利用仿射数学构建了仿射人工神经网络（affine artificial neural networks，AANN）实现对 RPV 的选取。用 33 个 DPV 从 3～12 月的运行数据对本章所提方法进行训练和验证。实验结果表明所提方法可以对 DPV 进行长期地高精度虚拟采集并且降低数据收集装置的数量。

4.1 DPV 的虚拟采集框架

一个地区内各位置的太阳辐射、气象状态、环境温度等因素并不相同，因此地区内每个 DPV 的实际输出功率并不相同，具有空间波动性。但是它们的输出功率在 DPV 的空间分布上具有相关性。针对每个 DPV，其输出功率在时间方面具有历史相关性，类似于 PV 输出功率短期预测。本章充分考虑 DPV 输出的时空相关性，提出了 D–RDAE，利用该网络对 DPV 输出功率的时刻特性深度挖掘。通过多次训练，不断改变 RDAE 的输入噪声，找到最优 RPV。为了减少 D–RDAE 的训练次数，利用优化算法对输入噪声进行优化，从而加快训练速度，实现历史各场景下最优 RPV 的快速筛选，并捕获 DPV 输出功率的时空相关性。

地区内各位置的 DPV 接收到的太阳辐射强度主要受到天气状态的影响，它与该地区的总体太阳辐射强度并不完全相同。因此有必要建立太阳辐射强度的不确定性模型来提高 RPV 选择的合理性。为此，本节建立了基于仿射数学的太阳辐射强度模型，并据此构建了 AANN。利用历史各场景下 DPV 的最优 RPV 对 AANN 进行训练，得到差异化场景下 RPV 的选取机理。据此，通过虚拟采集模型实现了 DPV 输出高精确、低成本、高效率地收集。DPV 虚拟采集框架如图 4–1 所示。

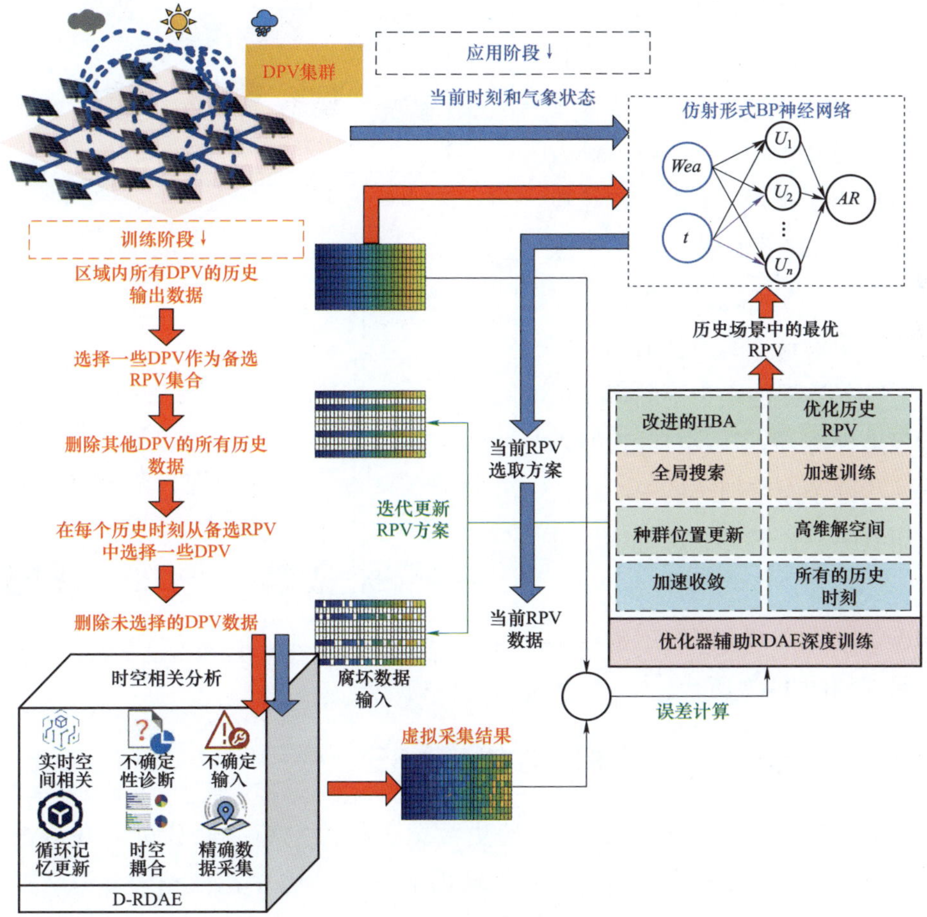

图 4–1　DPV 虚拟采集框架

4.2　虚拟采集器：D-RDAE

DAE 是一类接受损坏数据作为输入的自编码器。强大的拟合能力可以将腐败的数据进行还原。因此针对只装设部分数据收集装置的 DPV 集群，DAE 可以根据 RPV 输出数据对所有的 DPV 实时进行精确的数据虚拟采集。

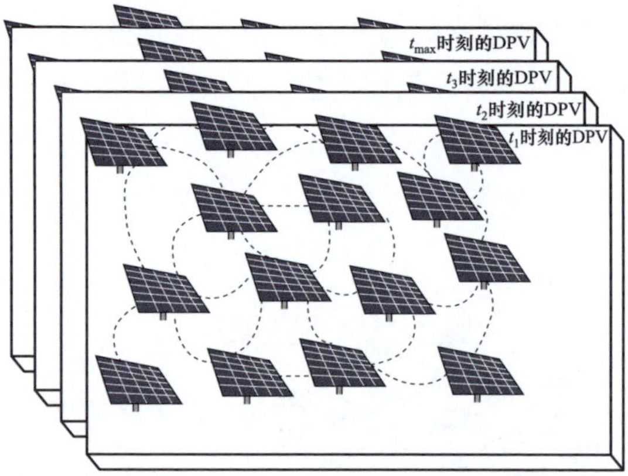

但是，经典的 DAE 并不能记忆各节点输入和输出的历史状态，因此缺乏对 DPV 时间相关性的分析能力。为了克服这个缺陷，本节提出了循环 DAE。在经典 DAE 的基础上添加了记忆不断更新模块。在训练过程中，为了找到历史场景下的最优 RPV，需要对输入数据的噪声不断调整进行深度训练。为了减少训练次数，本节构建了深度训练的 RADE，采用 IHBA 对 RDAE 进行辅助训练，实现最优 RPV 的快速查找。IHBA 辅助的 D-RDAE 的结构与原理如图 4-2 所示。

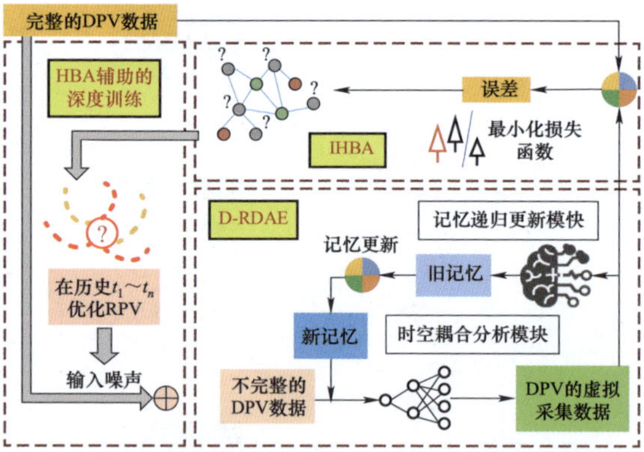

图 4-2　IHBA 辅助的 D-RDAE 的结构与原理

4.2.1　考虑 DPV 时空相关性的 RDAE

RDAE 的主要作用是通过对历史数据进行时空相关性分析，获得根据 RPV 输出数据精确估计所有 DPV 输出的能力。为了在保留经典 DAE 对 DPV 空间相关性分析能力的前提下实现对 DPV 的时间相关性分析，本节对 DAE 添加了记忆更新模块和记忆复现模块。RDAE 的拓扑结构如图 4-3 所示。

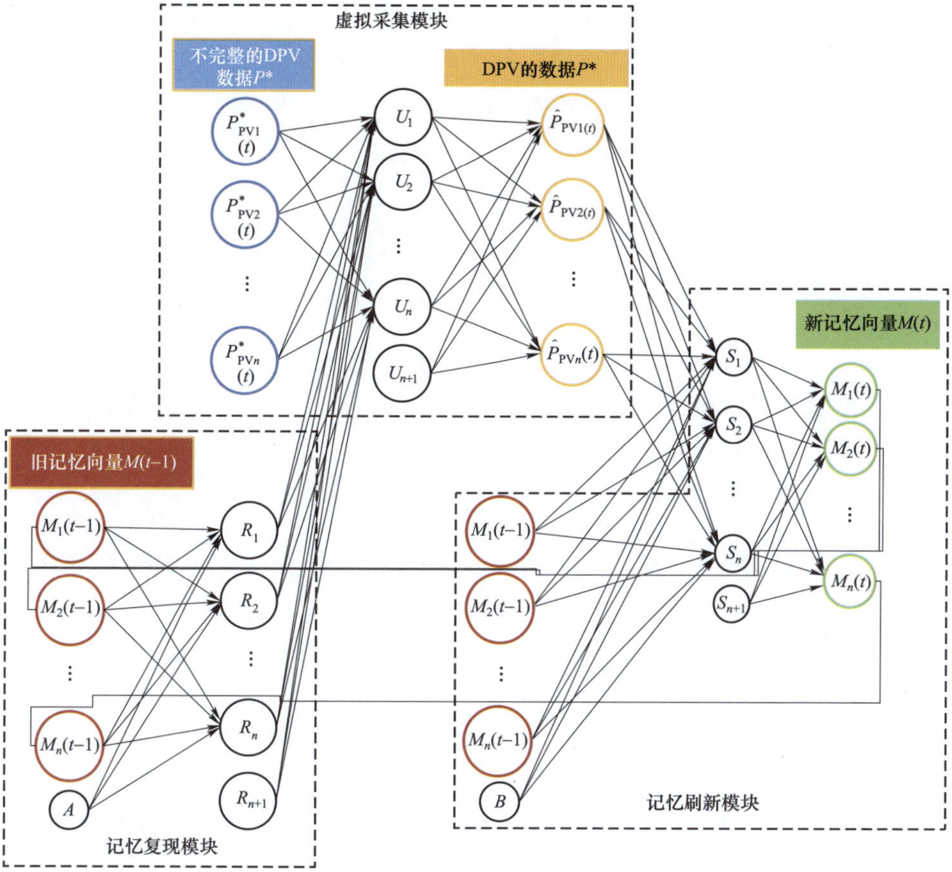

图 4-3　RDAE 拓扑结构

假设当前 t 时刻所有 DPV 的输出功率和输入到 RDAE 的不完整的 DPV 数据分别为

$$P(t)=[P_1 \quad P_2 \quad \cdots \quad P_i \quad \cdots \quad P_n] \tag{4-1}$$

$$\boldsymbol{P}^*(t)=[P_1^* \quad P_2^* \quad \cdots \quad P_i^* \quad \cdots \quad P_n^*] \tag{4-2}$$

式中　P_i ——第 i 个 DPV 的输出功率；

n ——该地区 DPV 的数量。

由于本章提出的虚拟采集技术是根据某地区部分 DPV 安装的数据收集装

置对所有 DPV 输出功率的实时估计，因此 $P^*(t)$ 是不完整的 DPV 数据。这是安装不完整的数据收集装置导致的。在任一时刻，$P^*(t)$ 都会被 RDAE 估计以尽可能与 $P(t)$ 相似。前文提到，不完整的 DPV 数据相当于对完整的 DPV 数据添加的噪声，所以 $P^*(t)$ 可被表示为

$$\begin{aligned} \boldsymbol{P}^*(t) &= \boldsymbol{P}(t) \cdot \boldsymbol{N}(t) \\ \boldsymbol{N}(t) &= [N_{t,1} \quad N_{t,2} \quad \cdots \quad N_{t,i} \quad \cdots \quad N_{t,n}] \end{aligned} \tag{4-3}$$

式中 $N(t)$ ——在 t 时刻对 $P(t)$ 添加的噪声；

$N_{t,i}$ ——一个二值变量，表示在 t 时刻对第 i 个 DPV 添加的噪声；

$N(t)$ ——默认为零向量，当第 i 个 DPV 被选为 RPV 时，$N_{t,i}$ 被置为 1，$P^*(t)$ 变为了仅表示 RPV 输出功率的向量。

针对虚拟采集模块，输入为不完整的 DPV 数据和被记忆回放模块处理的以前的记忆向量的复现向量

$$\boldsymbol{M}'(t-1) = [M'_{t-1,1} \quad M'_{t-1,2} \quad \cdots \quad M'_{t-1,i} \quad \cdots \quad M'_{t-1,n}] = g(\boldsymbol{M}(t-1)) \tag{4-4}$$

式中 $\boldsymbol{M}(t-1) = [M_{t-1,1} \quad M_{t-1,2} \quad \cdots \quad M_{t-1,i} \quad \cdots \quad M_{t-1,n}]$——对 DPV 历史状态的抽象表达，并不表示其上一时刻或历史平均功率。当 $t=1$ 时，$\boldsymbol{M}(0) = [0 \quad 0 \quad \cdots \quad 0 \quad \cdots \quad 0]$。因此，虚拟采集模块的输出 $\hat{\boldsymbol{P}}(t)$ 可表示为

$$\begin{aligned} \hat{\boldsymbol{P}}(t) &= [\hat{P}_1 \quad \hat{P}_2 \quad \cdots \quad \hat{P}_i \quad \cdots \quad \hat{P}_n] = f(\boldsymbol{P}^*(t), \boldsymbol{M}'(t-1)) \\ &= f(\boldsymbol{P}^*(t), \boldsymbol{g}(\boldsymbol{M}(t-1))) \end{aligned} \tag{4-5}$$

针对记忆刷新模块，将根据当前 t 时刻虚拟采集到的 DPV 数据和以前的记忆向量进行融合，构成新的记忆向量 $M(t)$

$$\boldsymbol{M}(t) = h(\hat{\boldsymbol{P}}(t), \boldsymbol{M}(t-1)) \tag{4-6}$$

由式（4-5）、式（4-6）可得 RDAE 在任意时刻关于输入—输出的时序性函数关系为

$$\hat{\boldsymbol{P}}(t) = \begin{cases} f(\boldsymbol{P}^*(1), \boldsymbol{g}(\boldsymbol{M}(0))), t=1 \\ f(\boldsymbol{P}^*(t), \boldsymbol{g}(h(\hat{\boldsymbol{P}}(t-1), \boldsymbol{M}(t-2)))), t \geqslant 2 \end{cases} \tag{4-7}$$

进而，对于训练集中有 $t_{\max}$ 个样本点的 RDAE，损失函数为

$$LOSS = \frac{1}{2t_{\max}} \sum_{t=1}^{t_{\max}} (\hat{P}(t) - P(t))^2 \tag{4-8}$$

由此，得到了考虑 DPV 时空相关性的 RDAE 数学模型。在经典的 DAE 中 $N(t)$ 的数值是按照一定概率随机确定的。但是随机的选取方式会导致 RPV 的选取失去合理性。而且不同的 $N(t)$ 会对 RDAE 的训练结果和虚拟采集精度造成影响。因此，需要合理地调整各时刻的 N(t)，从而找到历史各场景下的最优 RPV。

4.2.2　RPV 优化模型

对于所有历史时刻，其 RPV 的选取可表示为

$$\mathrm{AR}=[N(1)\quad N(2)\quad \cdots\quad N(t)\quad \cdots\quad N(t_{\max})]^T$$
$$=\begin{bmatrix} N_{1,1} & N_{1,2} & \cdots & N_{1,i} & \cdots & N_{1,n} \\ N_{2,1} & N_{2,2} & \cdots & N_{2,i}. & \cdots & N_{2,n} \\ \vdots & \vdots & . & . & . & \cdots \\ N_{t,1} & N_{t,2} & . & . & . & N_{t,n} \\ \vdots & \vdots & . & . & . & \cdots \\ N_{t_{\max},1} & N_{t_{\max},2} & \cdots & N_{t_{\max},i} & \cdots & N_{t_{\max},n} \end{bmatrix} \tag{4-9}$$

为了减少 RPV 的数量并提高 RPV 选取的合理性，该模型选取了备选 RPV 集合 ***PN***。在任意时刻 t，系统当前生效的 RPV 将会从 ***PN*** 中选取。在一定程度上讲，这样做将赋予 RPV 选取的灵活性。在实际工程应用中，将会对 ***PN*** 内所有电站装设数据收集装置。对于不同时间不同太阳辐射强度，将会根据实际情况从 ***PN*** 中选取一部分作为当前时刻的 RPV 从而降低数据计算成本。因此需要对 ***PN*** 规模和任意时刻实际的 RPV 数量进行限制。

备选 RPV 集合可表示为

$$\boldsymbol{PN}=\boldsymbol{N}(1)\,|\,\boldsymbol{N}(2)\,|\cdots|\,\boldsymbol{N}(t)\,|\cdots|\,\boldsymbol{N}(t_{\max})=[N_1'\quad N_2'\quad \cdots\quad N_i'\quad \cdots\quad N_n'] \tag{4-10}$$

PN 的规模为

$$NUM_{P}N=\sum_{i=1}^{n}N_i' \;=m_{na} \tag{4-11}$$

式中　m_{na} ——最大可安装的收集设备数量。

任意时刻实际 RPV 数量可表示为

$$NUM\_N(T) = N(t) = \sum_{i=1}^{n} N_{t,i} = m_{nr} \tag{4-12}$$

式中　m_{nr}——任意时刻最多可利用的收集设备数量。值得注意的是此处对于任意时刻实际 RPV 数量的约束并没有取"≤"而是"="。这是因为本章提出的 DPV 虚拟采集本质上是一种数据推理，神经网络中可被优化的权重值能够调节各输入维度，因此数据来源越多，收集精度越高。

综上所述，RPV 优化模型是一个二值超高维的非线性不可导最优化问题，其目标函数为最小化 RDAE 训练结束时损失函数的值，求解难度大。

4.2.3　基于动态机会主义的 IHBA

针对上述的 RPV 优化问题，本节开发了改进的蜜獾算法。蜜獾算法是 Fatma A.Hashim 等人于 2021 年提出的算法。作为一种新型的强大的优化器，展示出了比粒子群算法、哈里斯鹰优化算法（harris hawks optimization，HHO）、热交换优化算法（thermal exchange optimization，TEO）等多种经典优化算法更强的搜索精度。但是 HBA 对蜜獾捕食行为的模拟程度不够。位置更新策略对当前全局最优位置的依赖过强，导致全局搜索能力可以进一步提高。

本节针对蜜獾的捕食行为，引入了动态机会主义对当前全局最优位置进行评价。从而降低了对于劣质全局最优位置的依赖，提高了全局搜索能力。

经典 HBA 中蜜獾的位置更新策略由挖掘阶段和蜂蜜阶段组成，分别为

$$\begin{aligned} x_{\text{new}} = & F \times r_3 \times \alpha \times d_i \times \left| \cos(2\pi r_4) \times [1 - \cos(2\pi r_5)] \right| + \\ & (1 + F \times \beta \times I) \times x_{\text{prey}} \end{aligned} \tag{4-13}$$

$$x_{\text{new}} = F \times r_7 \times \alpha \times d_i + x_{\text{prey}} \tag{4-14}$$

式中　x_{prey}——猎物的位置，即为当前全局最优位置；

I、d_i、α——表示猎物的气味强度、猎物和第 i 只蜜獾之间的距离和密度系数；

β——预设参数，一般取值为 6；

F、r_3、r_4、r_5 和 r_7——介于[0，1]之间的随机数。

从（4－13）、式（4－14）可以看出，HBA 的位置更新主要是围绕着猎物

移动，以选择合适的地方来挖掘和捕捉猎物。但是该过程没有考虑猎物的潜在价值。随着算法的迭代，当前全局最优位置引导蜜獾找到新猎物能力会下降，导致蜜獾对于觅食行为开始摆烂，算法陷入局部最优。蜜獾作为机会主义捕食者，会根据当前食物的匮乏程度而调整食物来源，随着季节的改变，其食物组成也会变化。为此，本节构建了对猎物的价值评价方法来动态调整蜜獾位置更新时全局最优的权重。

猎物的价值为

$$V_{\text{prey}}=\begin{cases}G_D(R_{dec}/R_{c1})(0.5+\gamma e^{R_{c1}/(2^*R_{c1}-R_{dec})}), R_{dec}\leqslant R_{c1}\\ G_F(R_{dec}-R_{c1})+V_{\text{prey}}|_{R_{dec}=R_{c1}}, R_{c1}<R_{dec}\leqslant R_{c2}\\ e^{(R_{c2}/(R_{c2}-R_{dec}))}G_L R_{c2}+V_{\text{prey}}|_{R_{dec}=R_{c2}}, R_{c2}<R_{dec}\end{cases} \tag{4-15}$$

式中　G_D、G_F 和 G_L ——表示猎物价值的动态、常态和最大评价系数；

γ ——灵敏度系数；

R_{c1}、R_{c2} ——机会主义的远离和趋近触发阈值；

R_{dec} ——全局最优值的变化率，计算如下

$$R_{dec}=(f_j-f_{j-1})/f_{j-1} \tag{4-16}$$

式中　f_j 和 f_{j-1} ——表示第 j 次和第（$j-1$）次迭代过程全局最优值。

由此，蜜獾位置更新计算方法变为

$$\begin{aligned}x_{\text{new}}=&F\times r_3\times\alpha\times d_i\times|\cos(2\pi r_4)\times[1-\cos(2\pi r_5)]|+\\&(1+F\times\beta\times I)\times(V_{\text{prey}}\times x_{\text{prey}})\end{aligned} \tag{4-17}$$

$$x_{\text{new}}=F\times r_7\times\alpha\times d_i+(V_{\text{prey}}\times x_{\text{prey}}) \tag{4-18}$$

当 R_{dec} 较大时，蜜獾会进入积极阶段，提高对当前猎物的兴趣，加速向其靠近；反之，蜜獾进入挑食阶段，在移动时会尝试改变其食物来源，降低对当前全局最优的依赖。为了防止陷入局部最优，当 R_{dec} 过大时，V_{prey} 不再增加，而是变为常数。IHBA 辅助 RDAE 进行深度训练的流程图如图 4－4 所示。

4.2.4　仿射形式人工神经网络

PV 的运行状态主要受太阳辐射影响。由于地区内 DPV 的安装位置、倾斜

角度不同，一个区域中各地区存在细微的天气、太阳高度区别。这种现象导致随着太阳辐射强度、时刻的变化，DPV 的运行状态多样。因此需要构建备选 RPV 集，对该集合内所有 DPV 安装数据收集装置。IHBA 辅助 RDAE 进行深度训练得到的历史所有场景下的最优 RPV。利用这些数据及包含太阳辐射强度、时刻数据的各场景构成训练集，训练面向实时 RPV 选取的 ANN。在数据虚拟采集过程，为了减少离群点导致过拟合的可能性，需要从备选 RPV 集中实时选取部分 RPV 进行数据收集。

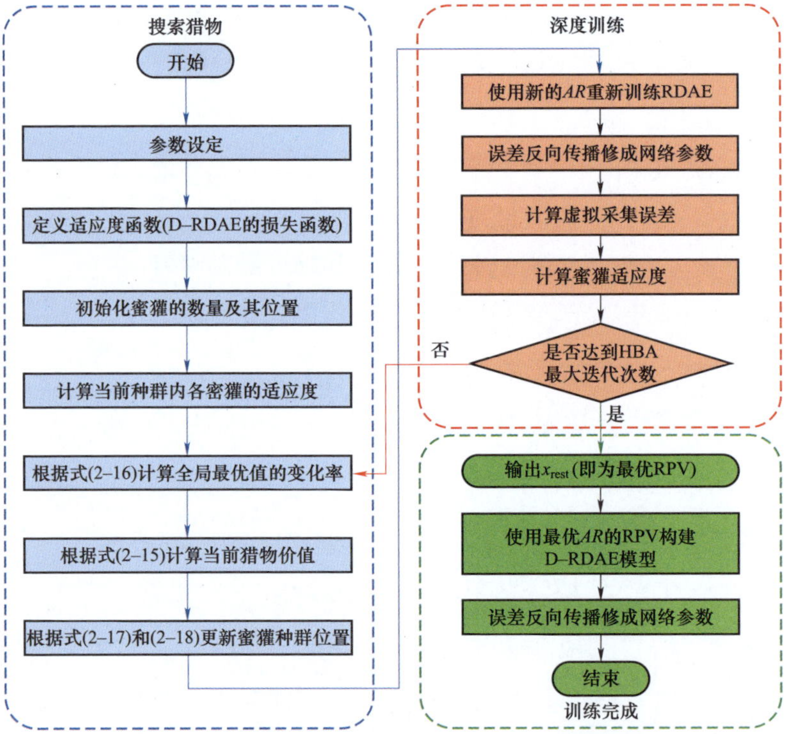

图 4–4　IHBA 辅助 RDAE 进行深度训练的流程图

实际应用中发现，由于区域内各地理点的实际天气略有不同，区域内宏观的太阳辐射在细化的空间差异体现中不确定性。对太阳辐射的不确定性进行建模，减少不确定性对 RPV 选取的影响很有必要。目前存在一些减少太阳辐射不确定性影响的研究，如随机优化（stochastic optimization，SO）、鲁棒优化（robust optimization，RO）和其他优化方法。然而，传统的确定性数据在具有不确定参数的系统的分析和计算中显示出一些局限性，因此利用太阳辐射强度的确定数模型选取的 RPV 难以确保区域内所有 DPV 的实时准确估计，需要能够有效描述不确定性并保证合理选择 RPV 的先进模型。

区间模型是一种不确定性建模方法，旨在刻画不确定性的范围获得最优结果，并找到最糟糕和最乐观的情况。但区间模型具有很强的保守性，经过多次计算后，结果范围将很大。RPV 选择的结果成为挑战。仿射模型作为一种比区间模型更好的方法，可以克服区间模型的保守性。为此本节基于太阳辐射强度不确定性的仿射模型构建了 AANN 用于实时 RPV 选取，其网络拓扑如图 4–5 所示。

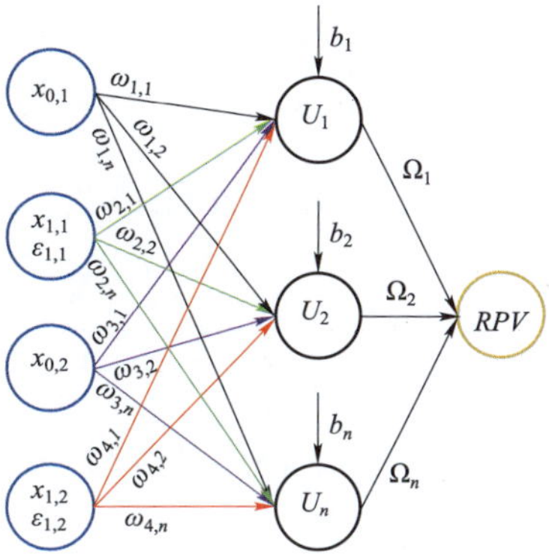

图 4–5　AANN 拓扑图

针对常规人工神经网络，输入的数据可表示为

$$X=[X_1\ \ X_2\ \ \cdots\ \ X_s]^T \tag{4–19}$$

其仿射形式为

$$\hat{X}=[\hat{X}_1\ \ \hat{X}_2\ \ \cdots\ \ \hat{X}_s]^T \tag{4–20}$$

针对第 d 个仿射元素 $\hat{X}_d$ $(d=1, 2, 3, \cdots, s)$，有

$$\hat{X}_d=x_{0,d}+x_{1,d}\varepsilon_{1,d}+x_{2,d}\varepsilon_{2,d}+\cdots+x_{p,d}\varepsilon_{p,d}\,(d=1,2,3,\cdots,s) \tag{4–21}$$

因此，式（4–20）为

$$\hat{\boldsymbol{X}}=\begin{bmatrix} x_{0,1} & x_{1,1}\varepsilon_{1,1} & x_{2,1}\varepsilon_{2,1} & \cdots & x_{p,1}\varepsilon_{p,1} \\ x_{0,2} & x_{1,2}\varepsilon_{1,2} & x_{2,2}\varepsilon_{2,2} & \cdots & x_{p,2}\varepsilon_{p,2} \\ \cdots & \cdots & \cdots & \cdots & \cdots \\ x_{0,s} & x_{1,s}\varepsilon_{1,s} & x_{2,s}\varepsilon_{2,s} & \cdots & x_{p,s}\varepsilon_{p,s} \end{bmatrix} \tag{4–22}$$

根据目前已有的研究，仿射形式可以只提取第一个噪声元来合理简化元。因此，式（4–22）可简化为

$$\hat{\boldsymbol{X}}=\begin{bmatrix} x_{0,1} & x_{0,2} & \cdots & x_{0,s} \\ x_{1,1}\varepsilon_{1,1} & x_{1,2}\varepsilon_{1,2} & \cdots & x_{1,s}\varepsilon_{1,s} \end{bmatrix}^T \tag{4–23}$$

对于不考虑时序关联的神经网络，其输入层只能被输入一维向量。$\hat{\boldsymbol{X}}$ 为将输入到神经网络输入层，需将其重组为一维向量。将 $\hat{\boldsymbol{X}}$ 中所有行向量按照行编

号重组为一行

$$\begin{gathered}\hat{\boldsymbol{X}}=[x_1 \quad x_2]^T \\ \boldsymbol{x}_1=[x_{0,1} \quad x_{0,2} \quad \cdots \quad x_{0,s}] \\ \boldsymbol{x}_2=[x_{1,1}\varepsilon_{1,1} \quad x_{1,2}\varepsilon_{1,2} \quad \cdots \quad x_{1,s}\varepsilon_{1,s}]\end{gathered} \tag{4-24}$$

对于由 m 个 $\hat{\boldsymbol{X}}$ 组成的训练集 $\hat{\boldsymbol{X}}_{trian}$ 可表示为

$$\begin{gathered}\hat{\boldsymbol{X}}_{trian}=[\hat{\boldsymbol{X}}_1 \quad \hat{\boldsymbol{X}}_2 \quad \cdots \quad \hat{\boldsymbol{X}}_\varsigma \quad \cdots \quad \hat{\boldsymbol{X}}_m] \\ \hat{\boldsymbol{X}}_\zeta=[\boldsymbol{x}_{1,\zeta} \quad \boldsymbol{x}_{2,\zeta}]^T, \zeta=1,2,\cdots,m\end{gathered} \tag{4-25}$$

针对训练集中某组输入，具有 h 个神经元的隐藏层输入为

$$H_{input}=\hat{\boldsymbol{X}}_\varsigma^T \times \boldsymbol{\omega}+\boldsymbol{b}, \xi=1,2,\cdots,m \tag{4-26}$$

式中　$\boldsymbol{\omega}$ 和 $\boldsymbol{b}$——输入层到隐藏层的权重值矩阵和输入层的偏置向量，具体表示为

$$\boldsymbol{\omega}=\begin{bmatrix}\omega_{1,1} & \omega_{1,2} & \cdots & \omega_{1,h} \\ \omega_{2,1} & \omega_{2,2} & \cdots & \omega_{2,h} \\ \omega_{3,1} & \omega_{3,2} & \cdots & \omega_{3,h} \\ \omega_{4,1} & \omega_{4,2} & \cdots & \omega_{4,h} \\ \vdots & \vdots & \ddots & \vdots \\ \omega_{2s-1,1} & \omega_{2s-1,2} & \cdots & \omega_{2s-1,h} \\ \omega_{2s,1} & \omega_{2s,2} & \cdots & \omega_{2s,h}\end{bmatrix} \tag{4-27}$$

$$\boldsymbol{b}=[b_1 \quad b_2 \quad \cdots \quad b_h]$$

隐藏层输出为

$$H_{output}=activ(\hat{X}_\varsigma^T \times \omega+b) \tag{4-28}$$

式中　$activ$——神经网络的激活函数。

对于隐藏层、输出层分别有 h 个、o 个神经元的神经网络，输出为

$$O_{\text{output}}=activ(\hat{\boldsymbol{X}}_\varsigma^T \times \boldsymbol{\omega}+\boldsymbol{b}) \times \boldsymbol{\Omega}+\boldsymbol{B} \tag{4-29}$$

式中　$activ$——神经网络的激活函数；

$\boldsymbol{\omega}$ 和 $\boldsymbol{b}$——输入层到隐藏层的权重值矩阵和输入层的偏置向量；

$\boldsymbol{\Omega}$ 和 $\boldsymbol{B}$——隐藏层到输出层的权重值矩阵和隐藏层的偏置向量。具体表示为

$$\boldsymbol{\Omega}=\begin{bmatrix}\Omega_{1,1} & \Omega_{1,2} & \cdots & \Omega_{1,o}\\ \Omega_{2,1} & \Omega_{2,2} & \cdots & \Omega_{2,o}\\ \vdots & \vdots & \ddots & \vdots\\ \Omega_{h,1} & \Omega_{h,2} & \cdots & \Omega_{h,o}\end{bmatrix}$$

$$\boldsymbol{B}=\begin{bmatrix}B_1 & B_2 & \cdots & B_o\end{bmatrix} \tag{4-30}$$

真实值向量

$$\boldsymbol{Y}_{\varsigma}=[y_{1,\xi} \quad y_{2,\xi} \quad \cdots \quad y_{o,\xi}], \zeta=1,2,\cdots,m \tag{4-31}$$

损失函数

$$E=\frac{1}{2}\sum_{\zeta=1}^{m}\Delta_{\zeta}^{2}=\frac{1}{2}\sum_{\zeta=1}^{m}(activ(\hat{X}_{\zeta}^{T}\times\omega+b)\times\Omega+B-Y_{\zeta})^{2} \tag{4-32}$$

进而利用误差的反向传播和梯度下降法修正网络各层权重

$$\frac{\partial E}{\partial \omega}=\sum_{\varsigma=1}^{m}((activ(\hat{\boldsymbol{X}}_{\varsigma}^{T}\times\boldsymbol{\omega}+\boldsymbol{b})\times\boldsymbol{\Omega}+\boldsymbol{B}-\boldsymbol{Y}_{\varsigma})\bullet\boldsymbol{\Omega}\bullet activ'(\hat{\boldsymbol{X}}_{\varsigma}^{T}\times\boldsymbol{\omega}+\boldsymbol{b})$$

$$\frac{\partial E}{\partial b}=\sum_{\zeta=1}^{m}((activ(\hat{\boldsymbol{X}}_{\varsigma}^{T}\times\boldsymbol{\omega}+\boldsymbol{b})\times\boldsymbol{\Omega}+\boldsymbol{B}-\boldsymbol{Y}_{\varsigma})\bullet\boldsymbol{\Omega}\bullet activ'(\hat{\boldsymbol{X}}_{\varsigma}^{T}\times\boldsymbol{\omega}+\boldsymbol{b})\bullet\hat{\boldsymbol{X}}_{\varsigma}^{T}$$

$$\frac{\partial E}{\partial \boldsymbol{\Omega}}=\sum_{\varsigma=1}^{m}((activ(\hat{\boldsymbol{X}}_{\varsigma}^{T}\times\boldsymbol{\omega}+\boldsymbol{b})\times\boldsymbol{\Omega}+\boldsymbol{B}-\boldsymbol{Y}_{\varsigma})\bullet activ(\hat{\boldsymbol{X}}_{\varsigma}^{T}\times\boldsymbol{\omega}+\boldsymbol{b})$$

$$\frac{\partial E}{\partial B}=\sum_{\varsigma=1}^{m}(activ(\hat{X}_{\varsigma}^{T}\times\omega+b)\times\Omega+B-Y_{\varsigma}) \tag{4-33}$$

从上述可以看出 AANN 的运行过程要求激活函数可运算仿射数且可导。但是目前仿射数的运算法则只局限于基本的四则运算。为此，此处选取参数修正线性单元（Parametric Rectified Linear Unit，PReLU）作为激活函数该函数的运算方法简单，可以避开仿射运算的局限性。函数图像如图 4–6 所示，计算方法为

$$\mathrm{PReLU}(x)=\begin{cases}x, x>0\\ ax, x\leqslant 0\end{cases} \tag{4-34}$$

但是，仿射数输入到 AANN 中进行运算，涉及大量的乘法过程。仿射数的乘法计算为

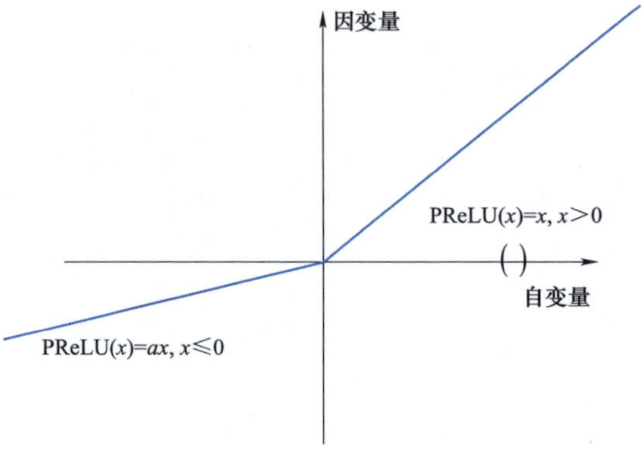

图 4－6　PReLU 函数图像

$$\hat{X}_d * \hat{X}_d = x_{0,d}x_{0,d} + 2x_{0,d}\varepsilon_{1,d} + (x_{1,d}\varepsilon_{1,d})^2 (d = 1,2,3,\cdots,s) \tag{4-35}$$

可以看出，仿射的乘法计算会随着计算次数的增加导致噪声元阶数越来越高。这样的后果是噪声元取值不在－1 或 1 附近时，计算结果接近于 0，从而使 AANN 的输出结果变化范围非常不稳定，失去考虑参数不确定性的意义。为此，本节将仿射乘法的计算结果引入新的噪声元来替代高阶项，从而得到如下的线性表示

$$\hat{X}_d * \hat{X}_d = x_{0,d}x_{0,d} + 2x_{0,d}\varepsilon_{1,d} + x_{1,d}^2\varepsilon_{k,d} (d = 1,2,3,\cdots,s) \tag{4-36}$$

在本章，输入数据只有太阳辐射强度 Is 和时间 $\boldsymbol{T}$ 两个维度，因此 $s=2$，且只有前者具有不确定性。对于太阳辐射强度，仿射形式为

$$\begin{aligned} \hat{Is} &= Is_0 + Is_1\varepsilon_I \\ Is_0 &= (\overline{Is} + \underline{Is}) / 2 \\ Is_1 &= (\overline{Is} - \underline{Is}) / 2 \end{aligned} \tag{4-37}$$

式中，$\overline{Is}$ 和 $\underline{Is}$ 分别是 Is 的上界和下界。进而，（4－25）可简化为：

$$\hat{\boldsymbol{X}}_{trian} = \begin{bmatrix} Is_{0,1} & Is_{0,2} & \cdots & Is_{0,t_{\max}} \\ Is_{1,1}\varepsilon_{I,1} & Is_{1,2}\varepsilon_{I,2} & \cdots & Is_{1,t_{\max}}\varepsilon_{I,t_{\max}} \\ T_1 & T_2 & \cdots & T_{t_{\max}} \end{bmatrix} \tag{4-38}$$

特别地，ε_I 的取值受天气决定，并不是按照经典仿射数学的 $\varepsilon_I \in [-1，1]$。ε_I 在不同天气的取值如表 4－1 所示。

表 4－1　　ε_I 与天气状态的对应关系

天气	雨、雪	阴	阴转多云	多云	多云转晴	晴
ε_I 的范围	[－1.0，－0.7]	[－0.7，－0.5]	[－0.5，0]	[0，0.5]	[0.5，0.7]	[0.7，1.0]

4.3　案　例　分　析

为了验证本章所提方法的有效性，以 33 座 DPV 为研究对象进行虚拟采集测试。数据集为光伏电站的交流侧有功功率和太阳辐照度，时间跨度为 2018 年 3 月 1 日～12 月 31 日每天的 07:15～17:00，分辨率为 15min。其中 3～7 月用于网络训练和优化 RPV，8～12 月用于虚拟采集效果测试和优越性验证。D－RDAE 和 AANN 的隐藏层神经元个数 Nh–RDAE 和 Nh–ANN 分别为 16 和 20。IHBA 的种群规模 S 为 50，最大迭代次数为 300。其余参数设置如表 4－2 所示。本节实施了 5 个算例来分别验证虚拟采集模型的准确性、D－RDAE 的有效性、IHBA 的优化能力、AANN 的优越性和所提方法在剧烈波动天气下的稳定性。

表 4－2　　本章虚拟采集方法的参数设置

参数	符号和单位	数值
DPV 数量	n	33
训练集样本点	$T_{\max}$	6120
数据采集、传输装置最大安装数量	m_{na}	10
数据采集、传输装置最大实时使用数量	m_{nr}	8
离开的机会触发阈值	R_{C1}	0.0001
靠近的机会触发阈值	R_{C2}	0.01
猎物价值的动态评价系数	G_{D}	1
猎物价值的常规评价系数	G_{F}	100
猎物价值评价系数最大值	G_{L}	200
敏感系数	γ	0.05

续表

参数	符号和单位	数值
D-RDAE 隐藏层神经元数量	$N_{h\text{-}RDAE}$	16
AANN 隐藏层神经元数量	$N_{h\text{-}ANN}$	20
优化器最大迭代次数	T_{max}	300
IHBA 种群规模	S	50

4.3.1 虚拟采集结果

利用训练集对 IHBA 辅助的 D－RDAE 和 AANN 进行训练。对于验证集，采用平均绝对百分误差（mean absolute percentage error，MAPE）和平均绝对误差（mean absolute error，MAE）评价指标对虚拟采集进行评价。对 DPV 虚拟采集的结果的评价，就是模型在一段时间内对多个节点的估计的精确度，即为 $\boldsymbol{P}=[\boldsymbol{P}_1,\boldsymbol{P}_2,\boldsymbol{P}_3,\cdots,\boldsymbol{P}_{33}]$ 与 $\hat{\boldsymbol{P}}=[\hat{P}_1,\hat{P}_2,\hat{P}_3,\cdots,\hat{P}_{33}]$ 的相似度。虽然与 DPV 集群预测的应用场景、方法不一样，但结果的表现形式是一样的。因此本节参考了 DPV 集群预测中广泛应用的评价指标 MAPE 和 MAE。33 个 DPV 的全年虚拟采集结果和各时刻下所有 DPV 总体结果分别如图 4－7 和图 4－8 所示。

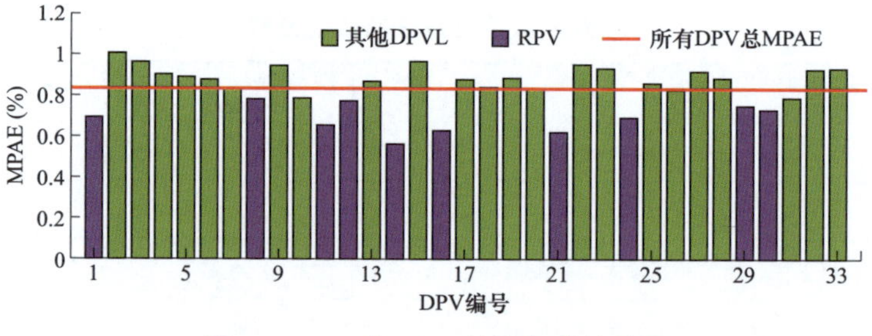

图 4－7　33 个 DPV 的全年总体情况

从图 4－7 可以看出，RPV 的虚拟采集精度最高，低于总体 MAPE 均值，证明了 RPV 选取的合理性。从图 4－8 可以看出，所有 DPV 的总体虚拟采集精度较高，任意时刻 MAPE 不超过 6%。在冬季 11 月和 12 月期间，虚拟采集精度较低，较高的 MAPE 主要分布在 07:00 和 17:00。这主要是因为 D－RDAE 和 AANN 的训练数据来源是 3～7 月，缺乏与 11 月和 12 月气候特性相似的数据。

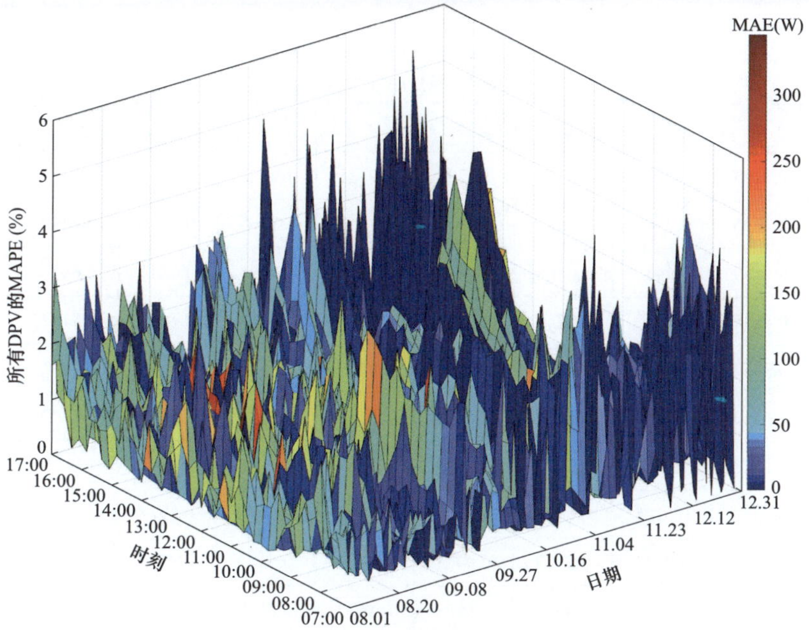

图 4-8　全年各时刻下 DPV 总体情况

隐藏层节点的数量会影响网络的性能。为此，本算例对 D-RDAE 的隐藏层节点数进行了调整，分别对 $N_{\text{h-RDAE}}=12,13,14,\cdots,20$ 共 9 种情况进行了测试，以测试隐藏层节点数对虚拟采集精度的影响。虚拟采集结果的 MAPE 如表 4-3 所示。

表 4-3　不同 $N_{\text{h-RDAE}}$ 的虚拟采集结果 MAPE

DPV 编号	隐藏层神经元数量								
	12	13	14	15	16	17	18	19	20
1	0.6663	0.6660	0.6703	0.6654	0.6926	0.6654	0.6696	0.6669	0.6681
2	0.9414	0.9453	0.9418	0.9417	1.0093	0.9401	0.9649	0.9397	0.9389
3	1.0616	1.0530	1.0474	1.0553	0.9654	1.0513	1.0852	1.0660	1.0849
4	0.8805	0.8851	0.8849	0.8805	0.9037	0.8886	0.8951	0.8848	0.8873
5	0.9508	0.9520	0.9474	0.9492	0.8891	0.9445	0.9574	0.9507	0.9438
6	0.8682	0.8600	0.8569	0.8579	0.8779	0.8652	0.8758	0.8561	0.8779
7	0.9220	0.9158	0.9125	0.9128	0.8322	0.9168	0.9422	0.9131	0.9127
8	0.7489	0.7608	0.7673	0.7671	0.7834	0.7680	0.7645	0.7683	0.7693

续表

DPV编号	隐藏层神经元数量								
	12	13	14	15	16	17	18	19	20
9	1.0298	1.0293	1.0284	1.0293	0.9431	1.0320	1.0364	1.0253	1.0261
10	0.7696	0.7662	0.7682	0.7674	0.7865	0.7669	0.7862	0.7714	0.7879
11	0.6486	0.6487	0.6468	0.6455	0.6622	0.6498	0.6542	0.6438	0.6446
12	0.8130	0.8140	0.8164	0.8129	0.7755	0.8163	0.7986	0.8152	0.8155
13	0.9464	0.9462	0.9436	0.9456	0.8717	0.9485	0.9406	0.9462	0.9464
14	0.5563	0.5554	0.5567	0.5565	0.5654	0.5574	0.5590	0.5579	0.5571
15	1.0058	1.0075	1.0055	1.0045	0.9657	1.0112	0.9857	1.0039	1.0053
16	0.6143	0.6125	0.6124	0.6105	0.6330	0.6166	0.5972	0.6131	0.6137
17	0.9404	0.9416	0.9433	0.9433	0.8806	0.9383	0.9418	0.9427	0.9394
18	0.8551	0.8538	0.8521	0.8503	0.8433	0.8568	0.8749	0.8546	0.8548
19	0.9015	0.9031	0.9048	0.9024	0.8850	0.9053	0.9075	0.9043	0.9027
20	0.8465	0.8459	0.8447	0.8445	0.8279	0.8498	0.8354	0.8469	0.8461
21	0.6342	0.6349	0.6320	0.6342	0.6247	0.6357	0.6366	0.6345	0.6354
22	0.9424	0.9424	0.9451	0.9452	0.9550	0.9493	0.9301	0.9475	0.9447
23	0.9097	0.9153	0.9167	0.9151	0.9351	0.9050	0.9167	0.9136	0.9146
24	0.7151	0.7126	0.7168	0.7145	0.6955	0.7173	0.6997	0.7180	0.7198
25	0.8940	0.8914	0.8973	0.8893	0.8650	0.8935	0.8949	0.8952	0.8964
26	0.8472	0.8458	0.8524	0.8497	0.8234	0.8453	0.8411	0.8482	0.8468
27	0.9503	0.9480	0.9508	0.9489	0.9185	0.9503	0.9513	0.9527	0.9560
28	0.9691	0.9734	0.9681	0.9692	0.8899	0.9720	0.9698	0.9703	0.9669
29	0.7424	0.7449	0.7408	0.7401	0.7531	0.7398	0.7420	0.7408	0.7405
30	0.7204	0.7202	0.7191	0.7187	0.7363	0.7205	0.7206	0.7218	0.7207
31	0.7582	0.7570	0.7564	0.7565	0.7931	0.7511	0.7587	0.7585	0.7586
32	0.8650	0.8705	0.8604	0.8659	0.9316	0.8640	0.8690	0.8665	0.8664
33	0.9009	0.9018	0.8968	0.9011	0.9379	0.8983	0.8887	0.8940	0.8964
均值	0.8429	0.8430	0.8425	0.8421	0.8319	0.8434	0.8452	0.8434	0.8450

如表 4-3 所示，当 $N_{\text{h-RDAE}}$=16 时，虚拟采集的精度将达到最大值。过多的隐藏层神经元导致 D-RDAE 过拟合；相反，网络很难学习到有用的知识。这两者都不利于高精度虚拟采集的实现。因此，本节设置了 $N_{\text{h-RDAE}}$=16。然而，当 $N_{\text{h-RDAE}}$=16 时，并不是所有的 DPV 都具有最高的虚拟采集精度。这是因为用于训练的数据集的数量与隐层神经元的数量不匹配。通过超参数优化（包含但不局限于用于训练的样本点）可以提高虚拟采集精度。

此外，为了探究参数 m_{nr} 对虚拟采集精度和计算时间的影响，本节测试了 6 种情况下最大采集设备的选择，分别为 $m_{nr}=5,6,\cdots,10$。从前文的分析可以看出，$m_{nr}<m_{na}$，因此，将 m_{nr} 的最大值设为 10；同时，为了保证虚拟采集的准确性，将 m_{nr} 的最小值设为 5。测试和代码编写软件为 MATLAB 2018b，计算平台为联想笔记本电脑，搭载 NVIDIA GeForce RTX 3060GPU（计算能力为 8.6）和 32.0GB 内存。不同 m_{nr} 的虚拟采集结果的 MAPE 均值和训练时间如表 4-4 所示。

表 4-4　不同 m_{nr} 的虚拟采集结果的 MAPE 均值和训练时间

m_{nr} 数值	5	6	7	8	9	10
MAPE 均值	0.8833	0.8824	0.8523	0.8319	0.8315	0.8312
耗时（s）	4.64	5.55	5.71	6.87	10.01	10.80

如表 4-4 所示，随着 m_{nr} 的增加，虚拟采集的精度有所提高，但计算时间也在增加。为了平衡计算时间和精度，本节选择了 $m_{nr}=8$。

4.3.2 D-RDAE 验证

为验证本章所提 D-RDAE 的有效性，选取经典 DAE、不经过 IHBA 辅助进行深度训练的 RDAE 与 D-RDAE 进行对比。不同神经网络作为虚拟采集器的虚拟采集结果如表 4-5 所示，评价指标也是采用 MAPE 和 MAE。此外，本节还对不同的隐藏层神经元数量进行了测试，进一步验证了 D-RDAE 的有效性。DAE 和 RDAE 的不同的隐藏层神经元数量的平均 MAPE 如表 4-6 所示。

表 4－5　不同神经网络的虚拟采集结果

DPV 编号	D-RD AE		RD AE		DAE	
	MAE	MAPE	MAE	MAPE	MAE	MAPE
1	**4497**	**0.6926**	6959	**1.0922**	17238	2.9379
2	5755	1.0093	7453	1.1637	17511	3.0830
3	5630	0.9654	7154	**1.1171**	15159	**2.4148**
4	5758	0.9037	8008	1.3296	10617	**2.0058**
5	5363	0.8891	7641	1.2732	14966	2.6669
6	5807	0.8779	7952	1.3129	17124	2.8646
7	5335	0.8322	7712	1.1879	11172	**1.9906**
8	**4916**	**0.7834**	5895	**1.0242**	15029	2.8070
9	5776	0.9431	8171	1.3560	15900	2.8710
10	5076	0.7865	8108	1.2453	17557	2.7648
11	**4325**	**0.6622**	6663	**1.0282**	16385	2.7361
12	**4154**	**0.7755**	6266	**1.1290**	12969	**2.4055**
13	5354	0.8717	7952	1.2535	16613	2.6757
14	**3410**	**0.5654**	6771	**1.0564**	15883	**2.3441**
15	5366	0.9657	7649	1.3609	16397	2.9721
16	**3303**	**0.6330**	5490	**0.9948**	17757	2.6946
17	5758	0.8806	8252	1.2475	17597	2.6977
18	5238	0.8433	7886	1.4051	13862	**2.1750**
19	5432	0.8850	7899	1.2661	16723	2.7265
20	5070	0.8279	7476	1.1977	15750	2.5543
21	**3449**	**0.6247**	8154	1.2739	14175	**2.2764**
22	4971	0.9550	7833	1.2288	16451	2.5667
23	5161	0.9351	7499	1.3293	17730	2.9041
24	**3954**	**0.6955**	6142	**1.0584**	12400	**2.1734**
25	4829	0.8650	5731	**0.9236**	10957	**1.8044**
26	4308	0.8234	6499	1.2013	13307	2.5479
27	4921	0.9185	7220	1.3125	15376	2.8277

续表

DPV 编号	D-RD AE		RD AE		DAE	
	MAE	MAPE	MAE	MAPE	MAE	MAPE
28	6029	0.8899	8636	1.2724	18435	2.7278
29	**5075**	**0.7531**	7355	**1.1191**	15588	2.4360
30	**4581**	**0.7363**	7211	1.2641	13574	**2.0845**
31	4636	0.7931	6929	1.1778	14375	2.4683
32	4944	0.9316	6897	1.2664	16214	2.6067
33	5625	0.9379	7162	1.3482	15284	2.9456

表 4–6　不同神经网络的不同隐藏层神经元数量的 MAPE 均值

隐藏层神经元数量	12	13	14	15	16	17	18	19	20
DAE	2.5766	2.5779	2.5683	2.5692	2.5684	2.5700	2.5732	2.5846	2.5715
RDAE	1.2078	1.2068	1.2076	1.2090	1.2066	1.2081	1.2083	1.2080	1.2071

从表 4–5 可以看出，D–RDAE 的精度最高，所有 DPV 的 MAPE、MAE 比 RDAE 和 DAE 更低。同时，RDAE 的收集精度高于 DAE，证明了本章提出的 D–RDAE 的优越性。此外，可以看到 RDAE 的结果中，MAPE 最低的 10 个 DPV 中，和 D–RDAE 的 RPV 重合度很高。其中有 8 个 RPV 编号相同，而 DAE 中只有 4 个相同。这表明了 DAE 分析区域内 DPV 输出的空间相关性的能力较弱。通过添加记忆刷新模块、记忆复现模块和优化算法辅助深度训练机制可大幅提高 DAE 对于输入数据的耦合特性分析能力。考虑 DPV 时间相关性的 RDAE，它的 MAE 远小于 DAE。这说明了对于区域内 DPV 的输出特性具有较强的时间相关性。这一点和 PV 的预测有相似之处。尽管 PV 预测也可以挖掘 PV 的时间相关性，但这需要 DPV 有完整的数据收集装置以及一段时间的历史数据。它并不具有数据收集装置缺少的 DPV 集群的实时数据估计能力。借助记忆循环更新与复现，可以在收集装置缺失的情况下充分挖掘这种时间相关性实现 DPV 高精度虚拟采集。

4.3.3 优化算法对比

为了证明本章开发的 IHBA 的有效性，分别选用 HBA、郊狼算法（Coyote Optimization Algorithm，COA）、灰狼算法（Grey Wolf Optimizer，GWO）和 HHO 对 D－RDAE 的 RPV 进行优化。五种算法的优化结果和虚拟采集结果分别如表 4－7 和表 4－8 所示。图 4－9 展示了 IHBA、HBA、COA、GWO 和 HHO 在 300 次迭代中获得的 D－RDAE 损失函数的全局最优值。

表 4－7　不同优化器的最优 RPV

优化器	第 1 个 RPV	第 2 个 RPV	第 3 个 RPV	第 4 个 RPV	第 5 个 RPV	第 6 个 RPV	第 7 个 RPV	第 8 个 RPV	第 9 个 RPV	第 10 个 RPV
GWO	3	4	7	9	18	21	24	25	29	30
HBA	1	5	7	12	18	25	27	28	30	31
COA	3	4	7	12	18	22	24	25	28	30
HHO	3	4	7	12	14	16	24	25	29	32

表 4－8　不同优化器的虚拟采集结果

DPV 编号	GWO		HBA		COA		HHO	
	MAE	MAP E	MAE	MAP E	MAE	MAP E	MAE	MAP E
1	11949	2.1058	**12877**	**2.2693**	10514	1.8529	7982	1.4066
2	11802	2.0818	10346	1.8250	10281	1.8135	9112	1.6072
3	**8604**	**1.3086**	9960	1.5148	**8197**	**1.2467**	**4678**	**0.7114**
4	**5726**	**1.2986**	4750	1.0774	**4173**	**0.9465**	**3700**	**0.839**
5	10196	1.8877	**9991**	**1.8496**	8259	1.5289	6744	1.2484
6	11872	2.0840	10347	1.8163	9751	1.7118	6154	1.0802
7	**6701**	**1.3297**	**6012**	**1.1929**	**4911**	**0.9744**	**3122**	**0.6198**
8	10973	2.1959	10462	2.0937	8138	1.6286	4534	0.9074
9	9204	1.7527	8728	1.6621	8825	1.6805	8052	1.5332
10	11956	1.8950	11245	1.7822	10405	1.6492	7110	1.127
11	12423	2.1363	12538	2.1562	10197	1.7535	8048	1.384
12	9657	1.7856	**8185**	**1.5135**	**7477**	**1.3825**	**3932**	**0.7272**
13	10482	1.6796	10051	1.6105	9808	1.5715	7946	1.2732
14	11537	1.6453	11549	1.6469	11126	1.5866	**8606**	**1.2272**
15	10148	1.8459	11314	2.0579	9836	1.7891	4826	0.8778

续表

DPV 编号	GWO		HBA		COA		HHO	
	MAE	MAP E	MAE	MAP E	MAE	MAP E	MAE	MAP E
16	15631	2.2293	14362	2.0484	11816	1.6853	**5948**	**0.8482**
17	11954	1.8347	10801	1.6577	10164	1.5600	8586	1.3178
18	**7916**	**1.2224**	**7440**	**1.1489**	**7740**	**1.1952**	5686	0.878
19	13096	2.1358	10357	1.6892	9177	1.4967	6382	1.041
20	11132	1.7995	11158	1.8038	9319	1.5065	8260	1.3352
21	**9689**	**1.4920**	9901	1.5246	9152	1.4094	7132	1.0982
22	12104	1.6993	11473	1.6107	**9466**	**1.3290**	8204	1.1518
23	13631	2.1354	11363	1.7801	10239	1.6040	8460	1.3252
24	**9399**	**1.6447**	7916	1.3853	**7568**	**1.3244**	**4734**	**0.8286**
25	**6145**	**0.9421**	**5907**	**0.9055**	**5298**	**0.8121**	**2530**	**0.3878**
26	10575	2.0265	8101	1.5523	7551	1.4471	3632	0.6958
27	11917	2.1763	9552	1.7444	8905	1.6262	8044	1.4688
28	14137	2.0943	**12829**	**1.9004**	10370	1.5362	8938	1.3242
29	**10274**	**1.6446**	9049	1.4485	8734	1.3981	**8278**	**1.325**
30	**10404**	**1.5596**	**8681**	**1.3013**	**7241**	**1.0854**	5900	0.8844
31	**8775**	**1.5093**	**8565**	**1.4733**	8094	1.3922	6660	1.1456
32	11229	1.6690	9843	1.4630	**9176**	**1.3638**	**4590**	**0.6822**
33	10302	2.1414	**8993**	**1.8692**	8439	1.7542	5568	1.1572

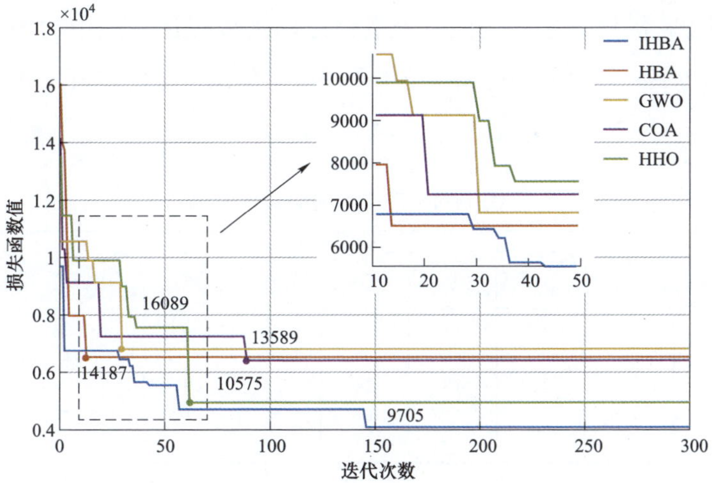

图 4-9　优化算法结果比较

从图 4 – 9 可以看出 IHBA 的搜索精度最高。与 HBA 相比，本章提出的 IHBA 在迭代初期收敛速度较慢，但全局搜索能力更强。它克服了经典 HBA 中智能体在接近局部最优位置时蜜獾的摆烂现象。HHO 的搜索精度与 IHBA 接近。这主要是因为 HHO 与 HBA 类似，都属于基于群体智慧行为的算法。但是 HHO 的位置更新公式考虑了所有智能体的整体情况，没有完全依赖全局最优位置。从这一点也间接证明了本章对 HBA 改进思路的合理性。COA 虽然具有极强的全局搜索能力，但是对于本章提出的 RPV 优化问题，由于解空间维度过高（维度数量为 10 C33），搜索精度表现很普通。此外，IHBA 到达全局最优需要的迭代次数最多。随着清洁能源的发展，DPV 的规模可能进一步扩大，导致解空间维度大幅度增长。此时，如果计算资源满足要求，进一步增加迭代次数，IHBA 优秀的全局搜索能力会产生更显著的优势。反之，在某些对精度要求不高但对计算能力不足的大规模 DPV 虚拟采集场景，初期搜索速度极快的 HBA 可能会更具有实用性。

4.3.4 不确定性建模方法对比

为证明本章所提的考虑太阳辐射不确定性的 AANN 对于 RPV 优化选取的优越性，将其与其他太阳辐射不确定性建模方法进行对比。但是现有的 DPV 虚拟采集的研究较少，难以找到应用于虚拟采集技术的考虑太阳辐射不确定性的 RPV 优化方法。为此，选取针对确定数优化方法中的 SO 和 RO 与 AANN 进行对比。三种方法的优化结果和虚拟采集精度分别如表 4 – 9 和图 4 – 10 所示。

表 4 – 9　　不同不确定建模方法的最优 RPV

优化器	第 1 个 RPV	第 2 个 RPV	第 3 个 RPV	第 4 个 RPV	第 5 个 RPV	第 6 个 RPV	第 7 个 RPV	第 8 个 RPV	第 9 个 RPV	第 10 个 RPV
AANN	1	8	11	12	14	16	21	24	29	30
SO	4	7	12	18	24	25	29	30	31	32
RO	3	4	7	12	15	16	24	25	26	32

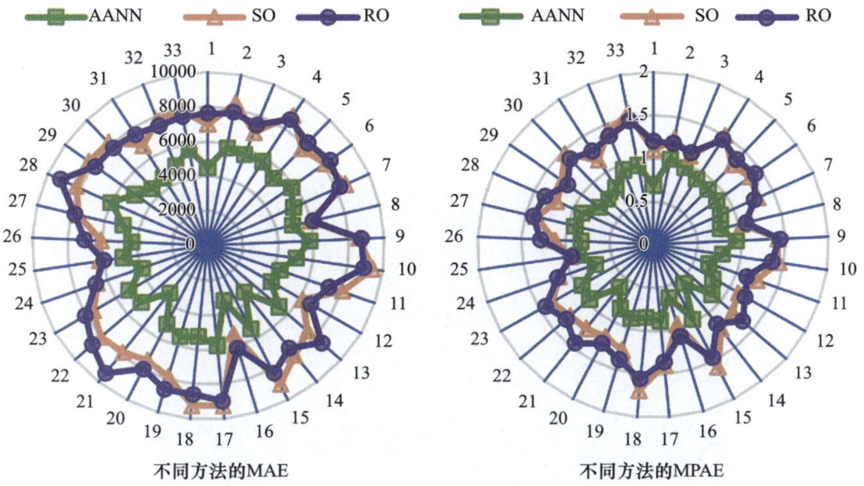

图 4–10　不同方法的虚拟采集效果

从表 4–9 可以看出三种优化方法的 RPV 差异很大。这是因为三种方法的优化特性不同。从图 4–11 可以看出，AANN 方法的各 DPV 以及总体的虚拟采集精度最高。这证明了本章所提 AANN 对于含有不确定性参数的系统辨识问题的优越性。与 SO 相比，RO 侧重于对最坏的场景进行优化，而 SO 侧重于总体优化。因此，SO 的总体虚拟采集精度较高。但是个别虚拟采集精度较差的 DPV，RO 更好。需特别说明的是，三种方法都将 12 和 24 号 DPV 选做了 RPV。在 AANN 中，12 和 24 号 DPV 的虚拟采集精度在所有 DPV 中表现非常好；但是在 SO 和 RO 中，12 和 24 号 DPV 的虚拟采集精度很平庸。这可能是因为 12 和 24 号 DPV 与其他 DPV 之间有很强的时空耦合性，因此三种方法都将它们作为 RPV。但是 12 和 24 号 DPV 所处的区域的气候可能具有突变性或其他特殊的局部气候特性，导致 SO 和 RO 难以克服它们的太阳辐射不确定性的影响，因此虚拟采集精度一般。

4.3.5　极限测试

由于训练数据是有限的，无法包含该地所有可能的气象场景和 DPV 运行情况。因此当该地气象场景发生变化时，虚拟采集精度会受到影响。为了测试本节所提虚拟采集技术的抗干扰能力，本节对测试集随机添加不同波动范围的噪声进而验证虚拟采集效果。为避免偶然性，每种噪声测试 100 次，对每次测试结果的 MAPE 取平均值。在不考虑天气影响下，PV 输出功率与太阳辐射强度成正比。因此可以通过对太阳辐射强度和 PV 输出功率添加相同的噪声来合理地简化实验。不同波动范围下虚拟采集效果如图 4－11 所示。

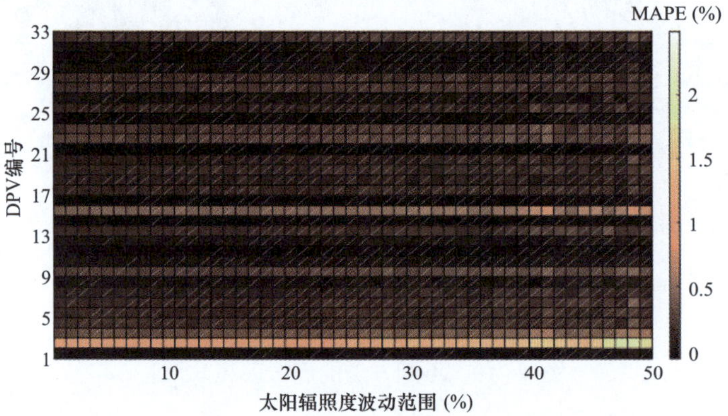

图 4－11　不同波动范围的虚拟采集效果

从图 4－11 可以看出，随着气候波动范围的增大，虚拟采集总体效果依旧很好，尤其是 RPV。这主要是因为本章构建的 D－RDAE 具有很好的记忆能力。对于记忆刷新模块和记忆复现模块对虚拟采集模块的输入是一组由 DPV 历史状态决定的时变的向量。该向量的引入弥补了 DAE 无法实时训练导致对于气候变化适应能力不足的缺陷。但是个别 DPV 的虚拟采集精度会随着气候波动范围变大而剧烈下降。在实际应用中，可根据该地区气候变化程度，考虑对此类 DPV 安装数据收集装置。以满足虚拟采集精度的要求。此外，2 号和 15 号 DPV 对气候波动极其敏感，尤其是 2 号 DPV 的极限 MAPE 差值接近 1.49%。气候波动会固然会影响虚拟采集精度，但是合理的 RPV 会降低这种影响。然而表 4－6 展示的四种优化器的优化结果中都没有包含 2 号或 15 号 DPV。这可能是因为它们与其他 DPV 的时空相关性较低，不适合作为 RPV。因此，即使是合理的 RPV 选取方案也不能很好地克服这类特殊 DPV 的低时空相关性。在工程应用当中，可能需要考虑对这类 DPV 专门地安装电气量测、数据传输装置以克服气候波动对精度的影响。

4.4 本 章 小 结

本章提出了一种基于DPV时空耦合的RPV仿射优化和数据虚拟采集模型，以优化数据采集和传输设备的安装，确保 DPV 输出数据的长期低成本、高精度收集。通过 D–RDAE 分析 DPV 输出的时空相关性，并引入改进的 HBA 优化 D–RDAE 输入噪声，从而确定最优 RPV。采用仿射形式的人工神经网络削减不同场景下的 RPV 数量，有效应对太阳辐射强度不确定性。该研究为大规模数据采集系统提供了优化方案，能够减少数据采集设备数量和计算成本。

参 考 文 献

[1] P. Vincent, H. Larochelle, Y. Bengio, et al. Manzagol. Extracting and composing robust features with denoising autoencoders [C]. Proceedings of the 25th International Conference on Machine Learning: 1096–1103, 2008.

[2] A. Ashfahani, M. Pratama, E. Lughofer, et al. DEVDAN: Deep evolving denoising autoencoder [J]. Neurocomputing, 2020, 390(21):297–314.

[3] Fatma A. Hashima, Essam H. Houseinb, Kashif Hussain, et al. Honey Badger Algorithm: New metaheuristic algorithm for solving optimization problems [J]. Mathematics and Computers in Simulation, 2022, 192:84–110.

[4] A. Heidari, M. Seyedali, F. Hossam, et al. Harris hawks optimization: Algorithm and applications [J]. Future Gener. Comput. Syst. , 2019, 97: 849–872.

[5] J. Qiu, J. Zhao, Y. Zheng, et al. Optimal allocation of BESS and MT in a microgrid [J]. IET Gener. , Transmiss. Distrib. , 2018, 12(9): 1988–1997.

[6] B. L. Gorissen, İ. Yanıkoğlu, D. den Hertog. A practical guide to robust optimization [J]. Omega, 2015, 53: 124–137.

[7] S. Wang, L. Han, L. Wu. Uncertainty tracing of distributed generations via complex affine arithmetic based unbalanced three-phase power flow [J]. IEEE Transactions Power Systems,

2015, 30(6): 3053－3062.

[8] B. Wang, C. Zhang, Z. Y. Dong. Interval optimization-based coordination of demand response and battery energy storage system considering soc management in a microgrid [J]. IEEE Transactions Sustainable Energy, 2020, 11(4): 2924－2931.

[9] P. H. Jiao, J. J. Chen, B. X. Qi, et al. Electricity priced riven active distribution network planning considering uncertain wind power and electricity price [J]. Int. J. Electr. Power Energy Systems, 2019, 107: 424－437.

[10] V. Raj, B. K. Kumar. A modified affine arithmetic-based power flow analysis for radial distribution system with uncertainty [J]. Electrical Power and Energy Systems, 2019, 107: 395－402.

[11] G. Niu, X. Wang, M. Golda. An optimized adaptive PReLU-DBN for rolling element bearing fault diagnosis [J]. Neurocomputing, 2021, 445: 26－34.

[12] T. Yao, J. Wang, H. Wu, P. Zhang, S. Li, K. Xu, et al. Intra-Hour Photovoltaic Generation Forecasting Based on Multi-Source Data and Deep Learning Methods [J]. IEEE Transactions Sustainable Energy, 2022, 13(1): 607－618.

[13] P. Juliano, D. S. C. Leandro. Coyote optimization algorithm: A new metaheuristic for global optimization problems [C]. Tech. Rep. , 2018.

[14] S. Mirjalili, S. M. Mirjalili, A. Lewis. Grey Wolf Optimizer [J]. Advances in Engineering Software, 2014, 69: 46－61.

[15] J. L. J. Pereira, M. BrendonFrancisco, C. A. Diniz, et al. Lichtenberg algorithm: A novel hybrid physics-based meta-heuristic for global optimization [J]. Expert Systems with Applications, 2021, 170: 114522.

第 5 章

基于连续—二值去噪自编码器的分布式光伏数据虚拟采集方法

分布式光伏的大规模部署，使得光伏数据采集和用户隐私保护更加突出。为了减少复杂地形环境下的设备数量，提高抗数据丢失能力，提高在复杂气候条件和多个小尺度天气系统组成的地理区域内的虚拟采集精度，本章提出了基于连续二元混合的去噪自编码器——CB－DAE 的 DPV 数据虚拟采集方法，旨在提高对抗数据质量较低的场景下的虚拟采集能力。通过构建连续－离散的去噪自编码器来分析多光伏系统（multi photovoltaic system，MPVS）的静态特性并选择 RPV。对于 CB－DAE 的训练，建立了数据清洗—RPV 选取—虚拟采集的联合优化模型。最后采用 10 个 PV 从 2022 年 1 月 1 日～4 月 15 日的数据对本章所提方法进行了训练和验证，并探索了 MPVS 规模和 RPV 数量对精度的影响。实验结果证明了所提方法的有效性和优越性。

5.1　MPVS 的虚拟采集架构

基于一个地区内所有的 DPV 具有一定的相关性这样一个事实，从少数几个 PV 获取真实数据即可精准地估计出其余 PV 的数据。但这种相关性并不是因果联系，因此以能够拟合复杂系统多元变量函数关系的 ANN 这种数据驱动方法去分析 MPVS，而不是机理建模。

在 CB－DAE 测试阶段，即为对 ANN 的训练阶段，以提高网络拟合精度和数据保真为目标对 RPV 数据进行盲清洗。为此，构建了基于集成学习的异常检测器。它将学习到保真度矩阵和噪声的先验分布函数，然后将它们传递给 CB－DAE 训练的目标函数，使每个数据都有自己的保真度系数并引导数据盲清洗过程。对于 RPV 的优化选取，对 DAE 添加了输出为二元数的使能层去选中 PV，形成连续—二元混合的人工神经网络——CB－DAE。这样做的好处有两个：一方面它实现了每次迭代中 RPV 的固定；另一方面它将限制 RPV 数量的 L_0 范数表述为了 L_1 范数，无需采用近似的方法。利用分裂布雷格曼方法求解 CB－DAE 训练的最优化问题，并用 L_p 拟范数对其进行了改进，最终得到精准的虚拟采集器。MPVS 虚拟采集框架如图 5－1 所示。

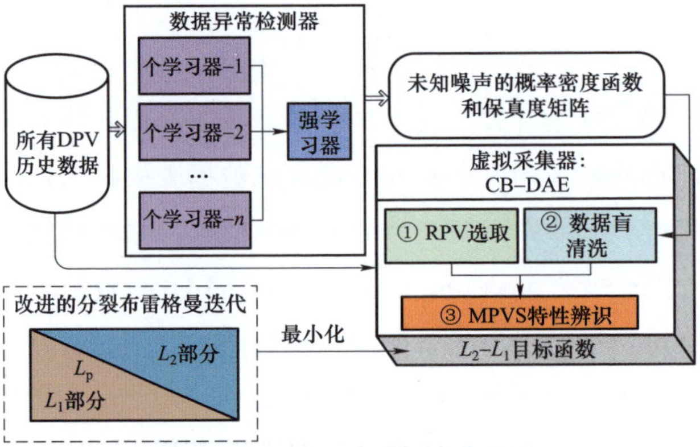

图 5－1　MPVS 虚拟采集框架

5.2　数据异常检测器/盲清洗赋能的虚拟采集器

MPVS 包含基础的静态特性（分布位置、地形地貌）和偶然的动态特性（天气与地理耦合形成的当地复杂多变的气候）。由于 MPVS 具有静态特性，因此 ANN 可以在一定程度上学习到如何数据外推。这就是虚拟采集可以实现的基础。偶然的动态特性是天气系统（如发生强对流、锋面雨过境等非稳定的剧烈波动天气）对系统施加的一些小概率事件。

动态特性的表现是历史数据集出现突发性波动。因此它可以被视为均值不为零，方差、分布特性也未知的特殊噪声。但由于比例较低、数据规模小、成因机理复杂（就如同山地河谷地区的天气预报非常不准确），ANN 会对隐含动态特性的历史数据过拟合使得学习到的静态特性不能反映 MPVS 固有特性。

这种复杂系统的偶然的动态特性导致 ANN 系统辨识低效是普遍现象。基于 ANN 的负荷、光伏预测只针对单个对象，相对更简单，因此现象不严重。针对多个对象的机器学习主要是图像处理领域，因为对图片的处理实际是在处理其中的像素点。该领域的盲清洗是图像盲去噪。但这类研究针对的主要都是固定的几类噪声，如高斯噪声、泊松噪声、脉冲噪声。这种盲去噪需要先假设噪声类型，然后去估计它们概率密度函数参数。很明显，这类研究与解耦 MPVS 的动态特性并不相同。

这个动态特性是当地 MPVS 的固有特性，理论上讲可以被 ANN 学习到，就如同天气预报。可这样需要的数据量太庞大，而且要有标签。这对于只在 RPV 选取、原始数据收集的工程初始阶段才暂时装设完整数据传输装置的虚拟采集来说是不可接受的。而且在应用阶段无法在线辨识出输入数据中受到偶然性影响的部分使得精度进一步下降。所以必须先对训练数据集预处理，使它变得正常，并且得到一个数据清洗器。

虚拟采集本来只是以 ANN 为工具解决多输入/多输出系统的辨识问题

真实的 RPV→接近真实的 MPVS

但基于动态特性的不可感知原因，上述过程变成了通过无监督数据异常检测/清洗来提高 ANN 系统辨识效率的问题：

（1）测试阶段：

1）真实的 RPV→异常度，异常检测；

2）真实的 RPV+异常度→正常的 RPV，得到数据盲清洗赋能的虚拟采集器；

3）正常的 RPV→接近真实的 MPVS，得到反应静态特性的 ANN。

（2）应用阶段：

1）解耦动态特性（在线数据清洗）：实时的 RPV→正常的 RPV；

2）在线数据外推：正常的 RPV→接近真实的 MPVS。

接下来要借助集成学习和 CB－DAE 解决上述的几个过程。

由于 DAE 的过度泛化特性，其在重构阶段对正常数据与异常数据均表现出高保真还原能力，导致潜在特征空间的鉴别性衰减，进而影响异常判别的有效性。所以考虑利用集成学习得到更多的重建误差信息。这种集成学习采用 bagging 策略，并异化各学习器的训练数据集。这种异化从对每个学习器的输入变量数量、样本选取（时间戳的位置）来执行。对于输入变量数量的异化，基于虚拟采集的原理，去训练 DAE，随机将一些 PV 数据置零。但这样还不足以完成无监督的异常检测，需要进一步异化。考虑构建 I 个学习器，每个学习器从待清洗数据集中随机地选出一些时间戳作为训练数据。这样就得到了 I 个具有时空差异的个学习器，它们对剩余时间戳的重构将会有较高的重构误差和分歧。然后计算第 i 次异常检测时各学习器的重建误差的平均分歧，得到 MPVS 历史数据的异常度矩阵 $\boldsymbol{M}$

$$\boldsymbol{M}=\frac{1}{I}\sum_{num=1}^{I}\frac{\boldsymbol{P}_{\mathrm{PV}}-\tilde{\boldsymbol{P}}_{\mathrm{PV},num}}{\tilde{\boldsymbol{P}}_{\mathrm{PV},num}} \tag{5-1}$$

式中　$P_{\mathrm{PV}}=[P_1,P_2,P_3,\cdots,P_{\mathrm{k}}]^{\mathrm{T}}$ ——各 PV 的真实功率；

k ——PV 的数量；

$\tilde{P}_{\mathrm{PV},num}$ ——第 num 个学习器的重构值。

此外，计算了分歧的相对值。这是因为 P_{PV} 和 $\tilde{P}_{\mathrm{PV},num}$ 分别是量测数据和干净数据的估计，通过这样的方式会将未知的噪声表述为一种乘性噪声。目前还不知道这样做的好处，之后将会在后文中解释。

之后将矩阵 M 内各元素进行顺序排序得到向量 M'，构建离散的概率分布

$$p_0(M')=\frac{F(M'_{q+1})-F(M'_q)}{M'_{q+1}-M'_q}\quad M'_q<M'<M'_{q+1} \tag{5-2}$$

$$F(M'_q)=\begin{cases}0 & M'<M'_1\\ \dfrac{M'_1+\cdots+M'_{q-1}}{I} & M'_q<M'<M'_{q+1};q=1,2,\cdots,(k\times T\times I-1)\\ 1 & M'_1<M'_q<M'_{k\times T\times I}\end{cases} \tag{5-3}$$

式中　q——被向量化的 M' 的元素编号；

$\boldsymbol{T}$——时间戳的数量。

得到了 MPVS 的噪声的离散的概率分布特性 $p_0(M^{\cdot})$。然后借助多项式拟合器，将它拟合为连续的概率密度函数 $p(M^{\cdot})$。基于集成学习的异常检测机工作流程如图 5–2 所示。

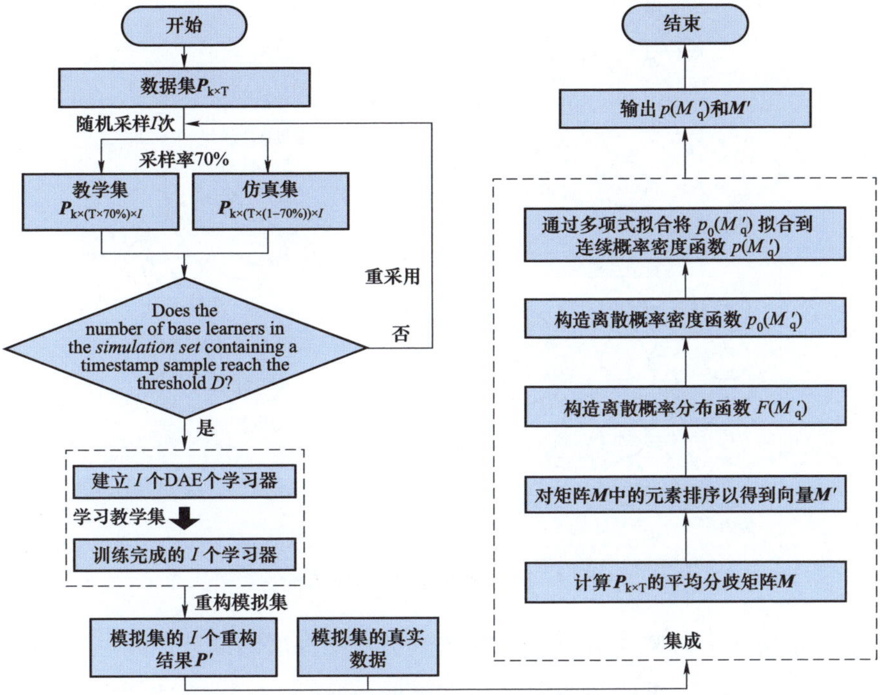

图 5–2　基于集成学习的异常检测机工作流程

连续—二值去噪自编码器是以 DAE 为基础，融合了二元神经网络形成的特殊结构。CB–DAE 由三个模块组成，分别执行 RPV 选取、数据盲清洗和虚拟采集功能。CB–DAE 拓扑结构如图 5–3 所示。

感受层输入的是 MPVS 历史数据矩阵信息，但神经网络不允许提供如此多的输入节点，需要对待输入信息进行变换。普遍来说，解决该问题的方法是使用卷积层。但本研究中对感受层的输入是为了让 ANN 一次性感受 MPVS 的所有历史状态，从而分析出 RPV 的位置。因此感受层的输入不会随着时间戳而发生变化。这也就意味着采用卷积层这种计算量小的图像压缩方式是完全不必要的。此外，卷积核对图像四周和图像内部的扫描次数不一样，会带来图像边缘失真的问题。采用二维离散余弦变换来响应上述问题。这种方法被广泛地应用于图像压缩，其中最经典的应用就是 JPEG 图片压缩技术。感受层的输入为

$$\boldsymbol{F}=[\boldsymbol{F}_1,\boldsymbol{F}_2,\boldsymbol{F}_3,\cdots,\boldsymbol{F}_{acu}]^{\mathrm{T}} \tag{5-4}$$

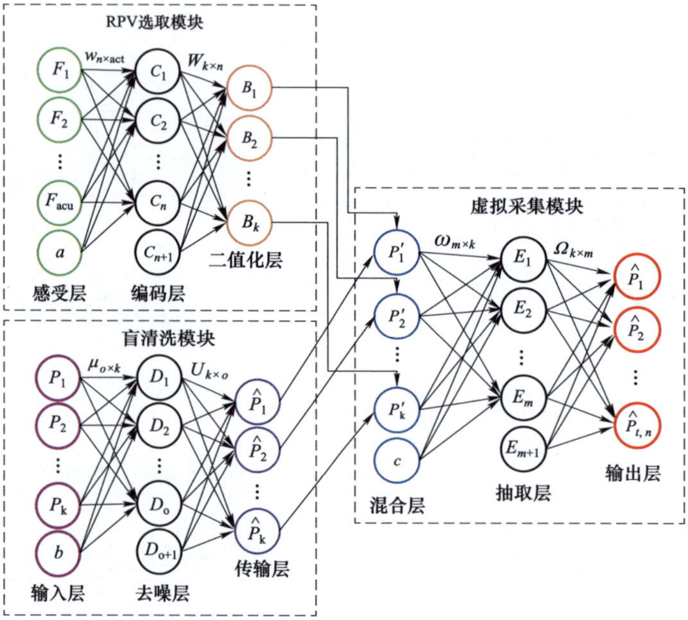

图 5-3　CB-DAE 拓扑结构

该向量是对训练集矩阵进行二维离散余弦变换后的低频部分，F_{acu} 是变换后的最高频率信息。编码层的激活函数为 $S=sigmoid(\bullet)$，输出为

$$C_n=S(\boldsymbol{w}_{n\times acu}\times\boldsymbol{F}\times\boldsymbol{a}) \tag{5-5}$$

式中　$w_{n\times acu}$、$\boldsymbol{a}$——感受层到编码层的权重和感受层的偏置向量；

n——编码层的神经元数量。

比较特殊的是二值化层，它的目的是给出 P_{PV} 使能信息，从而确定 RPV。被使能的 PV 其功率会被乘 1，反之会被乘 0。因此，它的激活函数被要求只能输出 0 或 1。为此，选用了 sign(•)。二值化层的输入 B_{k_inpu} 和输出 B_{k_output} 如下

$$\begin{aligned}&\boldsymbol{B}_{k\_input}=\boldsymbol{W}_{k\times n}\times\boldsymbol{C}_{n\_output}+\boldsymbol{C}_{n+1}\\&\boldsymbol{B}_{k\_output}=\frac{\mathrm{sign}(\boldsymbol{W}_{k\times n}\times\boldsymbol{C}_{n\_output}+\boldsymbol{C}_{n+1})+1}{2}=\begin{cases}1\cdots\mathrm{if}\ \ \boldsymbol{B}_{k\_input}\geqslant 0\\0\cdots\mathrm{otherwise}\end{cases}=h(\boldsymbol{F})\end{aligned} \tag{5-6}$$

式中　$W_{k\times n}$、C_{n+1}——编码层到二值化层的连接权重和编码层的偏置向量。

为了克服 sign(•)的不可导限制，在网络训练时误差反向传播时采用直通估计器 clip(•)去近似它的导数

$$\mathrm{sign}'(x) \equiv \mathrm{clip}(x,-1,1) = \max(-1,\min(x,1)) \tag{5-7}$$

这种近似已经被证明具有较好的效果。

在测试阶段与应用阶段，盲清洗模块将完成对 RPV 数据动态特性的剥离。输入层的输入为每个时间戳的 MPVS 功率量测数据 $\boldsymbol{P}_{\mathrm{PV}}$。传输层的输出为盲清洗模块对 $\boldsymbol{P}_{\mathrm{PV}}$ 的去噪估计 $\hat{\boldsymbol{p}}_{\mathrm{t.n.}}$

$$\hat{\boldsymbol{P}}_{\mathrm{PV}} = \boldsymbol{U}_{\mathrm{t.n}\times o} \times S(\boldsymbol{\mu}_{o\times \mathrm{t.n.}} \times \boldsymbol{P}_{\mathrm{PV}} + \boldsymbol{b}) + \boldsymbol{D}_{o+1} = g(\boldsymbol{P}_{\mathrm{PV}}) \tag{5-8}$$

式中　$\boldsymbol{\mu}_{o\times \mathrm{t.n.}}$、$\boldsymbol{b}$——输入层到去噪层的连接权重和输入层的偏置向量；

$\boldsymbol{U}_{\mathrm{t.n}\times o}$、$\boldsymbol{D}_{o+1}$——去噪层到传输层的连接权重和去噪层的偏置向量；

o——去噪层的神经元数量。

混合层将二值化层的使能向量与传输层输出的去噪估计向量按元素相乘，最终输入到虚拟采集模块的只有 RPV 信息

$$P'_{\mathrm{PV}} = B_{\mathrm{k\_output}} \bullet \hat{P}_{\mathrm{PV}} \tag{5-9}$$

输出层输出 MPVS 所有 PV 的功率估计值

$$\hat{\boldsymbol{P}}_{\mathrm{MPVS}} = \boldsymbol{\Omega}_{\mathrm{k}\times m} \times S(\boldsymbol{\omega}_{m\times \mathrm{k}} \times \boldsymbol{P}'_{\mathrm{PV}} + \boldsymbol{c}) + \boldsymbol{E}_{m+1} = f(\boldsymbol{P}'_{\mathrm{PV}}) \tag{5-10}$$

式中　$\omega_{m\times \mathrm{k}}$、$\boldsymbol{c}$——混合层到抽取层的连接权重和混合层的偏置向量；

$\boldsymbol{\Omega}_{\mathrm{k}\times m}$、$\boldsymbol{E}_{m+1}$——抽取层到输出层的连接权重和抽取层的偏置向量；

m——去噪层的神经元数量。

如果没有 RPV 选取模块，CB－DAE 将退化为两个 DAE 的串联，这样需要对输入到混合层的 $\hat{\boldsymbol{P}}_{\mathrm{PV}}$ 进行 L_0 范数约束

$$\left\| \hat{P}_{\mathrm{PV}} \right\|_0 = N$$

式中　N——设置的 RPV 的数量。

这种约束是极难处理的，普遍都用 L_1 范数去近似

$$\left\| \hat{P}_{\mathrm{PV}} \right\|_1 \cong \left\| \hat{P}_{\mathrm{PV}} \right\|_0 = N$$

暂且不讨论这种近似能否强制执行约束条件，至少可以确定的是，$L_1(\hat{\boldsymbol{P}}_{\mathrm{pv}})$、$L_0(\hat{\boldsymbol{P}}_{\mathrm{pv}})$ 和 RPV 会随着时间戳的变化而变化，导致无法选出固定的 RPV。通过

添加 RPV 选取模块和二值化层可以固定 RPV 并将约束条件表述为

$$\|h(\boldsymbol{F})\|_1 = \boldsymbol{N} \tag{5-11}$$

这样将 L_0 范数约束表述为了 L_0 范数约束而不是近似。

本节是为了描述 CB－DAE 训练的最优化问题。一般来说，ANN 训练的最优化问题被表述为最小化输出与真实值的均方误差

$$\begin{gathered}\min \sum \boldsymbol{P}_{\text{t.n.}} - f(g(\boldsymbol{P}_{\text{PV}}) \otimes h(\boldsymbol{F}))_2 \\ \text{suchthat} \quad h(\boldsymbol{F})_1 = N\end{gathered} \tag{5-12}$$

而本章构建的CB－DAE具有RPV去噪功能，如果不对 $g(\boldsymbol{P}_{\text{PV}})$ 进行正则化，可能导致去噪结果与量测数据差异过大，即为失真。因此要设置保真项以确保与原始数据差异不会太大。

所以要添加一个关于去噪估计 $\hat{P}_{\text{PV}} = g(\boldsymbol{P}_{\text{PV}})$ 的正则化项，目的是在已知量测数据 $\boldsymbol{P}_{\text{PV}}$ 的情况下最大化去噪估计 $\hat{P}_{\text{PV}}$ 是无噪数据的概率。基于最大化 $\hat{P}_{\text{PV}}$ 的后验估计来解决该问题。根据贝叶斯原理，有

$$p(\hat{\boldsymbol{P}}_{\text{PV}} \mid \boldsymbol{P}_{\text{PV}}) = \frac{p(\boldsymbol{P}_{\text{PV}} \mid \hat{\boldsymbol{P}}_{\text{PV}})\boldsymbol{p}(\hat{\boldsymbol{P}}_{\text{PV}})}{p(\boldsymbol{P}_{\text{PV}})} \tag{5-13}$$

数据盲清洗目标即为

$$\max_{g} \quad p(\boldsymbol{P}_{\text{PV}} | \, g(\boldsymbol{P}_{\text{PV}}))p(g(\boldsymbol{P}_{\text{PV}})) \tag{5-14}$$

对于每个时间戳的每个 PV 数据点

$$p(P_{\text{PV}} | \, \hat{P}_{\text{PV},i}) = p_{M_i'}(P_{\text{PV}}) \tag{5-15}$$

在上文中假设 MPVS 的动态特性为未知乘性噪声。可以进一步假设各 PV 被施加的动态特性都是独立的且属于同一种分布，则

$$p(\boldsymbol{P}_{\text{PV}} | \, \hat{P}_{\text{PV},i}) = \prod_{\text{PV}=1\ldots,\text{t.n.}} p_{M_i}\left(\frac{\boldsymbol{P}_{\text{PV}} - \hat{P}_{\text{PV}}}{\hat{P}_{\text{PV}}}\right) \tag{5-16}$$

如果不假设 MPVS 动态特性为未知乘性噪声，则对各 PV 的影响将表现为绝对值的变化而不是相对值，导致各 PV 的噪声分布不独立，式（5－16）也就不成立。

目前还不知道去噪估计 $p(g(\boldsymbol{P}_{\text{PV}}))$ 的分布特性。但由于绝对值指数分布具有

鲁棒性，基于全变分的图像去噪研究基本都是以去噪估计服从绝对指数分布为假设并得到了很好的效果。因此假设无噪 MPVS 的先验分布为绝对值指数分布，则

$$p(\hat{\boldsymbol{P}}_{\mathrm{PV}})=\prod_{\mathrm{PV}=1,\cdots,t.n.}\exp(-\beta\,|\,\Delta\hat{P}_{\mathrm{PV}}\,|) \tag{5-17}$$

式中　β——率参数。

所以，式（5－14）即为

$$\max_{g}\quad p(\boldsymbol{P}_{\mathbf{PV}}|\ \hat{\boldsymbol{P}}_{\mathbf{PV}})p(g(\boldsymbol{P}_{\mathbf{PV}}))$$

等效于

$$\begin{aligned}&\equiv\min_{g}-\ln(p(\boldsymbol{P}_{\mathrm{PV}}|\ g(\boldsymbol{P}_{\mathrm{PV}}))p(g(\boldsymbol{P}_{\mathrm{PV}})))\\&=\min_{g}-\ln(p(\boldsymbol{P}_{\mathrm{PV}}|\ g(\boldsymbol{P}_{\mathrm{PV}})))-\ln(p(g(\boldsymbol{P}_{\mathrm{PV}})))\\&=\min_{g}-\sum_{\mathrm{PV}=1}^{\mathrm{t.n.}}\ln\left(p_{M_i}(\frac{\boldsymbol{P}_{\mathrm{PV}}-g(\boldsymbol{P}_{\mathrm{PV}})}{g(\boldsymbol{P}_{\mathrm{PV}})}\right)+\sum_{\mathrm{PV}=1}^{\mathrm{t.n.}}\beta\,|\,\Delta g(\boldsymbol{P}_{\mathrm{PV}})\,|\end{aligned} \tag{5-18}$$

式（5－18）即为保真去噪的数学表达，第一项加强了数据的保真度。最终结合式（5－12）与式（5－18）构建了如下的数据清洗—RPV 选取—虚拟采集联合目标函数

$$\begin{gathered}\min\sum\left(\boldsymbol{P}_{\mathrm{PV}}-f(g(\boldsymbol{P}_{\mathrm{PV}}))_2+\frac{\lambda_1}{\boldsymbol{M}_i}\left(-\sum_{\mathrm{PV}=1}^{\mathrm{tn}}\ln(p_{M_i}\left(\frac{\boldsymbol{P}_{\mathrm{PV}}-g(\boldsymbol{P}_{\mathrm{PV}})}{g(\boldsymbol{P}_{\mathrm{PV}})}\right)\right)\right)\\\mathrm{suchthat}\ h(\boldsymbol{F})_1=\mathrm{N}\end{gathered} \tag{5-19}$$

式中　λ_1——保真项的正则化系数；

M_{i}——来自式（5－1）的保真度矩阵，为待清洗数据矩阵每个元素都分配一个与其异常度相匹配的保真度系数。

5.3　基于 L_{p} 拟范数改进的分裂布雷格曼算法

为了求解目标函数式（5－19），拟采用分裂布雷格曼方法。这种方法求解将约束条件表述为 L_1 正则化问题的强大算法，目标函数一般是凸能量泛函。

首先，将（5－19）的约束条件进行变换，（5－19）表述为新的有约束问题：

$$\begin{aligned}&\min_{f,g,h} L(\boldsymbol{P}_{\mathrm{PV}})+|d|\\&\text{such that } d=\Phi(h(\boldsymbol{F}))=\|h(\boldsymbol{F})\|_1-\mathrm{N}\end{aligned} \tag{5－20}$$

式中，d 的意义是表达约束条件的违反程度，分裂布雷格曼方法将一步步地执行约束使 d=0。

然后将式（5－20）表述为无约束问题：

$$\min_{f,g,h}\left(L(\boldsymbol{P}_{\mathrm{PV}})+|d|+\frac{\lambda_2}{2}\|d-\Phi(h(\boldsymbol{F}))\|_2^2\right) \tag{5－21}$$

接下来放宽等式约束并引入布雷格曼变量，式（5－21）变形为该形式：

$$\min_{f,g,b}\left(L(\boldsymbol{P}_{\mathrm{PV}})+|d|+\frac{\lambda_2}{2}\|d-\Phi(h(\boldsymbol{F}))-b\|_2^2\right) \tag{5－22}$$

通过分裂布雷格曼迭代解耦（2－60）中的|d|部分和目标函数部分，即为

Step1　$f^{k+l}g^{k+l}h^{k+l}$

$$\min_{f,g,h}\left(L(\boldsymbol{P}_{\mathrm{PV}})+|d|+\frac{\lambda_2}{2}\left\|d-\Phi(h^{k+1}(\boldsymbol{F}))-b^k\right\|_2^2\right) \tag{5－23}$$

Step2　b^{k+l}

$$\min_{b}\left(|d|+\frac{\lambda_2}{2}\left\|d-\Phi(h^{k+1}(\boldsymbol{F}))-b^k\right\|_2^2\right) \tag{5－24}$$

分裂布雷格曼方法将 d=0 的约束转变为了对 d=0 的稀疏化，即为最小化|d|。然而 L_0 范数才是最稀疏的表达而不是 L_1 范数。在求解难度和求解速度的取舍上，分裂布雷格曼方法选择了后者。在此介绍一种介于 L_0 和 L_1 之间的 L_{p} 拟范数，并证明比 L_1 范数更稀疏。采用 L_{p} 拟范数的形式，式（5－24）变为

Step2　b^{k+l}

$$\min_{b}\left(|d|_p+\frac{\lambda_2}{2}\left\|d-\Phi(h^{k+1}(\boldsymbol{F}))-b^k\right\|_2^2\right) \tag{5－25}$$

为完成对式（5－25）中 L_{p} 正则化的求解，采用 $p-$shrinkage

$$S_p(x) = \max\{x - \lambda^{2-p} x^{p-1}, 0\} \tag{5-26}$$

式中　λ——原 L_1 范数项的正则化系数。在本书中，λ=1。为此，将式（5-25）改写为

Step2
$$b^{k+l} \cong \min_{b}\left(\max\left\{d - d^{p-1}, 0\right\} + \frac{\lambda_2}{2}\left\|d - \phi(h^{k+1}(F)) - b^k\right\|_2^2\right) \tag{5-27}$$

针对式（5-23）和式（5-27）可以采用梯度下降法。虽然式（5-19）不属于凸能量泛函，通过梯度下降法无法获得全局最优解。但基于避免过拟合的考虑，ANN 的训练往往并不要求获得全局最优解。

5.4　案　例　分　析

为了验证本章所提方法的有效性，选取湖北省巴东县的 110 座 PV 进行虚拟采集测试。这些 PV 归属于“扶贫工程”，额定值均为 50kW。巴东县与南京市典型 DPV 功率曲线对比如图 5-4 所示，可以看出巴东县气候复杂，DPV 功率波动比南京更大。巴东县地形和这些 PV 的分布如图 5-5 所示。数据来源为国网数字科技控股有限公司提供，包含 2022 年 1 月 1 日～4 月 15 日的每天 08:00 至 18:00，分辨率为 15min。其中，2022 年 1 月 1 日～2 月 28 日用于网络训练，2022 年 3 月 1 日～4 月 15 日用于测试 MPVS 的虚拟采集的有效性。设置 RPV 的数量 $N=35$，最大迭代次数为 1000。CB-DAE 的层数、隐藏层中神经元的个数、正则化参数等超参数被飞蛾火焰优化算法优化。该算法已经应用于 ANN 超参数优化并表现出了优异的性能。优化的超参数如表 5-1 所示。

表 5-1　　超参数优化结果

项目	参数	数值
隐藏层层数	编码层	1
	去噪层	1
	抽取层	1

续表

项目	参数	数值
隐藏层神经元数量	编码层	186
	去噪层	53
	抽取层	65
训练相关参数	学习次数	2593
	学习率	0.0836
	批量大小	126
无量纲系数	正则化参数λ_1	0.073
	惩罚项权重λ_2	0.476
	率参数 β	0.465

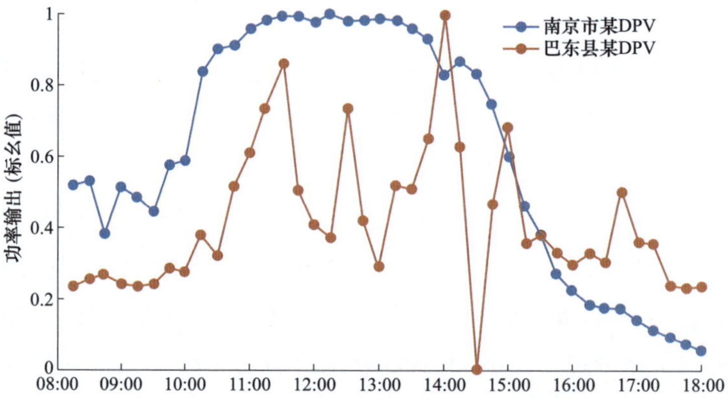

图 5–4　巴东县–南京市典型 DPV 功率曲线对比

为避免过拟合，采用了两种方法：① 为数据清理模块设置了式（5–18）中的正则化项，避免了 CB–DAE 对 RPV 数据的过度清洗。在清洗过程中，本章依据“九转大肠”博弈理论，构建的算法去除了大部分数据集中的未知噪声，但是故意保留了一部分数据集的固有特征，这样虚拟采集模块才知道输入是巴东县的 RPV 的数据。② 在超参数优化过程中，通过 K 折交叉验证避免了过度训练。本实验将 K 折交叉验证的 K 设置为最接近（1/30%）的整数 3。

5.4.1　虚拟采集结果

对于虚拟采集结果的评价，依旧采用 MAPE 和 MAE 指标。在 CB-DAE 的训练过程，得到了 RPV，在图 5-5 中被红色标注的 PV。其余各 PV 的 MAPE 和 MAE 如表 5-2 所示。MPVS 的 MAPE 和 MAE 如图 5-6 所示。

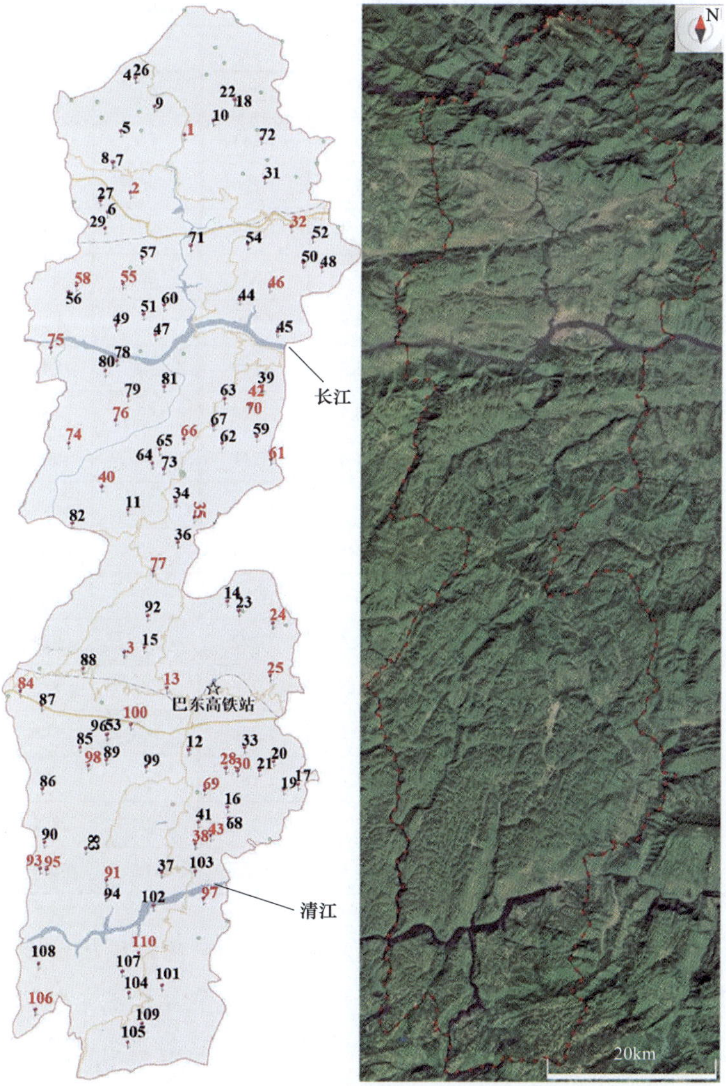

图 5-5　巴东县地形及 110 座 PV 分布

表 5–2　　各待采集 PV 的虚拟采集结果

编号	MAE	MAPE	编号	MAE	MAPE	编号	MAE	MAPE
4	831.6	1.240	37	815.6	1.222	73	830.4	1.245
5	865.1	1.226	39	868.3	1.202	78	829.6	1.225
6	809.7	1.208	41	819.5	1.203	79	822.3	1.246
7	842.7	1.230	44	878.7	1.217	80	834.4	1.221
8	827.2	1.232	45	729.9	1.226	81	870.2	1.243
9	794.6	1.248	47	800.0	1.213	82	811.9	1.232
10	817.4	1.212	48	817.3	1.211	83	863.0	1.256
12	832.3	1.230	49	856.5	1.243	85	847.8	1.237
14	836.1	1.225	50	845.3	1.196	86	829.3	1.211
15	823.0	1.197	51	758.6	1.196	87	836.4	1.238
16	731.4	1.232	52	862.7	1.228	88	834.2	1.219
17	773.7	1.187	53	824.8	1.230	89	828.0	1.220
18	833.3	1.223	54	822.7	1.218	90	840.4	1.247
19	775.3	1.221	56	885.3	1.224	92	832.1	1.240
20	825.2	1.204	57	874.4	1.211	94	805.3	1.197
21	820.2	1.205	59	849.3	1.236	96	819.5	1.213
22	814.8	1.227	60	853.8	1.244	99	803.9	1.203
23	830.2	1.203	62	834.6	1.207	101	807.3	1.228
26	842.7	1.232	63	809.6	1.202	102	844.7	1.249
27	818.8	1.230	64	831.5	1.219	103	845.1	1.232
29	838.8	1.246	65	901.9	1.234	104	840.5	1.242
31	841.2	1.214	67	831.4	1.189	105	823.0	1.216
33	830.5	1.244	68	845.5	1.231	107	851.4	1.245
34	807.8	1.196	71	859.6	1.235	108	841.0	1.207

从表 5–2 中可以看出，在长江、清江附近的 PV 虚拟采集精度较差。它的潜在原因可能是因为该地区临近山地、河谷，天气变化剧烈。尽管 CB–DAE 为了抵抗这种强动态特性，在该地区附近部署的 RPV 数量更密集。但为了确保整个 MPVS 的虚拟采集精度，CB–DAE 不能把所有的 RPV 部署在该地区。结果的，这个强动态特性导致了位于这类复杂地形的 PVs 虚拟采集精度下降。

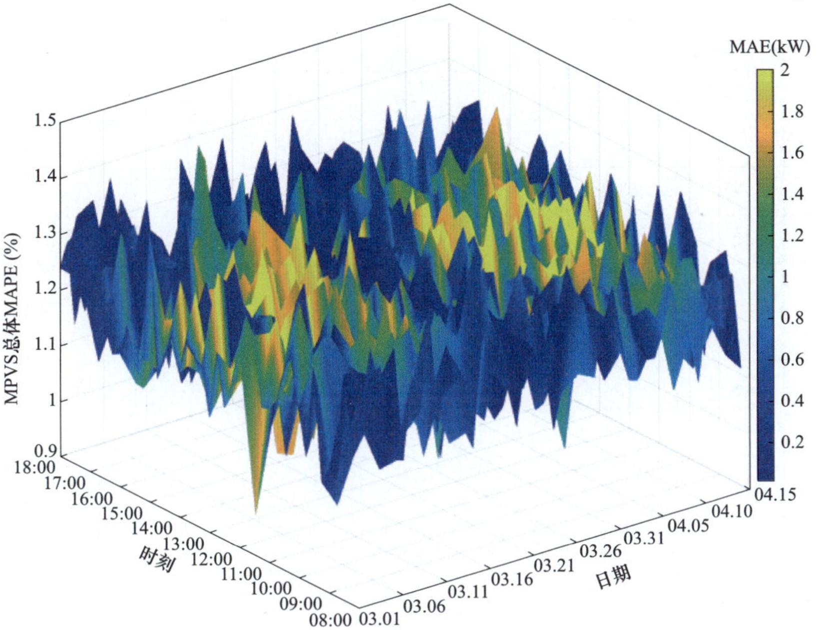

图 5－6　各时刻下 MPVS 总体情况

从图 5－6 可以看出 MPVS 虚拟采集精度总体来说比较高，并且没有随着日期有明显的变化。在数据驱动的研究中，不同期的数据会带有不同的时序特性，导致测试集的精度随着时间的延伸而变差。在本研究中受到保密问题无法获得更多数据。训练集的数据来源于冬季，而测试集来源于春季。对于 MPVS，其动态特性在很大程度上取决于季节的差异，理论上讲其表现形式应该是虚拟采集精度逐渐降低，但实际上并没有出现这种现象。这表明，数据清洗模块有效地解耦了随着季节变化的 MPVS 的动态特性。使得虚拟采集模块能够对于 MPVS 中以地理为根源的静态特性进行高精度拟合。此外，高 MAE 时刻主要分布在 13：00 附近。这是因为中午太阳辐射较强，PV 发电量大。即使是微小的误差百分数也会导致较大的 MAE。

为验证所提出的数据驱动方法与基于模型的方法相比的优势，本节测试了基于模型的光伏输出估计方法的性能。该方法利用单个二极管模拟了 PV 的物理特性，并输入辐照度、温度等环境参数。功率估计误差如表 5－3 所示。

表 5－3　基于模型的功率估计方法

编号	MAE	MAPE	编号	MAE	MAPE	编号	MAE	MAPE
1	13.08	7235	29	12.95	7333	57	14.60	10140
2	18.64	10171	30	15.75	9196	58	12.63	6854
3	17.91	10331	31	15.35	10032	59	15.56	9573
4	12.52	7049	32	14.72	8955	60	13.54	7585
5	15.86	9874	33	10.26	5748	61	16.67	9409
6	16.78	9719	34	16.33	9777	62	14.57	8231
7	14.89	8733	35	9.85	5743	63	11.42	6542
8	14.14	7645	36	16.22	8474	64	14.03	7964
9	16.44	8264	37	11.33	6651	65	15.64	9701
10	15.97	9364	38	10.94	6164	66	13.80	8542
11	17.77	9582	39	13.72	9135	67	12.69	7414
12	10.74	6451	40	9.64	5858	68	15.26	8754
13	15.47	9441	41	10.97	6302	69	19.23	12500
14	9.85	5874	42	10.32	5657	70	11.90	6392
15	11.99	7557	43	13.73	8348	71	11.17	6585
16	19.66	8686	44	13.36	8468	72	13.03	8583
17	14.52	8108	45	20.31	10053	73	12.90	7212
18	10.36	6096	46	13.48	8063	74	12.09	6343
19	17.07	8868	47	12.01	6516	75	10.65	5986
20	16.78	9616	48	17.95	10363	76	12.30	6541
21	16.81	9754	49	13.11	7367	77	10.64	6056
22	12.83	7375	50	13.02	8196	78	10.61	5940
23	14.73	8883	51	14.16	7609	79	10.98	5910
24	10.33	6172	52	16.80	10778	80	11.32	7216
25	19.33	11659	53	16.79	10043	81	11.70	7259
26	13.80	8191	54	17.71	9130	82	10.64	5768
27	10.85	6211	55	15.19	10279	83	10.22	5873
28	16.28	10267	56	17.20	11624	84	10.44	5850

续表

编号	MAE	MAPE	编号	MAE	MAPE	编号	MAE	MAPE
85	11.08	6293	94	10.66	5848	103	11.12	6330
86	10.50	6178	95	10.98	6162	104	10.93	6358
87	9.97	5859	96	10.99	6201	105	10.97	5894
88	10.48	6014	97	11.11	5902	106	10.30	5874
89	10.86	6216	98	10.42	5896	107	10.65	6056
90	10.57	5920	99	11.28	6014	108	10.65	6475
91	10.62	6339	100	10.58	5900	109	11.23	6117
92	10.35	5816	101	11.23	6120	110	11.11	6254
93	10.48	5937	102	10.58	6047	Overall	13.17	7616

可以看出，该模型驱动的方法在本章的研究对象中精度较低。这是因为当地气象站发布的一般数据不能反映 110 个 PV 所在的具体环境。有限的数据导致了基于模型的方法的性能不佳。为所有 PV 安装环境监测设备将显著增加成本，并面临数据传输方面的挑战。因此，除非地理信息系统和气象模拟理论可以用来模拟所有光伏地点的气象状态，否则数据驱动的方法可能是最实用的。为了研究训练数据比例较低时的方法性能，使用相同的测试集测试了不同天数的训练集对精度的影响。虚拟采集结果误差如表 5－4 所示。

表 5－4　　更少训练数据下的虚拟采集效果

训练数据天数	MAE	MAP E
59	816	1.209
54	2032.3	3.011
49	924.2	1.369
44	951.3	1.409
39	993.6	1.472
34	1112.8	1.649
29	980	1.452
24	986.7	1.462
19	1068.8	1.584

从表 5-4 可以看出，总体来说，随着训练天数的减少，精度在降低。当天数为 54 天（1 月 1 日～2 月 24 日）时，该现象的表现尤其突出。由于缺少时间上最接近测试集的日期，精度大幅下降。因此，在本场景下，由于训练数据的匮乏，缺乏巴东县当地一年的数据，这种有限的数据集使得无需消除一些样本以避免过拟合。可以推断，如果训练数据的样本增加，虚拟采集精度会进一步提高。为进一步测试该方法在其他类型数据的效果，对 MPVS 的交流侧电流数据进行了虚拟采集。MPVS 电流的虚拟采集结果如图 5-7 所示。从图 5-7 可以看出，CB-DAE 对电流的虚拟采集精度低于有功功率。造成这种现象的原因可能是直流侧的最大功率点跟踪算法。为提高输出功率，光伏发电的直流侧会不断调整输出电压和电流。这种由 PV 的物理特性引起的时间变化使数据更加复杂，导致精度进一步下降。因此，虚拟采集器和去噪算法也应根据不同的数据类型进行调整，以避免精度下降。

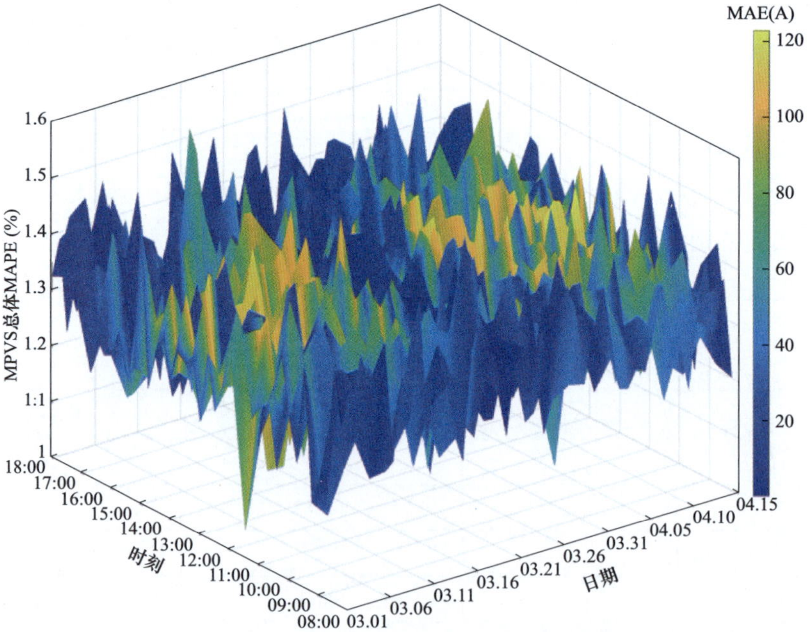

图 5-7　MPVS 电流的平均虚拟采集误差

5.4.2　异常检测器的分析

为验证本章所提的异常检测器的有效性，对数据清洗结果进行了分析。在 CB-DAE 训练之前，异常检测器已对训练集进行了无监督的数据异常检测，并运用多项式拟合器得到了动态特性噪声的分布函数。这个分布函数和异常度矩阵 M 为后续的保真的数据清洗提供了支持。对比了有无异常检测器辅助的 CB－DAE 的数据清洗结果的差异。该差异以与量测数据 MAPE 的形式展示在图 5－8 中。无异常检测器辅助的 CB－DAE 虚拟采集误差如表 5－5 所示。

表 5－5　　无异常检测器辅助的 CB－DAE 虚拟采集误差

编号	MAE	MAPE	编号	MAE	MAP E	编号	MAE	MAPE
2	277.6	2.172	36	490.7	2.164	76	858.9	2.435
3	323.2	2.345	37	409.7	2.294	77	657.7	2.338
4	346.4	2.178	40	239.6	2.343	78	491.1	2.383
5	448.7	2.295	41	597.8	2.095	80	361.0	2.359
6	554.8	2.281	43	866.1	2.096	81	691.2	2.330
7	619.6	2.140	45	1531.1	2.504	83	909.7	2.194
8	814.7	2.386	46	1734.7	2.153	84	1001.2	2.364
10	1143.3	2.364	47	2121.3	2.420	86	1114.9	2.291
11	1312.6	2.186	48	1910.0	1.975	87	1210.1	2.085
13	1719.0	2.412	49	2439.3	2.250	88	1306.8	2.241
15	1947.8	2.263	50	2720.7	2.354	89	1229.5	2.387
16	1852.6	2.330	55	3325.0	2.003	91	793.5	2.256
17	1657.4	2.492	56	3857.7	2.344	95	480.5	2.315
19	1111.4	2.324	57	3853.2	2.320	96	399.3	2.319
20	1019.5	2.126	59	3986.8	2.420	97	457.2	1.940
22	937.1	2.418	60	4251.2	2.588	98	472.7	2.310
23	893.7	2.371	61	3668.3	2.299	99	499.8	2.352
24	845.3	2.321	62	3572.5	2.270	100	444.3	2.294
26	914.1	2.432	64	3667.6	2.334	101	416.7	2.370
27	887.5	2.330	65	3302.8	2.240	102	345.0	2.210
28	827.6	2.159	67	2961.0	2.192	103	373.4	2.427
29	943.6	2.170	68	3171.2	2.437	105	297.1	2.024
32	811.2	2.475	69	2898.9	2.338	107	381.6	2.366
34	539.3	2.094	72	1860.2	2.186	109	348.4	2.364
35	512.0	2.284	73	1845.3	2.368	110	349.1	2.463

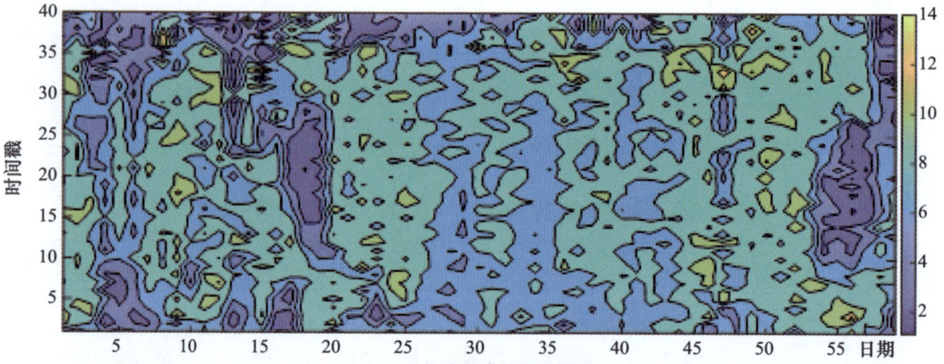

(a) 有异常检测器辅助

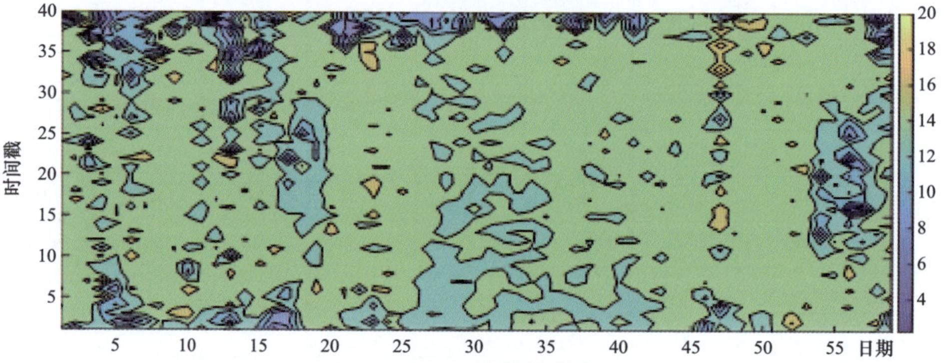

(b) 无异常检测器辅助

图 5-8 数据清洗 MAPE 对比

从图 5-8 可以看出，无异常检测器辅助的数据清洗更彻底，MAPE 普遍在 14%左右。可以看出清洗结果与量测值不能说一模一样，只能说毫不相关。虽然无异常检测器辅助的 CB-DAE 训练终止时误差更小（实验中测得有、无异常检测器辅助 CB-DAE 训练终止时均方误差分别为 0.0339、0.0283），但对于测试集的表现并不好。这是因为失去了保真项后，CB-DAE 退化成了堆叠 DAE。误差回传时虚拟采集模块的误差将完全地传播到 $\hat{P}_{PV}$。对于 ANN 的训练来说，失去保真度要求将会有助于提高拟合精度，因此最终训练的误差更低。但这样做的后果是对 MPVS 动态过拟合，因此虚拟采集精度较低。反之，在异常检测器的辅助下 CB-DAE 以一定的保真度进行数据清洗。对于动态特性密集的时段（为 1 月 25 日～2 月 15 日），CB-DAE 很好地实现了特性捕捉并保留了原始数据的细节，因此虚拟采集精度更高。这证明了对于数据清洗来说保真度要求的合理性，并证明了本章所提基于集成学习的异常检测器的有效性。

5.4.3　CB－DAE 验证

为验证本章所提CB－DAE的有效性，将它与DAE、无数据清洗的CB DAE、无 RPV 选取功能的 DAE－DAE、CB－DAE 进行对比。它们的虚拟采集误差如图 5－9 所示，无数据清洗的 CB－DAE 的 RPV 编号如表 5－6 所示。由于失去 RPV 选取模块后网络是随机地对输入数据进行置零，不具有 RPV 选取功能，因此它们的 RPV 编号没有展示。

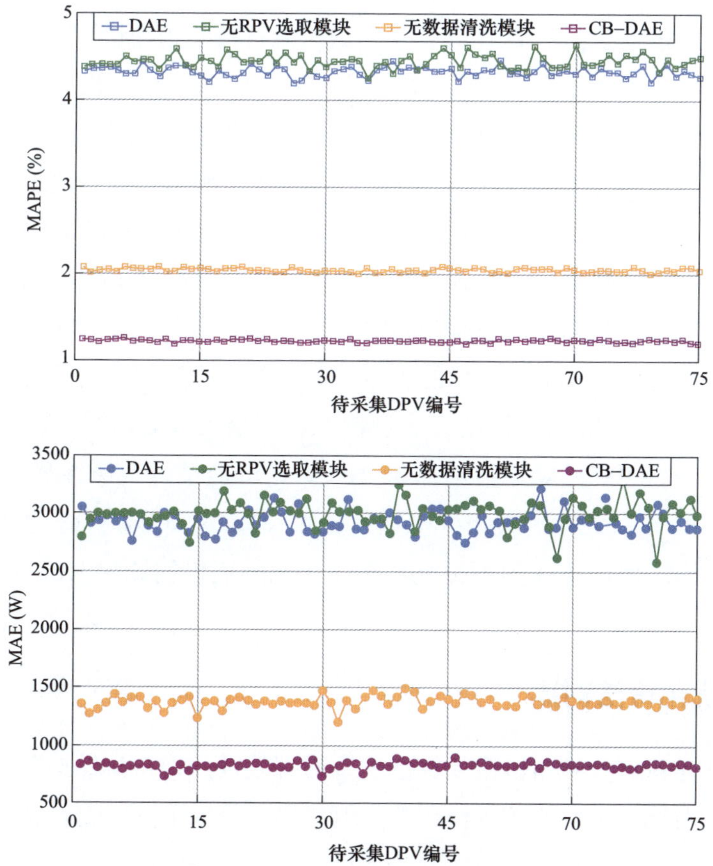

图 5－9　不同网络的误差对比

表 5-6　　无数据清洗的 CB-DAE 的 RPV

RPV 编号						
14	20	22	25	26	29	34
36	37	41	42	43	44	48
51	53	59	60	65	67	68
69	70	71	74	78	83	88
90	92	95	103	106	109	110

从图 5-9 可以看出本章构建 CB-DAE 精度最高。值得注意的是，在拆除了 RPV 选取模块后，网络的精度与 DAE 很接近。这可能是因为 CB-DAE 失去 RPV 选取模块后，网络拓扑与堆叠 DAE 类似，但是保留了数据保真清洗功能。因此它的精度略高于 DAE。但是与失去数据清洗模块的 CB-DAE 相比，精度依旧很差。这表明对于虚拟采集来说，合理的 RPV 对于提高精度有决定性的影响。此外，与表 5-4 对比可以发现，失去数据清洗模块的 CB-DAE 与没有异常检测器辅助的 CB-DAE 精度接近，甚至还略微更好。这是因为二者相比，后者多了一层被限制了神经元数量的层。网络强迫它为 PV 的数量，导致优化算法对网络参数优化时受到了一定的阻碍，并且精度下降。因此对于数据清洗来说，重要的是是否有先验分布的支持。尽管这个先验分布不一定准确，但至少保证了与虚拟采集器串联的去噪器能够输出比较接近量测结果的向量。这在一定程度上从 MPVS 解耦了动态特性。观察表 5-4 并与表 5-2 对比可以看出，有一些 PV 重复地被选择为 RPV。这可能是两个原因导致的：① 这些 PV 是 MPVS 中关键的数据外推输入数据；② 这类 PV 被施加的动态特性太大，网络为了保证整体的虚拟采集精度，只能把它们选为 RPV 从而获得真实值。

5.4.4　优化算法对比

为验证本章对分裂布雷格曼算法改进的有效性，将它与经典分裂布雷格曼算法进行了对比。本章的改进作用于二值化层，是为了降低迭代初期约束条件的违反程度从而加快执行约束条件的速度。两种算法的迭代过程中二值化层输出的变化、在迭代过程中所选 RPV 的变化分别如图 5-10 和图 5-11 所示。

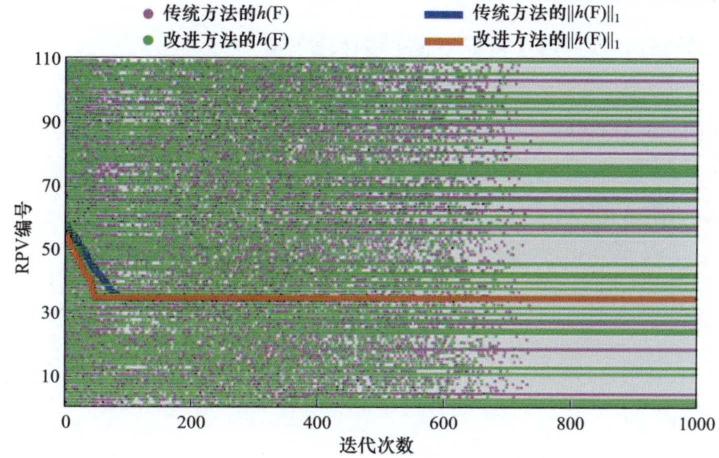

图 5-10　不同优化算法的二值化层输出的变化

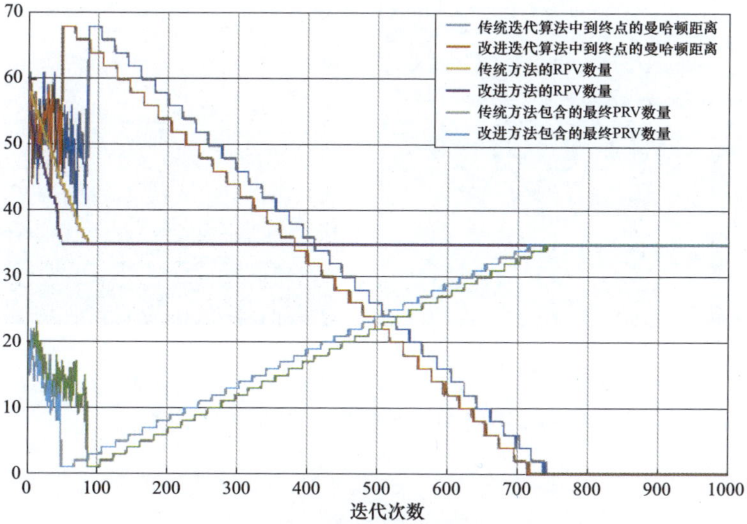

图 5-11　不同方法选择的 RPV 过程

从图 5-10、图 5-11 可以看出对分裂布雷格曼算法改进后，在 CB-DAE 训练的初始阶段，对 RPV 数量的稀疏化过程有显著的加速。实验数据显示，改进后的分裂布雷格曼算法和传统算法比，分别用了 46 次和 83 次来服从约束条件。当满足约束条件后，CB-DAE 的训练过渡到优化各层权重的阶段。由于本章所提的改进策略只作用于等式约束的强制执行过程，因此当满足约束条件后，两种算法到达收敛的速度几乎没有差别。但受到目标函数 $L(\boldsymbol{P}_{\mathrm{PV}})$ 非凸的限制，两种算法都只能得到局部解，所以最终的收敛结果并不相同。

5.4.5 MPVS 规模和 RPV 数量的影响

本章提出的“虚拟采集”概念是为了降低数据传输装置数量，并在之前设置了 $N=35$。随着应用场景的变化（例如，PV 在当地电网的渗透率、PV 数量的差异、当地配电网的弹性的差异），对精度的要求也会随之变化。此时，可以改变 RPV 数量以满足工程实际中的经济需求。为此，随机删去了一些 PV 并使 RPV 数量发生变化，以测试 MPVS 规模和 RPV 数量对精度的影响。为了消除偶然性，每个实验重复了 100 次取均值。MPVS 整体的 MAPE 和 MAE 如图 5－12 所示。

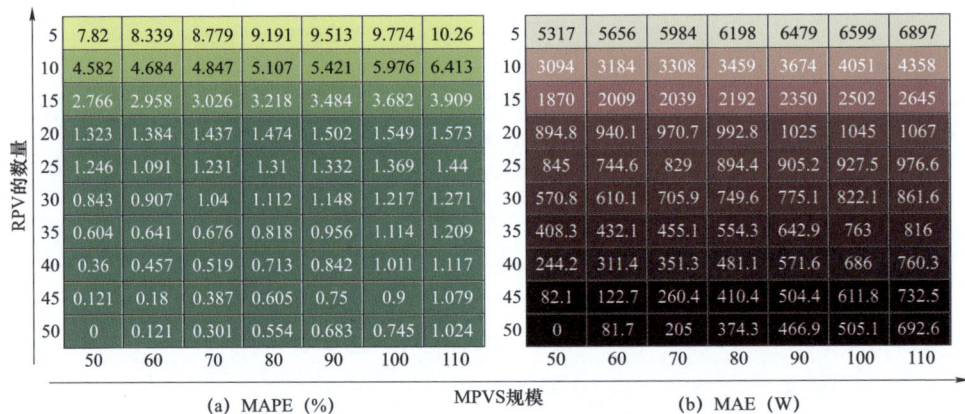

(a) MAPE (%)

RPV的数量 \ MPVS规模	50	60	70	80	90	100	110
5	7.82	8.339	8.779	9.191	9.513	9.774	10.26
10	4.582	4.684	4.847	5.107	5.421	5.976	6.413
15	2.766	2.958	3.026	3.218	3.484	3.682	3.909
20	1.323	1.384	1.437	1.474	1.502	1.549	1.573
25	1.246	1.091	1.231	1.31	1.332	1.369	1.44
30	0.843	0.907	1.04	1.112	1.148	1.217	1.271
35	0.604	0.641	0.676	0.818	0.956	1.114	1.209
40	0.36	0.457	0.519	0.713	0.842	1.011	1.117
45	0.121	0.18	0.387	0.605	0.75	0.9	1.079
50	0	0.121	0.301	0.554	0.683	0.745	1.024

(b) MAE (W)

RPV的数量 \ MPVS规模	50	60	70	80	90	100	110
5	5317	5656	5984	6198	6479	6599	6897
10	3094	3184	3308	3459	3674	4051	4358
15	1870	2009	2039	2192	2350	2502	2645
20	894.8	940.1	970.7	992.8	1025	1045	1067
25	845	744.6	829	894.4	905.2	927.5	976.6
30	570.8	610.1	705.9	749.6	775.1	822.1	861.6
35	408.3	432.1	455.1	554.3	642.9	763	816
40	244.2	311.4	351.3	481.1	571.6	686	760.3
45	82.1	122.7	260.4	410.4	504.4	611.8	732.5
50	0	81.7	205	374.3	466.9	505.1	692.6

MPVS规模

图 5－12 不同 MPVS 规模和 RPV 数量的误差

从图 5－12 可以看出，压缩比（定义为 MPVS 中 PV 的数量与 RPV 数量的比值）的增大会直接导致虚拟采集精度下降。但结果表明：同等压缩比的情况下，MPVS 的规模越大，精度越高。以（100，20）和（50，10）为例。这两个点的压缩比一样，但精度差别极大。这表明了对于 MPVS 这种多维复杂系统的辨识，可能存一种阈值而且它受 MPVS 规模的影响较小。当 RPV 数量小于阈值时，精度会剧烈降低。其他 PV 能否被精确地虚拟采集，似乎与其自身规模关系不大。精确的虚拟采集主要取决于是否有足够多的 RPV 完成对该特定区域的地理、气候特性检测。

5.5 本章小结

本章提出了一种针对复杂气候条件的多光伏系统虚拟采集方法，构建了CB–DAE作为虚拟采集器。该网络整合了RPV选择、数据清洗和数据外推功能，并利用基于集成学习的异常检测器辅助数据清洗。对分裂布雷格曼进行了改进，以加快迭代速度。实验结果表明，CB–DAE在精度上优于其他网络类型，异常检测器提供的噪声分布函数对盲清洗非常重要，改进的分裂布雷格曼收敛速度更快。该方法提供了一种有效的解决方案，能够从高维系统中提取关键维度并完整重构，同时消除未知噪声。此外，本章还提出了处理范数约束条件的替代方法，该方法并非基于近似。未来工作可以将DPV对电网的影响机理引入，提升虚拟采集目标函数的实际意义，并结合大气科学中的天气系统划分理论，提高精度。

参考文献

[1] R. H. Ke, C. B. Schonlieb. Unsupervised Image Restoration Using Partially Linear Denoisers [J]. IEEE Transactions on Pattern Analysis and Machine Intelligence, 2022, 44(9): 5796–5812.

[2] W. Q. Fang, L. H. Fu, H. W. Li, et al. BSnet: An Unsupervised Blind Spot Network for Seismic Data Random Noise Attenuation [J]. IEEE Transactions on Geoscience and Remote Sensing, 2022, 60: 5916113.

[3] D. Minarik, O. Enqvist, E. Tragardh. Denoising of Scintillation Camera Images Using a Deep Convolutional Neural Network: A Monte Carlo Simulation Approach [J]. Journal of Nuclear Medicine, 2020，61(2): 298–303.

[4] C. Wang, Z. Y. Yan, W. Pedrycz, et al. A Weighted Fidelity and Regularization Based Method for Mixed or Unknown Noise Removal From Images on Graphs [J]. IEEE Transactions on Image Processing, 2020，29: 5229–5243.

［5］ A. Majumdar. Blind Denoising Autoencoder[J]. IEEE Transactions on Neural Networks and Learning Systems, 2019，30(1): 312－317.

［6］ A. N. Celik, N. Acikgoz. Modelling and experimental verification of the operating current of mono-crystalline photovoltaic modules using four-and five-parameter models ［J］. Appl. Energy, 2007，84(1): 1－15.

［7］ J. M. Bright, O. Babacan, J. Kleissl, et al. A synthetic, spatially decorrelating solar irradiance generator and application to a LV grid model with high PV penetration ［J］. Solar Energy, 2017，147: 83–98.

［8］ R. Y. Zhang, H. Ma, W. Hua, et al. Data-Driven Photovoltaic Generation Forecasting Based on a Bayesian Network With Spatial–Temporal Correlation Analysis ［J］. IEEE Transactions on Industrial Informatics, 2020，16(3): 1635 1644.

［9］ S. Hu, Y. Xiang, H. C. Zhang, et al. Hybrid forecasting method for wind power integrating spatial correlation and corrected numerical weather prediction ［J］. Applied Energy, 2009，293: 116951.

［10］ G. X. Zhang, S. Y. Zhu, N. Zhang, et al. Downscaling Hourly Air Temperature of WRF Simulations Over Complex Topography: A Case Study of Chong li District in Hebei Province, China ［J］. Journal of Geophysical Research-Atmospheres, 2022，127(3): e2021JD035542.

［11］ L. Breiman. Bagging predictors ［J］. Machine Learning, 1996，24(2): 125－140.

［12］ G. J. Wang, W. J. Li, L. P. Zhang, et al. Encoder-X: Solving Unknown Coefficients Automatically in Polynomial Fitting by Using an Autoencoder ［J］. IEEE Transactions on Neural Networks and Learning Systems, 2022, 33(8): 3264－3276.

［13］ H. T. Qin, R. H. Gong, X. L. Liu, et al. Binary neural networks: A survey ［J］. Pattern Recognition, 2020，105: 107281.

［14］ X. Tian, Y. R. Chen, C. C. Yang, et al. Variational Pansharpening by Exploiting Cartoon-Texture Similarities ［J］. IEEE Transactions on Geoscience and Remote Sensing, 2022，60: 5400416.

［15］ T. Goldstein, S. Osher. The split Bregman method for L1－regularized problems[J]. SIAM J. Imag. Sci., 2009, 2(2): 325－343.

［16］ J. Woodworth, R. Chartrand. Compressed sensing recovery via nonconvex shrinkage penalties [J]. Inverse Problems, 2016，32(7): 075004.

[17] S. Mirjalili. Moth-flame optimization algorithm: A novel nature-inspired heuristic paradigm [J]. Knowledge-Based Systems, 2015, 89: 228 – 249.

[18] J. N. Wei, H. S. Huang, L. G. Yao, et al. New imbalanced fault diagnosis framework based on Cluster-MWMOTE and MFO-optimized LS-SVM using limited and complex bearing data [J]. Engineering Applications of Artificial Intelligence, 2020, 96: 103966.

第6章

量测丢失情形下的配电网状态估计

在实际工程中，由于配电网结构复杂、数据量大，量测装置采集的数据在传输到估计中心时常因信道堵塞或网络攻击等问题导致数据丢失，进而降低状态估计的精度，所以设计一种量测丢失下的状态估计模型很有必要。本章考虑采用改进的扩展卡尔曼滤波器来提高估计精度，同时也能保证合适的计算速度。

本章建立了无偏的扩展卡尔曼滤波（extended kalman filter，EKF）框架，并假设滤波误差服从零均值的高斯分布。利用高斯分布的 3σ准则，近似计算滤波误差的迭代上界，进而确定非线性量测函数的矩阵上界。通过满足扇形有界条件的不确定线性矩阵组合，描述泰勒级数中忽略的高阶项的不确定性。在此线性化方法的基础上，推导出在最小误差协方差上界下的最优滤波增益，从而确保设计的滤波器能够涵盖所有不确定因素。在仿真中，实现了基于 EKF 和递归滤波（recursive filter，RF）的配电网预测辅助状态估计（forecasting-aided state estimation，FASE）算法分析。从仿真结果中可以看出，RF 在估计性能上要优于传统的 EKF，并且通过上界分析可知 RF 能够包含未知的线性化误差，从而验证了所提出滤波算法的有效性和实用性。

6.1 系统模型

由于电力系统在正常情况下运行为准稳态，其状态变化较为缓慢。Holt 的两参数指数平滑法来预测配网系统的状态变化，Holt 方法可以视为在普通预测 c_k 上加了趋势分量 d_k，c_k 在此被称作为水平分量，可表示为

$$\hat{x}_{k+1/k} = c_k + d_k \tag{6-1}$$

其中

$$c_k = \alpha x_k + (1-\alpha)\hat{x}_{k/k-1} \tag{6-2}$$

$$d_k = \beta(a_k - a_{k-1}) + (1-\beta)b_{k-1} \tag{6-3}$$

式中　a_k，b_{k-1} ——系统参数；

$\hat{x}_{k+1/k}$ ——k 时刻对 $k+1$ 时刻的系统状态预测；

α、β ——分别为 0 与 1 之间的平滑参数。

另外，可以清楚地看出，参数 a 和 β 分别控制着水平分量和趋势分量。

考虑到系统噪声，式（6-1）可转换为系统状态方程，及

$$x_{k+1} = A_k x_k + B_k + \omega_k \tag{6-4}$$

其中

$$A_k = \alpha(1+\beta) \tag{6-5}$$

$$B_k = (1+\beta)(1-\alpha)x_k - \beta a_{k-1} + (1-\beta)b_{k-1} \tag{6-6}$$

式中　ω_k ——状态噪声序列；

A_k, B_k ——系统参数。

另外，假设系统噪声序列 ω_k 是均值为 0 和协方差矩阵为 $\boldsymbol{W}_k$ 的高斯白色噪声。在配电网动态估计中系统状态选为各个节点的电压实部 e_n 和虚部 f_n，n 为配电网的第 n 个节点。

数据丢失对状态估计准确性造成了较大的影响（见图 6-1），不过可以利用数据丢失建模法，即通过一个服从 Bernoulli 分布的对角随机矩阵与量测向量的乘积来构造估计器观测。并在此基础上，推导出两类带有随机量测丢失的鲁棒估计器。用非线性处理方法，进一步计算滤波误差，再通过一系列不等式引理，分别寻找各自的误差协方差上界，使得推导出来的上界能够包含估计器中

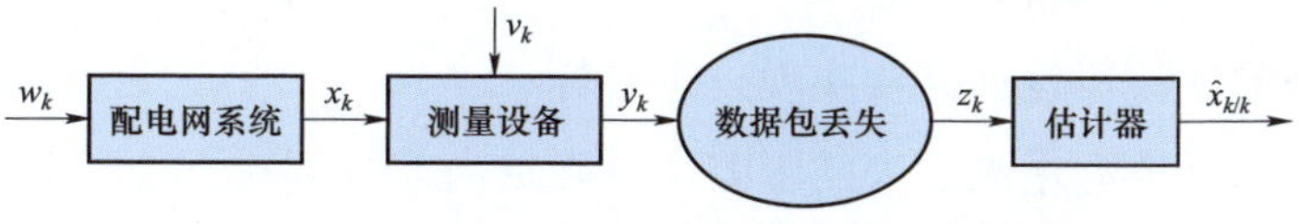

图 6-1　具有量测丢失的滤波器设计问题

存在的一切不确定因素，通过对协方差矩阵上界的迹求偏导，以获得最优的滤波器增益。

在具有量测丢失现象的滤波与控制问题方面，研究人员近三十年来做了大量的工作，其中最常用的是用服从 Bernoulli 分布的随机变量来描述量测数据丢失现象，以此来建立如下量测模型

$$z_k = \Xi_k[f(x_k)+v_k] \tag{6-7}$$

式中 $\Xi_k=\mathrm{diag}\{\lambda_k^1,\cdots,\lambda_k^j,\cdots,\lambda_k^{\bar{j}}\}$ ——刻画量测丢失现象的对角矩阵；

z_k —— k 时刻的量测值；

v_k ——量测噪声；

λ_k^j 为服从 Bernoulli 分布的随机变量，即满足

$$\mathrm{Prob}\{\lambda_k^j=1\}=\mathbb{E}\{\lambda_k^j\}=\bar{\lambda}_k^j \tag{6-8}$$

$$\mathrm{Prob}\{\lambda_k^j=0\}=1-\mathbb{E}\{\lambda_k^j\}=1-\bar{\lambda}_k^j \tag{6-9}$$

当 $\lambda_k^j=0$ 时，表示第 j 个量测丢失，其中 $\bar{\lambda}_k^j\in[0,1]$ 是根据上式统计获得的已知常数。此外，假设 $\lambda_k^{j_1}$ 与 $\lambda_k^{j_2}$（$j_1,j_2\in\{1,2,\cdots,\bar{j}\}$，$j_1\neq j_2$），$\omega_k$，$v_k$ 及 x_0 为相互独立的随机变量，并且具有如下统计特性

$$\mathbb{E}\{x_0\}=\hat{x}_{0/0}，\ \mathbb{E}\{(x_0-\hat{x}_{0/0})(x_0-\hat{x}_{0/0})^T\}=P_{0/0}，\ \omega_k\sim\mathcal{N}(0,Q_k)，\ v_k\sim\mathcal{N}(0,R_k) \tag{6-10}$$

其中，$P_{0/0}\geqslant 0$，$Q_k>0$，$R_k>0$ 为已知的适维矩阵，考虑到量测丢失的影响因素，故在本节中构造出如下递推滤波器

$$\hat{x}_{k+1/k}=A_k\hat{x}_{k/k}+g_k \tag{6-11}$$

$$\hat{x}_{k+1/k+1}=\hat{x}_{k+1/k}+K_{k+1}(z_{k+1}-\hat{y}_{k+1}) \tag{6-12}$$

式中 $\hat{y}_{k+1}$ ——有待设计的量测预测；

A_k ——系统参数；

g_k ——过程噪声；

K_{k+1} ——滤波器增益。

接下来的滤波器设计共要实现三个目标。

第一，充分考虑量测丢失的影响，以确定当前时刻对下一时刻量测的预测 $\hat{y}_{k+1}$，从而使得滤波器，式（6-11）和式（6-12）具有无偏性。

第二，考虑线性化误差为不确定且扇形有界时，估计器具有较优的估计性能。沿袭这一非线性处理方法，找到合适的误差协方差上界，即找到一列正定矩阵 $\Sigma_{k+1/k+1}$ 满足。

$$\mathbb{E}\{(x_{k+1}-\hat{x}_{k+1/k+1})(x_{k+1}-\hat{x}_{k+1/k+1})^T\}\leqslant\Sigma_{k+1/k+1},\ \forall k \tag{6-13}$$

第三，通过设计合适的滤波器增益 K_{k+1} 使得该上界 $\Sigma_{k+1/k+1}$ 的迹最小。

6.2　量测丢失及滤波器结构设计及优化

考虑在传输过程中出现随机丢包现象，建立合适的数学模型，新的观测方程表示为

$$y_{k+1}=\boldsymbol{\Upsilon}_{k+1}[h(x_{k+1})+v_{k+1}] \tag{6-14}$$

其中

$$\boldsymbol{\Upsilon}_{k+1}=\mathrm{diag}\{\sigma_{k+1}^1,\sigma_{k+1}^2,\cdots,\sigma_{k+1}^m\} \tag{6-15}$$

式中　$\sigma_{k+1}^i(i=1,2,\cdots,m)$ —— $k+1$ 采样时刻时第 i 个独立随机变量。

σ_{k+1}^i 服从均值为 p_{k+1}^i 和方差为 $q_{k+1}^i=p_{k+1}^i(1-p_{k+1}^i)$ 的伯努利分布，当 $\sigma_{k+1}^i=1$ 时，则第 i 个量测丢失；当 $\sigma_{k+1}^i=0$ 时，则第 i 个量测未丢失。

假设量测噪声序列 v_{k+1} 是均值为 0 和协方差矩阵为 $\boldsymbol{V}_{k+1}$ 的高斯白色噪声，高斯白噪声是幅值符合高斯分布，频率均匀分布的噪声，并且该量测噪声与系统噪声不相关。基于扩展卡尔曼滤波的标准结构，在考虑量测随机性丢包后设计的递归滤波结构可表示为

$$\begin{cases}\hat{x}_{k+1/k}=\hat{c}_k+d_k\\ \hat{c}_k=\alpha\hat{x}_k+(1-\alpha)\hat{x}_{k/k-1}\\ d_k=\beta(\hat{c}_k-\hat{c}_{k-1})+(1-\beta)b_{k-1}\end{cases} \tag{6-16}$$

$$\hat{\boldsymbol{x}}_{k+1/k+1}=\hat{x}_{k+1/k}+K_{k+1}\left[y_{k+1}-\bar{\boldsymbol{\Upsilon}}_{k+1}h(\hat{x}_{k+1/k})\right] \tag{6-17}$$

其中

$$\bar{\boldsymbol{\Upsilon}}_{k+1}=\mathrm{diag}\{p_{k+1}^1,p_{k+1}^2,\cdots,p_{k+1}^m\}$$

式中　$\hat{\boldsymbol{x}}_{k+1/k+1}$ ——状态向量 $\boldsymbol{x}_{k+1}$ 的估计值；

K_{k+1} ——滤波器增益。

根据扩展卡尔曼滤波推导过程，可以得到预测估计误差，以及对应的预测误差协方差矩阵，分别表示为

$$\tilde{x}_{k+1/k}=x_{k+1}-\hat{x}_{k+1/k}=A_k\tilde{x}_{k/k}+\omega_k \tag{6-18}$$

$$P_{k+1/k}=A_kP_{k/k}A_k^{\mathrm{T}}+W_k \tag{6-19}$$

同样，可以得到$k+1$采样时刻的估计误差为

$$\begin{aligned}\tilde{x}_{k+1/k+1}&=x_{k+1}-\hat{x}_{k+1/k+1}=\\&\tilde{x}_{k+1/k}-K_{k+1}[y_{k+1}-\bar{\boldsymbol{\varUpsilon}}_{k+1}h(\hat{x}_{k+1/k})]\end{aligned} \tag{6-20}$$

利用泰勒级数将函数$h(x_{k+1})$在预测估计$\hat{x}_{k+1/k}$处展开，可得

$$h(x_{k+1})=h(\hat{x}_{k+1/k})+F_{k+1}\tilde{x}_{k+1/k}+o\left|\tilde{x}_{k+1/k}\right| \tag{6-21}$$

其中

$$F_{k+1}=(\partial h(x_{k+1})/\partial x_{k+1})\,|\,x_{k+1}=\hat{x}_{k+1/k}$$

式中　$o\,|\,\tilde{x}_{k+1/k}\,|$——泰勒展开的高阶项，一般情况扩展卡尔曼都会忽略高阶项，此处表示为

$$o\left|\tilde{x}_{k+1/k}\right|=\boldsymbol{C}_{k+1}\boldsymbol{\aleph}_{k+1}\boldsymbol{L}_{k+1}\tilde{x}_{k+1/k} \tag{6-22}$$

式中　$\boldsymbol{C}_{k+1}$——设置的参数矩阵；

$\boldsymbol{\aleph}_{\kappa+1}$——一个代表线性化误差的未知时变矩阵

$$\boldsymbol{\aleph}_{k+1}\boldsymbol{\aleph}_{k+1}^{\mathrm{T}}\leqslant\boldsymbol{I} \tag{6-23}$$

基于式（6–14）、式（6–20）和式（6–21），可以将估计误差重新表示为

$$\begin{aligned}\tilde{x}_{k+1/k+1}&=x_{k+1}-\hat{x}_{k+1/k+1}=\\&[I-K_{k+1}\bar{\varUpsilon}_{k+1}(F_{k+1}+C_{k+1}\aleph_{k+1}L_{k+1})]\tilde{x}_{k+1/k}-\\&K_{k+1}(\varUpsilon_{k+1}-\bar{\varUpsilon}_{k+1})h(x_{k+1})-K_{k+1}\varUpsilon_{k+1}v_{k+1}\end{aligned} \tag{6-24}$$

将式（6–18）代入式（6–24），并在等式两边求期望，得到

$$E\{\tilde{x}_{k+1/k+1}\}=[I-K_{k+1}\bar{\varUpsilon}_{k+1}(F_{k+1}+C_{k+1}\aleph_{k+1}L_{k+1})]A_kE\{\tilde{x}_{k/k}\} \tag{6-25}$$

若给定初值条件，则可以得到结论：对于所有$k\geqslant0$的采样时刻，$E\{\tilde{x}_{k/k}\}:=0$。这验证了式（6–16）和（6–17）为无偏估计。

在式（6–24）中，预测误差$\tilde{x}_{k+1/k}$的变化与$h(x_{k+1})$相关，而量测噪声v_{k+1}与前两者不相关。进而，估计误差对应的协方差矩阵表示为

$$P_{k+1/k+1} = [I - K_{k+1}\bar{\Upsilon}_{k+1}(F_{k+1} + C_{k+1}\aleph_{k+1}L_{k+1})]P_{k+1/k} \cdot [I - K_{k+1}\bar{\Upsilon}_{k+1}(F_{k+1} + C_{k+1}\aleph_{k+1}L_{k+1})]^{\mathrm{T}} + K_{k+1}E\{(\Upsilon_{k+1} - \bar{\Upsilon}_{k+1})h(x_{k+1})h(x_{k+1})^{\mathrm{T}}(\Upsilon_{k+1} - \bar{\Upsilon}_{k+1})^{\mathrm{T}}\} \cdot K_{k+1}^{\mathrm{T}} + K_{k+1}E\{\Upsilon_{k+1}v_{k+1}v_{k+1}^{\mathrm{T}}\bar{\Upsilon}_{k+1}^{\mathrm{T}}\}K_{k+1}^{\mathrm{T}} + \phi_{k+1} + \phi_{k+1}^{\mathrm{T}} \tag{6-26}$$

其中

$$\phi_{k+1} = -[I - K_{k+1}\bar{\Upsilon}_{k+1}(F_{k+1} + C_{k+1}\aleph_{k+1}L_{k+1})] \cdot E\{\tilde{x}_{k+1/k}h(x_{k+1})^{\mathrm{T}}\}(\Upsilon_{k+1} - \bar{\Upsilon}_{k+1})^{\mathrm{T}} K_{k+1}^{\mathrm{T}} \tag{6-27}$$

引理 1：考虑一步预测误差（6-18）及滤波误差（6-24），并假设式（6-23）成立，且 a_1、a_2、$\eta_{1,k}$、$\eta_{2,k}$、ε_k 都为正标量，则滤波器增益为

$$K_{k+1} = (\bar{P}_{k+1/k}^{-1} - \varepsilon_{k+1}L_{k+1}^{\mathrm{T}}L_{k+1})^{-1}F_{k+1}^{\mathrm{T}}\bar{\Upsilon}_{k+1} \cdot [F_{k+1}\bar{\Upsilon}_{k+1}(\bar{P}_{k+1/k}^{-1} - \varepsilon_{k+1}L_{k+1}^{\mathrm{T}}L_{k+1})^{-1}F_{k+1}^{\mathrm{T}}\bar{\Upsilon}_{k+1} + \varepsilon_{k+1}^{-1}(1+\eta_{1,k+1})\bar{\Upsilon}_{k+1}C_{k+1}C_{k+1}^{\mathrm{T}}\bar{\Upsilon}_{k+1}^{\mathrm{T}} + (1+\eta_{1,k+1}^{-1})\hat{\Upsilon}_{k+1}\Omega_{k+1} + \breve{\Upsilon}_{k+1}V_{k+1}] \tag{6-28}$$

$$\breve{\Upsilon}_{k+1} = \begin{bmatrix} p_{k+1}^{1} & p_{k+1}^{1}p_{k+1}^{2} & \cdots & p_{k+1}^{1}p_{k+1}^{m} \\ p_{k+1}^{2}p_{k+1}^{1} & p_{k+1}^{2} & \cdots & p_{k+1}^{2}p_{k+1}^{m} \\ \vdots & \vdots & \cdots & \vdots \\ p_{k+1}^{m}p_{k+1}^{1} & p_{k+1}^{m}p_{k+1}^{2} & \cdots & p_{k+1}^{m} \end{bmatrix} \tag{6-29}$$

其中

$$\hat{\Upsilon}_{k+1} = \mathrm{diag}\{q_{k+1}^{1}, q_{k+1}^{2}, \cdots, q_{k+1}^{m}\}$$

式中　$\bar{P}_{k+1/k+1}$——$P_{k+1/k+1}$ 的上界，即 $P_{k+1/k+1} \leqslant \bar{P}_{k+1/k+1}$。

设置初始值 $\bar{P}_{0/0} = P_{0/0} > 0$，并且存在如下约束

$$\varepsilon_{k+1}^{-1}I - L_{k+1}\bar{P}_{k+1/k}L_{k+1}^{\mathrm{T}} > 0 \tag{6-30}$$

根据初始值和式（6-30），两个离散黎卡提差分方程分别有两个正定解 $\bar{P}_{k+1/k}$ 和 $\bar{P}_{k+1/k+1}$，离散黎卡提差分方程分别为

$$\bar{P}_{k+1/k} = A_k\bar{P}_{k/k}A_k^{\mathrm{T}} + W_k \tag{6-31}$$

$$\bar{P}_{k+1/k+1} = (1+\eta_{1,k+1})(I - K_{k+1}\bar{\Upsilon}_{k+1}F_{k+1}) \cdot (\bar{P}_{k+1/k}^{-1} - \varepsilon_{k+1}L_{k+1}^{\mathrm{T}}L_{k+1})^{-1}(I - K_{k+1}\bar{\Upsilon}_{k+1}F_{k+1})^{\mathrm{T}} + K_{k+1}[\varepsilon_{k+1}^{-1}(1+\eta_{1,k+1})\bar{\Upsilon}_{k+1}C_{k+1}C_{k+1}^{\mathrm{T}}\bar{\Upsilon}_{k+1}^{\mathrm{T}} + (1+\eta_{1,k+1}^{-1})\hat{\Upsilon}_{k+1}\Omega_{k+1} + \breve{\Upsilon}_{k+1}V_{k+1}]K_{k+1}^{\mathrm{T}} \tag{6-32}$$

引理 1 证明：

对于（6–26）中 $\phi_{k+1}+\phi_{k+1}^{\mathrm{T}}$ 的两项，可以得到不等式为

$$
\begin{aligned}
\phi_{k+1}+\phi_{k+1}^{\mathrm{T}} \leqslant \eta_{1,k+1}[I-K_{k+1}\bar{\Upsilon}_{k+1}(F_{k+1}+C_{k+1}\aleph_{k+1}L_{k+1})]\cdot \\
P_{k+1/k}[I-K_{k+1}\bar{\Upsilon}_{k+1}(F_{k+1}+C_{k+1}\aleph_{k+1}L_{k+1})]^{\mathrm{T}}+ \\
\eta_{1,k+1}^{-1}K_{k+1}E\{(\Upsilon_{k+1}-\bar{\Upsilon}_{k+1})h(x_{k+1})h(x_{k+1})^{\mathrm{T}}\cdot \\
(\Upsilon_{k+1}-\bar{\Upsilon}_{k+1})^{\mathrm{T}}\}K_{k+1}^{\mathrm{T}}
\end{aligned} \tag{6-33}
$$

然后，可以得到

$$
\begin{aligned}
&[I-K_{k+1}\bar{\Upsilon}_{k+1}(F_{k+1}+C_{k+1}\aleph_{k+1}L_{k+1})]P_{k+1/k}\cdot \\
&[I-K_{k+1}\bar{\Upsilon}_{k+1}(F_{k+1}+C_{k+1}\aleph_{k+1}L_{k+1})]^{\mathrm{T}} \\
\leqslant &(I-K_{k+1}\bar{\Upsilon}_{k+1}F_{k+1})(P_{k+1/k}^{-1}-\varepsilon_{k+1}L_{k+1}^{\mathrm{T}}L_{k+1})^{-1}\cdot \\
&(I-K_{k+1}\bar{\Upsilon}_{k+1}F_{k+1})^{\mathrm{T}}+\varepsilon_{k+1}^{-1}K_{k+1}\bar{\Upsilon}_{k+1}C_{k+1}C_{k+1}^{\mathrm{T}}\bar{\Upsilon}_{k+1}^{\mathrm{T}}K_{k+1}^{\mathrm{T}}
\end{aligned} \tag{6-34}
$$

并且满足如下约束

$$
\varepsilon_{k+1}^{-1}I-L_{k+1}P_{k+1/k}L_{k+1}^{\mathrm{T}}>0 \tag{6-35}
$$

由于 $\boldsymbol{\Upsilon}_{k+1}-\bar{\boldsymbol{\Upsilon}}_{k+1}$ 为对角阵，进一步可以得到

$$
\begin{aligned}
E\{(\boldsymbol{\Upsilon}_{k+1}-\bar{\boldsymbol{\Upsilon}}_{k+1})h(x_{k+1})h(x_{k+1})^{\mathrm{T}}(\boldsymbol{\Upsilon}_{k+1}-\bar{\boldsymbol{\Upsilon}}_{k+1})^{\mathrm{T}}\}= \\
\hat{\Upsilon}_{k+1}E\{h(x_{k+1})h(x_{k+1})^{\mathrm{T}}\}
\end{aligned} \tag{6-36}
$$

$$
\begin{aligned}
E\{h(x_{k+1})h(x_{k+1})^{\mathrm{T}}\}\leqslant 2[a_1^2\mathrm{trace}((1+\eta_{2,k+1})P_{k+1/k}+ \\
(1+\eta_{2,k+1}^{-1})\hat{x}_{k+1/k}\hat{x}_{k+1/k}^{\mathrm{T}})+a_2^2]I=\Omega_{k+1}
\end{aligned} \tag{6-37}
$$

其中 $$E\{\Upsilon_{k+1}v_{k+1}v_{k+1}^{\mathrm{T}}\Upsilon_{k+1}^{\mathrm{T}}\}=\breve{\Upsilon}_{k+1}V_{k+1}$$

最后，合并式（6–26）、式（6–33）和式（6–37），可以获得误差协方差矩阵上界 $\bar{P}_{k+1/k+1}$ 为

$$
\begin{aligned}
P_{k+1/k+1}\leqslant &(1+\eta_{1,k+1})(I-K_{k+1}\bar{\boldsymbol{\Upsilon}}_{k+1}F_{k+1})\cdot \\
&(P_{k+1/k}^{-1}-\varepsilon_{k+1}L_{k+1}^{\mathrm{T}}L_{k+1})^{-1}(I-K_{k+1}\bar{\boldsymbol{\Upsilon}}_{k+1}F_{k+1})^{\mathrm{T}}+ \\
&K_{k+1}[\varepsilon_{k+1}^{-1}(1+\eta_{1,k+1})\bar{\boldsymbol{\Upsilon}}_{k+1}C_{k+1}C_{k+1}^{\mathrm{T}}\bar{\boldsymbol{\Upsilon}}_{k+1}^{\mathrm{T}}+ \\
&(1+\eta_{1,k+1}^{-1})\hat{\Upsilon}_{k+1}\Omega_{k+1}+\breve{\Upsilon}_{k+1}V_{k+1}]K_{k+1}^{\mathrm{T}}
\end{aligned} \tag{6-38}
$$

可以看出式（6–26）与式（6–38）具有相同的数学结构，满足 $P_{k+1/k+1}\leqslant \bar{P}_{k+1/k+1}$。

为了得到最小误差协方差上界下的滤波增益，对矩阵 $\bar{\boldsymbol{P}}_{k+1/k+1}$ 的迹求导并使

其导数为 **0**，即

$$
\begin{aligned}
&\frac{\partial \mathrm{trace}(\bar{P}_{k+1/k+1})}{\partial K_{k+1}}=-2(1+\eta_{1,k+1})(I-K_{k+1}\bar{\boldsymbol{\Upsilon}}_{k+1}F_{k+1})\cdot \\
&(\bar{P}_{k+1/k}^{-1}-\varepsilon_{k+1}L_{k+1}^{\mathrm{T}}L_{k+1})^{-1}(I-K_{k+1}\bar{\boldsymbol{\Upsilon}}_{k+1}F_{k+1})^{\mathrm{T}}+ \\
&2K_{k+1}[\varepsilon_{k+1}^{-1}(1+\eta_{1,k+1})\bar{\boldsymbol{\Upsilon}}_{k+1}C_{k+1}C_{k+1}^{\mathrm{T}}\bar{\boldsymbol{\Upsilon}}_{k+1}^{\mathrm{T}}+ \\
&(1+\eta_{1,k+1}^{-1})\hat{\Upsilon}_{k+1}\Omega_{k+1}+\breve{\Upsilon}_{k+1}V_{k+1}]=0
\end{aligned}
\tag{6-39}
$$

基于式（6–30）～式（6–39），可以得到式（6–28）中的滤波增益 K_{k+1}，至此完成了引理 1 的证明。

6.3　带有随机量测丢失的估计器设计

考虑到量测随机丢失对配电网的影响，设计合适的鲁棒滤波算法以减少随机丢包对估计性能的影响。

首先，计算一步预测误差以及对应的协方差矩阵

$$e_{k+1/k}=x_{k+1}-\hat{x}_{k+1/k}=A_k e_{k/k}+\omega_k \tag{6-40}$$

$$P_{k+1/k}=\mathbb{E}\{e_{k+1/k}e_{k+1/k}^T\}=A_k P_{k/k}A_k^T+Q_k \tag{6-41}$$

另外，滤波误差可以由下式表示

$$
\begin{aligned}
e_{k+1/k+1}&=x_{k+1}-\hat{x}_{k+1/k+1} \\
&=e_{k+1/k}-K_{k+1}\{\Xi_{k+1}[f(x_{k+1})+v_{k+1}]-\hat{y}_{k+1}\}
\end{aligned}
\tag{6-42}
$$

假设 C_{k+1} 满足 $|e_{k+1/k}|\leqslant C_{k+1}$

$$\mathrm{col}_{\bar{j}}^T\{G_j(\tilde{x}_{j,k+1})\}\mathrm{col}_{\bar{j}}\{G_j(\tilde{x}_{j,k+1})\}\leqslant \mathcal{F}_{k+1}^T\mathcal{F}_{k+1} \tag{6-43}$$

其中

$$G_j(\tilde{x}_{j,k+1})=(\partial^2 f_j(x)/\partial x^2)|\{x=\tilde{x}_{j,k+1}\}$$

$$\tilde{x}_{j,k+1}=\xi_j\hat{x}_{k+1/k}+(1-\xi_j)x_{k+1}，\ \xi_j\in[0,1]$$

非线性量测 $f(x_{k+1})$ 可以线性化为以下表达式

$$f(x_{k+1})=f(\hat{x}_{k+1/k})+(F_{k+1}+0.5\mathcal{C}_{k+1}\Delta_{k+1}\mathcal{F}_{k+1})e_{k+1/k} \tag{6-44}$$

其中

$$F_{k+1}=(\partial f_j(x)/\partial x)|\{x=\hat{x}_{k+1/k}\}$$

式中 Δ_{k+1}——一个未知时变矩阵，并满足 $\Delta_{k+1}\Delta_{k+1}^T \leqslant I_{\bar{i}\bar{j}}$， $C_{k+1}=I_{\bar{j}}\otimes C_{k+1}$。因此，滤波误差，式（6-32）可以重新表示为

$$\begin{aligned}e_{k+1/k+1}=&[I_{\bar{i}}-K_{k+1}\Xi_{k+1}(F_{k+1}+0.5\mathcal{C}_{k+1}\Delta_{k+1}\mathcal{F}_{k+1})](A_k e_{k/k}+\omega_k)\\&-K_{k+1}\Xi_{k+1}f(\hat{x}_{k+1/k})-K_{k+1}\Xi_{k+1}v_{k+1}+K_{k+1}\hat{y}_{k+1}\end{aligned} \tag{6-45}$$

对式（6-45）的等号两边取均值，可以得到

$$\begin{aligned}\mathbb{E}\{e_{k+1/k+1}\}=&[I_{\bar{i}}-K_{k+1}\mathbb{E}\{\Xi_{k+1}\}(G_{k+1}+0.5\mathcal{C}_{k+1}\Delta_{k+1}\mathcal{F}_{k+1})](A_k\mathbb{E}\{e_{k/k}\}+\mathbb{E}\{\omega_k\})\\&-K_{k+1}\mathbb{E}\{\Xi_{k+1}\}f(\hat{x}_{k+1/k})-K_{k+1}\mathbb{E}\{\Xi_{k+1}\}\mathbb{E}\{v_{k+1}\}+K_{k+1}\mathbb{E}\{\hat{y}_{k+1}\}\end{aligned} \tag{6-46}$$

其中 $\mathbb{E}\{\Xi_{k+1}\}=\bar{\Xi}_{k+1}=\mathrm{diag}\{\bar{\lambda}_k^1,\cdots,\bar{\lambda}_k^j,\cdots,\bar{\lambda}_k^{\bar{j}}\}$， $\mathbb{E}\{\omega_k\}=0$， $\mathbb{E}\{v_{k+1}\}=0$

如果给定初始值 $\mathbb{E}\{x_0\}=\hat{x}_{0/0}$，并要求 $\mathbb{E}\{e_{k+1/k+1}\}=0$ 以满足估计器，式（6-37）和式（6-38）具有无偏特性，则 $\mathbb{E}\{\Xi_{k+1}\}f(\hat{x}_{k+1/k})=\mathbb{E}\{\hat{y}_{k+1}\}$。因此 $\hat{y}_{k+1}$ 的表达式可以为两种，即， $\hat{y}_{k+1}=\Xi_{k+1}f(\hat{x}_{k+1/k})$ 和 $\hat{y}_{k+1}=\bar{\Xi}_{k+1}f(\hat{x}_{k+1/k})$。由此可得到两种考虑量测概率性丢失的无偏估计器：

（1）具有随机型量测预测的估计器

$$\begin{cases}\hat{x}_{k+1/k}=A_k\hat{x}_{k/k}+g_k\\\hat{x}_{k+1/k+1}=\hat{x}_{k+1/k}+K_{k+1}[z_{k+1}-\Xi_{k+1}f(\hat{x}_{k+1/k})]\end{cases} \tag{6-47}$$

（2）具有确定型量测预测的估计器

$$\begin{cases}\hat{x}_{k+1/k}=A_k\hat{x}_{k/k}+g_k\\\hat{x}_{k+1/k+1}=\hat{x}_{k+1/k}+K_{k+1}[z_{k+1}-\bar{\Xi}_{k+1}f(\hat{x}_{k+1/k})]\end{cases} \tag{6-48}$$

此外，基于高斯分布的 3-sigma 准则，可以计算出

$$C_{k+1}=C(P_{k+1/k})=3\mathrm{col}_{\bar{j}}\sqrt{P_{k+1/k}(i,i)}\,,\quad \mathcal{F}_{k+1}=\mathrm{col}_{\bar{j}}\{G_j(\tilde{x}_{k+1}^{-}(P_{k+1/k}))\} \tag{6-49}$$

其中 $$\tilde{x}_{j,k+1}^{-}(P_{k+1/k})=\hat{x}_{k+1/k}-C(P_{k+1/k})$$

接下来将给出随机型和确定型两种估计器下的最小误差协方差上界以及对应的滤波增益 K_{k+1}，并进一步讨论和分析两种滤波算法的区别。

在此之前，首先介绍如下引理：

引理 6-1： 令 $A=[a_{ij}]_{q\times q}$ 为一个随机矩阵，$B=\mathrm{diag}\{b_1,b_2,\cdots,b_q\}$ 为对角随机矩阵，则

$$\mathbb{E}\{BAB^T\}=\begin{bmatrix}\mathbb{E}\{b_1^2\} & \mathbb{E}\{b_1b_2\} & \cdots & \mathbb{E}\{b_1b_p\}\\ \mathbb{E}\{b_2b_1\} & \mathbb{E}\{b_2^2\} & \cdots & \mathbb{E}\{b_2b_p\}\\ \vdots & \vdots & \ddots & \vdots\\ \mathbb{E}\{b_pb_1\} & \mathbb{E}\{b_pb_2\} & \cdots & \mathbb{E}\{b_p^2\}\end{bmatrix}\circ A \tag{6-50}$$

量测丢失情形下确定型鲁棒估计器的设计如下：

根据估计器式（6-47）、式（6-48），滤波误差可以写为

$$e_{k+1/k+1}=[I_{\bar{i}}-K_{k+1}\Xi_{k+1}(F_{k+1}+0.5\mathcal{C}_{k+1}\varDelta_{k+1}\mathcal{F}_{k+1})]e_{k+1/k}-K_{k+1}\tilde{\Xi}_{k+1}f(\hat{x}_{k+1/k})-K_{k+1}\Xi_{k+1}v_{k+1} \tag{6-51}$$

其中
$$\tilde{\Xi}_{k+1}=\Xi_{k+1}-\bar{\Xi}_{k+1}$$

基于上面的推导，滤波误差，式（6-51）对应的误差协方差矩阵为

$$\begin{aligned}&P_{k+1/k+1}=\\&[I_{\bar{i}}-K_{k+1}\bar{\Xi}_{k+1}(F_{k+1}+0.5\mathcal{C}_{k+1}\varDelta_{k+1}\mathcal{F}_{k+1})]P_{k+1/k}[I_{\bar{i}}-K_{k+1}\bar{\Xi}_{k+1}(F_{k+1}+0.5\mathcal{C}_{k+1}\varDelta_{k+1}\mathcal{F}_{k+1})]^T\\&+K_{k+1}\{\bar{\Lambda}_{k+1}\circ[(F_{k+1}+0.5\mathcal{C}_{k+1}\varDelta_{k+1}\mathcal{F}_{k+1})P_{k+1/k}(F_{k+1}+0.5\mathcal{C}_{k+1}\varDelta_{k+1}\mathcal{F}_{k+1})^T]\\&+(\Lambda_{k+1}+\bar{\Lambda}_{k+1})\circ R_{k+1}+\mathbb{E}\{\tilde{\Xi}_{k+1}f(x_{k+1})f^T(x_{k+1})\tilde{\Xi}_{k+1}\}\}K_{k+1}^T\end{aligned} \tag{6-52}$$

通过使用引理 6-1，则有

$$\mathbb{E}\{\tilde{\Xi}_{k+1}f(\hat{x}_{k+1/k})f^T(\hat{x}_{k+1/k})\tilde{\Xi}_{k+1}\}=\bar{\Lambda}_{k+1}\circ[f(\hat{x}_{k+1/k})f^T(\hat{x}_{k+1/k})] \tag{6-53}$$

结合式（6-45）～式（6-48）、式（6-52）和式（6-53），可以直接得到关于滤波误差协方差矩阵的不等式

$$\begin{aligned}P_{k+1/k+1}\leqslant&(I_{\bar{i}}-K_{k+1}\bar{\Xi}_{k+1}F_{k+1})[P_{k+1/k}^{-1}-\mu_{1,k+1}\phi_{k+1}(P_{k+1/k})]^{-1}(I_{\bar{i}}-K_{k+1}\bar{\Xi}_{k+1}F_{k+1})^T\\&+K_{k+1}\{2.25\mu_{1,k+1}^{-1}\mathrm{tr}\{P_{k+1/k}\}\bar{\Xi}_{k+1}\bar{\Xi}_{k+1}+(\Lambda_{k+1}+\bar{\Lambda}_{k+1})\circ R_{k+1}\\&+\bar{\Lambda}_{k+1}\circ(F_{k+1}[P_{k+1/k}^{-1}-\mu_{2,k+1}\phi_{k+1}(P_{k+1/k})]^{-1}F_{k+1}^T\\&+2.25\mu_{2,k+1}^{-1}\mathrm{tr}\{P_{k+1/k}\}I_{\bar{j}}+f(\hat{x}_{k+1/k})f^T(\hat{x}_{k+1/k}))\}K_{k+1}^T\end{aligned} \tag{6-54}$$

类似于上小节对误差协方差上界$\Sigma_{k+1/k+1}$的推导，若设置初始条件$\Sigma_{0/0}=P_{0/0}\geqslant 0$，则可以得出估计器的滤波误差协方差上界为

$$\begin{aligned}\Sigma_{k+1/k+1}=&(I_{\bar{i}}-K_{k+1}\bar{\Xi}_{k+1}F_{k+1})[\Sigma_{k+1/k}^{-1}-\mu_{1,k+1}\phi_{k+1}(\Sigma_{k+1/k})]^{-1}(I_{\bar{i}}-K_{k+1}\bar{\Xi}_{k+1}F_{k+1})^T\\&+K_{k+1}\{2.25\mu_{1,k+1}^{-1}\mathrm{tr}\{\Sigma_{k+1/k}\}\bar{\Xi}_{k+1}\bar{\Xi}_{k+1}+(\Lambda_{k+1}+\bar{\Lambda}_{k+1})\circ R_{k+1}\\&+\bar{\Lambda}_{k+1}\circ(F_{k+1}[\Sigma_{k+1/k}^{-1}-\mu_{2,k+1}\phi_{k+1}(\Sigma_{k+1/k})]^{-1}F_{k+1}^T\\&+2.25\mu_{2,k+1}^{-1}\mathrm{tr}\{\Sigma_{k+1/k}\}I_{\bar{j}}+f(\hat{x}_{k+1/k})f^T(\hat{x}_{k+1/k}))\}K_{k+1}^T\end{aligned} \tag{6-55}$$

其中 $$\Sigma_{k+1/k} = A_k \Sigma_{k/k} A_k^T + Q_k$$

并且对所有的 $0 \leqslant k \leqslant \bar{k}$ 都满足 $\sum_{k+1/k} > 0$，$\sum_{k+1/k+1} > 0$，且

$$0 \leqslant \mu_{1,k+1} \leqslant \mathrm{eig}_{\min}^{-1}\{\Sigma_{k+1/k}\phi_{k+1}(\Sigma_{k+1/k})\}，\quad 0 \leqslant \mu_{2,k+1} \leqslant \mathrm{eig}_{\min}^{-1}\{\Sigma_{k+1/k}\phi_{k+1}(\Sigma_{k+1/k})\} \tag{6-56}$$

计算 $tr\{\sum_{k+1/k+1}\}/\partial K_{k+1}$ 并令其结果为零，可以进一步获得关于最优滤波增益 K_{k+1} 的表达式

$$\begin{aligned} K_{k+1} = & [\Sigma_{k+1/k}^{-1} - \mu_{1,k+1}\phi_{k+1}(\Sigma_{k+1/k})]^{-1} F_{k+1}^T \bar{\Xi}_{k+1} \{\bar{\Xi}_{k+1} F_{k+1} [\Sigma_{k+1/k}^{-1} - \mu_{1,k+1}\phi_{k+1}(\Sigma_{k+1/k})]^{-1} F_{k+1}^T \bar{\Xi}_{k+1} \\ & + 2.25\mu_{1,k+1}^{-1} \mathrm{tr}\{\Sigma_{k+1/k}\} \bar{\Xi}_{k+1} \bar{\Xi}_{k+1} + (\Lambda_{k+1} + \bar{\Lambda}_{k+1}) \circ R_{k+1} + \bar{\Lambda}_{k+1} \circ (2.25\mu_{2,k+1}^{-1} \mathrm{tr}\{\Sigma_{k+1/k}\} I_{\bar{j}} \\ & + F_{k+1} [\Sigma_{k+1/k}^{-1} - \mu_{2,k+1}\phi_{k+1}(\Sigma_{k+1/k})]^{-1} F_{k+1}^T + f(\hat{x}_{k+1/k}) f^T(\hat{x}_{k+1/k}))\}^{-1} \end{aligned} \tag{6-57}$$

然而，这并不是确定型估计器，式（6–48）设计的唯一方法，将式（6–44）中的 $f(\hat{x}_{k+1/k})$ 置换为 $f(x_{k+1}) - (F_{k+1} + 0.5C_{k+1}\varDelta_{k+1}F_{k+1})e_{k+1/k}$，便可以在确定型估计器框架下设计出另一种误差协方差上界和滤波器增益。

首先，滤波误差可以改写为

$$e_{k+1/k+1} = [I_{\bar{i}} - K_{k+1}\bar{\Xi}_{k+1}(F_{k+1} + 0.5\mathcal{C}_{k+1}\varDelta_{k+1}\mathcal{F}_{k+1})]e_{k+1/k} - K_{k+1}\tilde{\Xi}_{k+1} f(x_{k+1}) - K_{k+1}\Xi_{k+1} v_{k+1} \tag{6-58}$$

对应的协方差矩阵可计算为

$$\begin{aligned} & P_{k+1/k+1} = \\ & [I_{\bar{i}} - K_{k+1}\bar{\Xi}_{k+1}(F_{k+1} + 0.5\mathcal{C}_{k+1}\varDelta_{k+1}\mathcal{F}_{k+1})]P_{k+1/k}[I_{\bar{i}} - K_{k+1}\bar{\Xi}_{k+1}(F_{k+1} + 0.5\mathcal{C}_{k+1}\varDelta_{k+1}\mathcal{F}_{k+1})]^T \\ & + K_{k+1}\mathbb{E}\{\tilde{\Xi}_{k+1} f(x_{k+1}) f^T(x_{k+1}) \tilde{\Xi}_{k+1}\} K_{k+1}^T + K_{k+1}\{(\Lambda_{k+1} + \bar{\Lambda}_{k+1}) \circ R_{k+1}\} K_{k+1}^T \end{aligned} \tag{6-59}$$

同样，为了消除不确定的时变矩阵 $\varDelta_{k+1}$，需要借助不等式引理来获得误差协方差 $P_{k+1/k+1}$ 的上界，继而确定最优的滤波器增益。其主要结论可总结为如下定理：

定理 6–1： 考虑一步预测误差的协方差矩阵（6–41）和滤波误差的协方差矩阵（6–59），并且设置 $a_{1,k}$，$a_{2,k}$，ε_k 和 μ_k 为正常数，如果下述黎卡提型差分方程

$$\Sigma_{k+1/k} = A_k \Sigma_{k/k} A_k^T + Q_k \tag{6-60}$$

$$\Sigma_{k+1/k+1}=(I_{\bar{i}}-K_{k+1}\Xi_{k+1}F_{k+1})[\Sigma_{k+1/k}^{-1}-\mu_{k+1}\phi_{k+1}(\Sigma_{k+1/k})]^{-1}(I_{\bar{i}}-K_{k+1}\Xi_{k+1}F_{k+1})^{T}$$
$$+K_{k+1}\{\mathcal{L}_{k+1}(\Sigma_{k+1/k})+2.25\mu_{k+1}^{-1}\mathrm{tr}\{\Sigma_{k+1/k}\}\Xi_{k+1}\Xi_{k+1}+(\Lambda_{k+1}+\bar{\Lambda}_{k+1})\circ R_{k+1}\}K_{k+1}^{T} \tag{6-61}$$

在初始条件 $\Sigma_{0/0}=P_{0/0}>0$ 下有正定解 $\Sigma_{k+1/k}$ 和 $\Sigma_{k+1/k+1}$，并且对所有的 $0\leqslant k\leqslant\bar{k}$ 都满足约束

$$0\leqslant\mu_{k+1}\leqslant\mathrm{eig}_{\min}^{-1}\{\Sigma_{k+1/k}\phi_{k+1}(\Sigma_{k+1/k})\} \tag{6-62}$$

$$\mathcal{L}_{k+1}(\Sigma_{k+1/k})=2[a_{1,k+1}^{2}\mathrm{tr}\{(1+\varepsilon_{k+1})\Sigma_{k+1/k}+(1+\varepsilon_{k+1}^{-1})\hat{x}_{k+1/k}\hat{x}_{k+1/k}^{T}\}+a_{2,k+1}^{2}]\bar{\Lambda}_{k+1}\circ I_{\bar{j}} \tag{6-63}$$

$$K_{k+1}=[\Sigma_{k+1/k}^{-1}-\mu_{k+1}\phi_{k+1}(\Sigma_{k+1/k})]^{-1}F_{k+1}^{T}\Xi_{k+1}\{\Xi_{k+1}F_{k+1}[\Sigma_{k+1/k}^{-1}-\mu_{k+1}\phi_{k+1}(\Sigma_{k+1/k})]^{-1}F_{k+1}^{T}\Xi_{k+1}$$
$$+\Lambda_{k+1}\circ(2.25\mu_{k+1}^{-1}\mathrm{tr}\{\Sigma_{k+1/k}\}I_{\bar{j}}+R_{k+1})+\mathcal{L}_{k+1}(\Sigma_{k+1/k})\}^{-1} \tag{6-64}$$

则矩阵 $\Sigma_{k+1/k+1}$ 为滤波误差协方差的一个上界，即满足 $P_{k+1/k+1}\leqslant\Sigma_{k+1/k+1}$。此外，式（6-64）给出的滤波器增益 K_{k+1} 可以保证上 $\Sigma_{k+1/k+1}$ 界的迹最小。

定理 6-1 证明： 如果函数 $f(x_{k+1})$ 为已知连续可微的非线性函数，且对于一些非负数 $a_{1,k+1}$ 和 $a_{2,k+1}$，满足不等式 $\|f(x_{k+1})\|\leqslant a_{1,k+1}\|x_{k+1}\|+a_{2,k+1}$，则

$$\begin{aligned}
&\mathbb{E}\{\tilde{\Xi}_{k+1}f(x_{k+1})f^{T}(x_{k+1})\tilde{\Xi}_{k+1}\}=\bar{\Lambda}_{k+1}\circ\mathbb{E}\{f(x_{k+1})f^{T}(x_{k+1})\}\\
&\leqslant\bar{\Lambda}_{k+1}\circ[\mathbb{E}\{\|f(x_{k+1})\|^{2}\}I_{\bar{j}}]\\
&\leqslant\bar{\Lambda}_{k+1}\circ[\mathbb{E}\{(a_{1,k+1}\|x_{k+1}\|+a_{2,k+1})^{2}\}I_{\bar{j}}]\\
&\leqslant\bar{\Lambda}_{k+1}\circ[(2a_{1,k+1}^{2}\mathbb{E}\{\|x_{k+1}\|^{2}\}+2a_{2,k+1}^{2})I_{\bar{j}}]\\
&=\bar{\Lambda}_{k+1}\circ[2(a_{1,k+1}^{2}\mathrm{tr}\{\mathbb{E}\{x_{k+1}x_{k+1}^{T}\}\}+a_{2,k+1}^{2})I_{\bar{j}}]\\
&=2\{a_{1,k+1}^{2}\mathrm{tr}\{\mathbb{E}\{x_{k+1}x_{k+1}^{T}\}\}+a_{2,k+1}^{2}\}\bar{\Lambda}_{k+1}\circ I_{\bar{j}}
\end{aligned} \tag{6-65}$$

其中，x_{k+1} 可以置换为 $x_{k+1}=e_{k+1/k}+\hat{x}_{k+1/k}$。根据初等不等式

$$(\varepsilon^{\frac{1}{2}}e_{k+1/k}-\varepsilon^{-\frac{1}{2}}\hat{x}_{k+1/k})(\varepsilon^{\frac{1}{2}}e_{k+1/k}-\varepsilon^{-\frac{1}{2}}\hat{x}_{k+1/k})^{T}\geqslant0 \tag{6-66}$$

可得

$$e_{k+1/k}\hat{x}_{k+1/k}^{T}+\hat{x}_{k+1/k}e_{k+1/k}^{T}\leqslant\varepsilon_{k+1}e_{k+1/k}e_{k+1/k}^{T}+\varepsilon_{k+1}^{-1}\hat{x}_{k+1/k}\hat{x}_{k+1/k}^{T} \tag{6-67}$$

其中，ε_{k+1} 为正标量。

$$\begin{aligned}
\mathbb{E}\{x_{k+1}x_{k+1}^{T}\}&=\mathbb{E}\{(e_{k+1/k}+\hat{x}_{k+1/k})(e_{k+1/k}+\hat{x}_{k+1/k})^{T}\}\\
&\leqslant(1+\varepsilon_{k+1})P_{k+1/k}+(1+\varepsilon_{k+1}^{-1})\hat{x}_{k+1/k}\hat{x}_{k+1/k}^{T}
\end{aligned} \tag{6-68}$$

则有

$$\begin{aligned}&\mathbb{E}\{\tilde{\Xi}_{k+1}f(x_{k+1})f^T(x_{k+1})\tilde{\Xi}_{k+1}\}\\&\leqslant 2[a_{1,k+1}^2\mathrm{tr}\{(1+\varepsilon_{k+1})P_{k+1/k}+(1+\varepsilon_{k+1}^{-1})\hat{x}_{k+1/k}\hat{x}_{k+1/k}^T\}+a_{2,k+1}^2]\bar{\Lambda}_{k+1}\circ I_{\bar{j}}\\&=\mathcal{L}_{k+1}(P_{k+1/k})\end{aligned}\tag{6-69}$$

令 μ_{k+1} 满足约束 $0\leqslant\mu_{k+1}\leqslant\mathrm{eig}_{\min}^{-1}\{P_{k+1/k}\phi_{k+1}(P_{k+1/k})\}$，则可以得到如下关于 $P_{k+1/k+1}$ 的不等式

$$\begin{aligned}P_{k+1/k+1}\leqslant&(I_{\bar{i}}-K_{k+1}\bar{\Xi}_{k+1}F_{k+1})[P_{k+1/k}^{-1}-\mu_{k+1}\phi_{k+1}(P_{k+1/k})]^{-1}(I_{\bar{i}}-K_{k+1}\bar{\Xi}_{k+1}F_{k+1})^T\\&+K_{k+1}\{\mathcal{L}_{k+1}(P_{k+1/k})+2.25\mu_{k+1}^{-1}\mathrm{tr}\{P_{k+1/k}\}\bar{\Xi}_{k+1}\bar{\Xi}_{k+1}+(\Lambda_{k+1}+\bar{\Lambda}_{k+1})\circ R_{k+1}\}K_{k+1}^T\end{aligned}\tag{6-70}$$

至此，根据式（6–41）、式（6–60）、式（6–61）、式（6–70），可以得出结论 $P_{k+1/k+1}\leqslant\Sigma_{k+1/k+1}$。

为了确定在误差协方差的上界的迹为最小时所产生的滤波增益，对 $\Sigma_{k+1/k+1}$ 关于 K_{k+1} 进行求偏导，并令该偏导数等于零，得到

$$\begin{aligned}\frac{\partial\mathrm{tr}\{\Sigma_{k+1/k+1}\}}{\partial K_{k+1}}=0=&-2[\Sigma_{k+1/k}^{-1}-\mu_{k+1}\phi_{k+1}(\Sigma_{k+1/k})]^{-1}F_{k+1}^T\bar{\Xi}_{k+1}\\&+2K_{k+1}\{\bar{\Xi}_{k+1}F_{k+1}[\Sigma_{k+1/k}^{-1}-\mu_{k+1}\phi_{k+1}(\Sigma_{k+1/k})]^{-1}F_{k+1}^T\bar{\Xi}_{k+1}\\&+2.25\mu_{k+1}^{-1}\mathrm{tr}\{\Sigma_{k+1/k}\}\bar{\Xi}_{k+1}\bar{\Xi}_{k+1}+(\Lambda_{k+1}+\bar{\Lambda}_{k+1})\circ R_{k+1}+\mathcal{L}_{k+1}(\Sigma_{k+1/k})\}\end{aligned}\tag{6-71}$$

根据式（6–71）并经过一系列的代数运算，可得最优滤波器增益 K_{k+1} 如式（6–64）所示。

6.4 仿真分析

IEEE 13 节点配电网测试系统，其线路拓扑结构如图 6–2 所示。

在仿真过程中假设为全量测，即网络中每相节点都有电压幅值和注入功率量测，每相线路都有线路功率量测，则总量测数 $m=195$。假设系统和量测噪声的方差分别为 10^{-3} 和 10^{-4}，则对应的协方差矩阵取值为 $w_k=10^{-3}I_{78}$ 和 $v_k=10^{-4}I_{78}$；设置初始误差协方差矩阵 $P_{0/0}=\bar{P}_{0/0}=10^{-4}I_{78}$；在仿真过程中对参数

进行设置并调整从而获得最优的滤波性能，最优滤波精度下的参数设置为 $\alpha=0.8$、$\beta=0.3$，$a_1=7.5$、$a_2=0.05$、$\eta_{1,k}=0.4$、$\eta_{2,k}=0.35$、$\varepsilon_k=0.002$，$C_k=10^{-3}I_{195\times195}$、$L_k=10^{-3}I_{78}$。

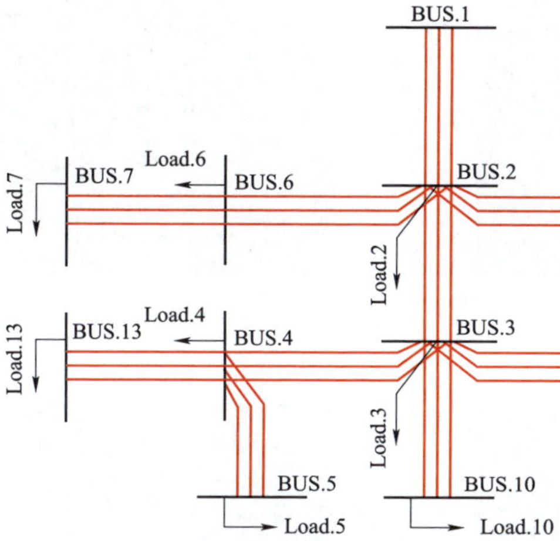

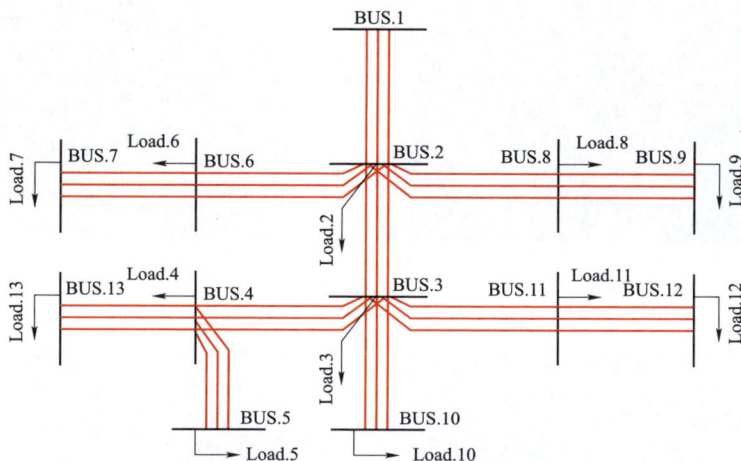

图 6-2　IEEE 13 节点配电网测试系统

在仿真中设置了 P_k^i 分别为 1、0.9、0.8、0.7、0.6、0.5 时这 6 种情况作对比，以反映在不同丢失概率下所提出的递归滤波的性能。如图 6-3 所示，黑色点表示采样时刻对应的量测没有发生丢失现象，即 $\sigma_k^i=1$；白色点则表示发生了丢失，即 $\sigma_k^i=0$。从图 6-3 可以发现，随着参数 P_k^i 不断减小，黑色点越稀疏表示量测数据在传输至远端估计器之前丢失的越多。

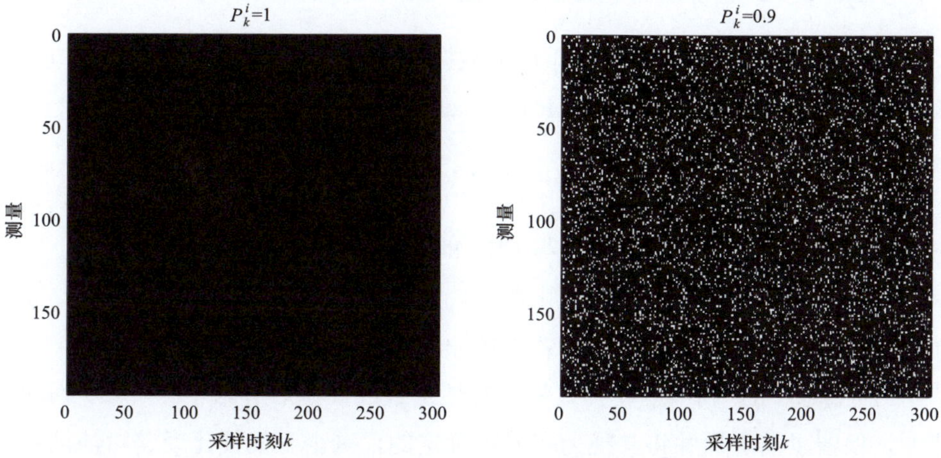

图 6-3　丢失参数 P_k^i 不同情况下，每个采样时刻每个量测 σ_k^i 的大小（一）

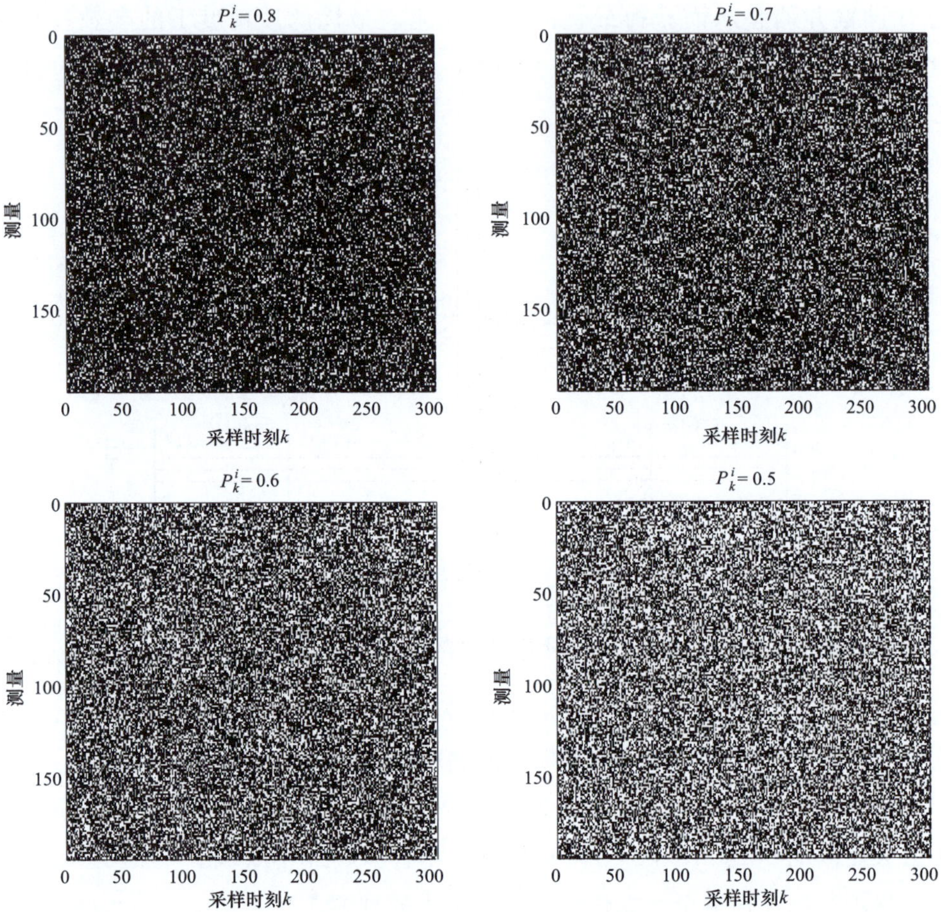

图 6-3　丢失参数 P_k^i 不同情况下，每个采样时刻每个量测 σ_k^i 的大小（二）

为了体现算法的优越性，在不同的数据丢失率下，将常规 EKF 与之进行比较，滤波性能指标由均方误差（Mean Square Error，MSE）来表示，其表达式为

$$\text{MSE}=\frac{1}{6n}\sum_{i=1}^{6n}(x_k-\hat{x}_{k/k})^2 \tag{6-72}$$

不同丢失率情况下递归滤波与 EKF 的 MSE 比较结果如图 6-4 所示。

从图 6-4 中可以看出，所提出的递归滤波在估计精度上要优于 EKF，并且随着丢失概率的不断增大，优势效果更加明显。原因有两方面：

(1) 传统 EKF 利用泰勒公式将非线性函数线性化后省略了高阶项，而递归滤波，保留了高阶项并将其视为有界不确定的，减少了线性化误差对滤波精度的影响；

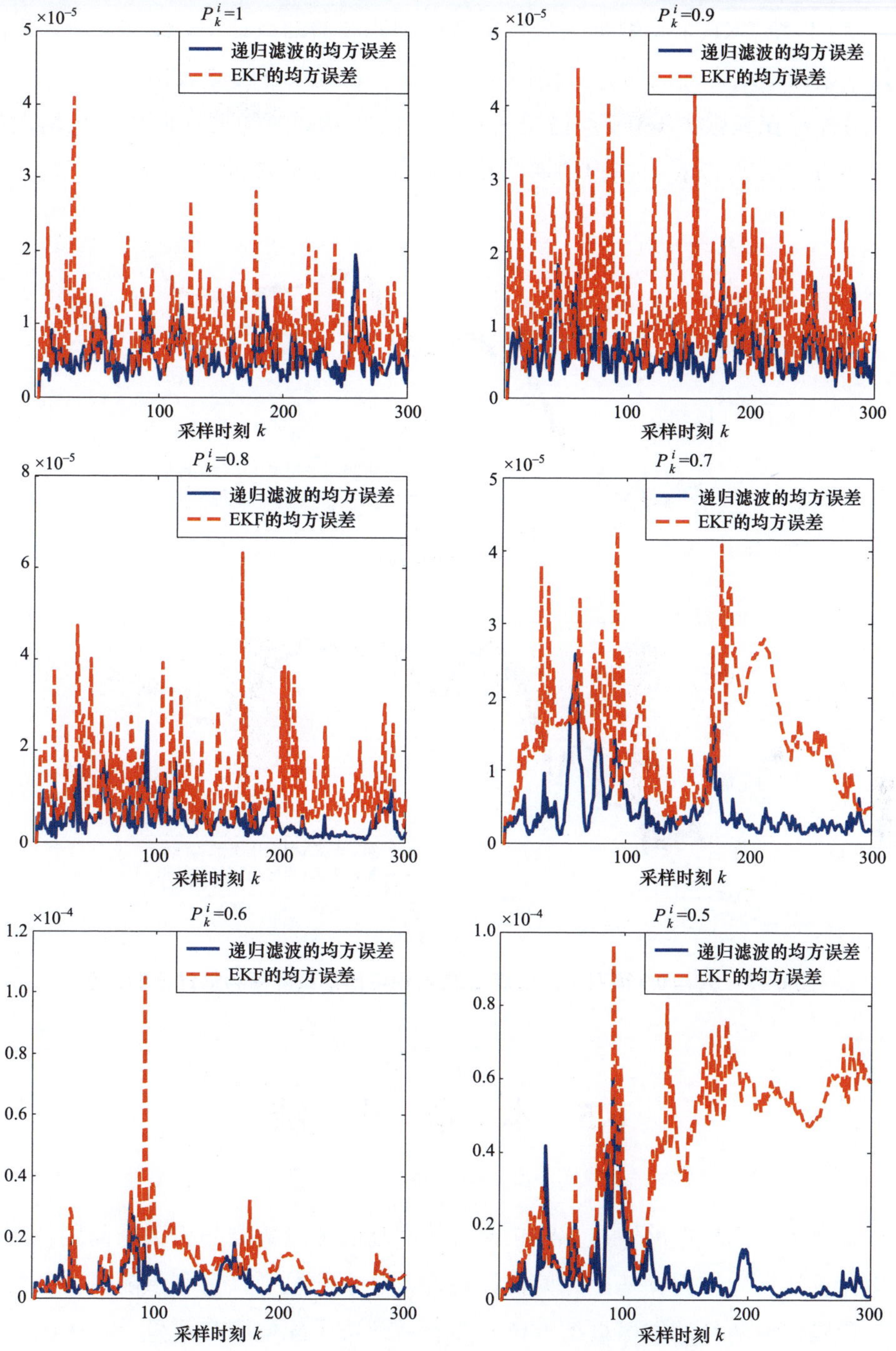

图 6-4　不同丢失率情况下递归滤波与 EKF 的 MSE 比较

（2）传统 EKF 未将数据丢失现象考虑到滤波器的设计中，而文章所提出的递归滤波做了这方面的努力，提高了在数据丢包现象下的滤波精度。

另外，在参数 $P_k^i=0.9$ 的情况下，状态的实际曲线与估计曲线比较情况如图 6-5 所示，可以看出提出的递归滤波具有良好的滤波性能。

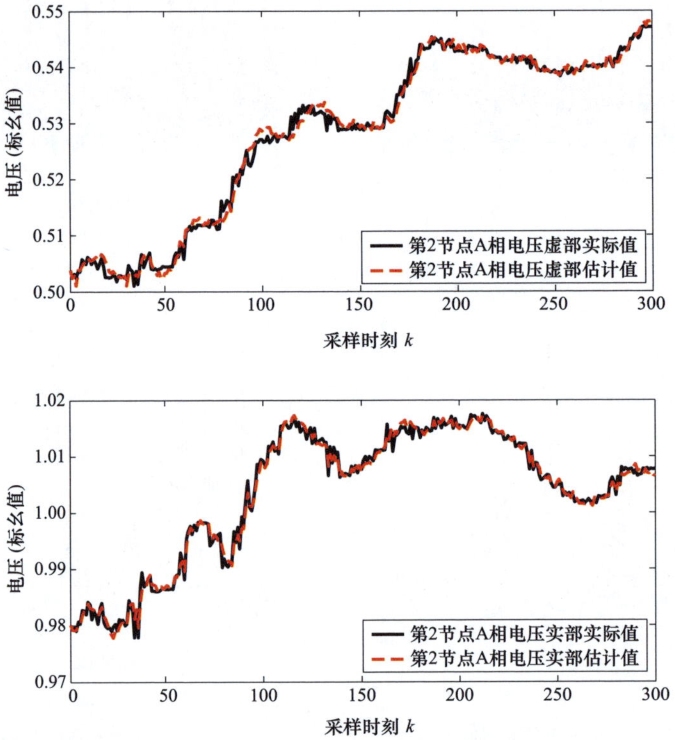

图 6-5　$P_k^i=0.9$ 情况下，节点 2 的 A 相电压的实际值与估计值的比较

6.5 本章小结

本章考虑到配电网快速 FASE 中可能面临的测量数据随机丢失问题。在状态估计算法设计方面，基于无偏估计特性，分别开发了针对测量随机丢失的随机型和确定型两种滤波器框架。该研究有效解决了配电网在测量数据丢失情况下的状态估计问题，为实际电网的运行调度和故障诊断提供了更加可靠的数据

支持。尤其在现代智能配电网中，随着分布式能源和通信设备的普及，数据传输不稳定现象更加普遍。所设计的鲁棒滤波器能够在较高丢失概率下仍保持较高的估计精度，从而为电网的安全性和经济性运行提供重要保障。这一研究不仅丰富了配电网状态估计的理论基础，还为高效、精准的电力系统运行提供了创新性的技术路径。

第7章

基于事件触发的配电网预测辅助状态估计

随着先进传感器设备在配电网中的广泛部署，系统将产生海量数据，可能引发通信系统的数据拥堵。当网络带宽不足或传输延迟较高时，数据包会堆积堵塞，难以及时送达状态估计器，从而导致状态估计结果出现偏差或更新延迟。

为了解决配电网辅助预测状态估计受制于有限的通信带宽等问题，本章提出了一种基于事件触发机制的配电网状态估计方法。在滤波器设计中，充分考虑到事件触发通信对观测信息产生的影响，并计算得到滤波误差协方差矩阵。为了便于滤波器设计，在滤波算法的推导中，通过一些引理合适的引入了一些有待确定参数，从而获得误差协方差矩阵的上界，并通过设计合适的滤波器增益使得这个上界最小。仿真结果表明，所提出的滤波算法能减少由事件触发引起不确定观测所带来的影响，使得估计器能够在保障估计性能情况下节约更多通信资源，也进一步证实了所提出滤波算法的有效性。

7.1 系统模型

在配电网量测信息的传输过程中，为了减少不必要的信号传输，可采用基于事件触发的数据传输策略，减轻网络带宽有限造成的传输网络堵塞问题。事件触发策略大致可以分为“基于量测执行（measurement-based，MB）”和“基于估计执行（estimation-based，EB）”两大类。MB 是指触发器是否执行触发仅仅只需根据量测数据的变化来实现，而“EB”策略则需要依据估计信息来触发传输动作。事件触发的每次执行都需要远程估计器反馈一个下一时刻量测的预测值 $\hat{y}_k^-$，由此来构成一个闭环执行策略，如图 7–1 所示，其触发方案可由下式表示

$$\gamma_k=\begin{cases}0 & \xi_k \leqslant \varphi(y_k,\hat{y}_k^-)\\ 1 & \xi_k > \varphi(y_k,\hat{y}_k^-)\end{cases} \tag{7-1}$$

式中　$\xi_k > \phi(y_k,\hat{y}_{\bar{k}})$ ——触发条件；

$\phi(y_k,\hat{y}_{\bar{k}})$ ——触发函数；

ξ_k ——触发阈值。

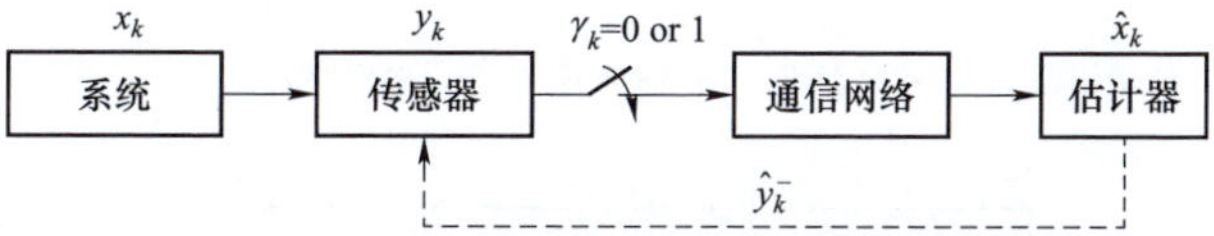

图 7–1　基于闭环事件触发策略的远程状态估计

对于网络化量测下的事件触发机制，EB 闭环触发传输策略的传输要参考系统估计信息的变化来进行触发，如图 7–2 所示。尽管 EB 触发策略有利于提高量测信息传输的可靠性和估计的准确性，但是网络的每个区域将需要接收大量的反馈信息，这无疑会增加通信系统的复杂程度以及不必要的通信延时。MB 型开环触发策略的系统终端存在一个估计器，传感器的量测数据是否被传输至远端估计器，需要本地估计器的参与，如图 7–2 所示。这种事件触发器结构简

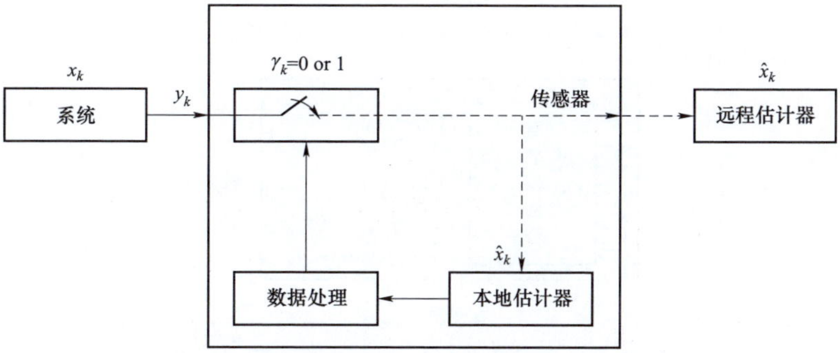

图 7–2　基于含有本地估计器开环事件触发的远程状态估计

单，并且合理选择触发条件可以满足状态估计信息量测的需求。

充分考虑电力配电网量测的实际情况，设计 MB 型开环事件触发策略，如图 7−3 所示。在此事件触发传输策略中，配电网的量测数据首先经过事件触发

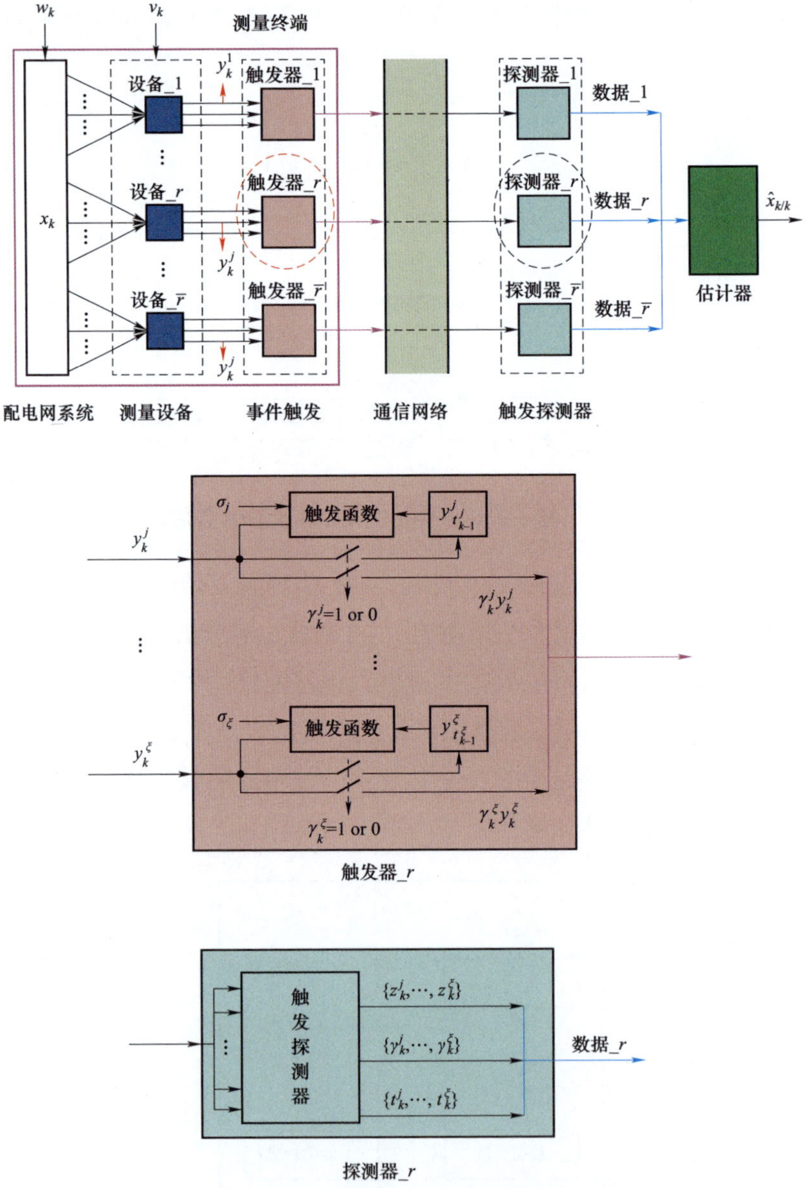

图 7−3　基于事件触发方案的配电网 FASE

装置然后再传输至远程估计器，事件发生器根据采集数据的变化特征有规律地进行筛选并传输至通信网络。在远程估计器处设置一个触发探测器，进一步探测在当前时刻终端的数据是否已经传输，从而进一步向估计器提供估计参数及观测值。

根据图 7−3，接下来将进一步介绍这种基于事件触发的数据传输策略。

首先，事件发生器中的触发函数定义为

$$\ell(y^j_{t^j_{k-1}},y^j_k,\sigma_j)=|y^j_{t^j_{k-1}}-y^j_k|-\sigma_j \tag{7-2}$$

式中　$\sigma_j>0$ ——触发阈值，其控制着数据的传输频率和非触发误差；

$y^j_{t^j_k}$ ——第 j 个量测终端在 t^j_k 时刻量测的数据；

y^j_k ——第 j 个量测终端在 k 时刻量测的数据；

t^j_{k-1} ——第 j 个事件发生器离 k 时刻最近的触发时刻，并且满足 $0<t^j_1\leqslant t^j_2,\cdots\leqslant t^j_{k-1}\leqslant t^j_k\leqslant k$；

$\ell(y^j_{t^j_{k-1}},y^j_k,\sigma_j)$ ——触发函数。

另外，事件发生器的执行过程描述如下：

1）当触发函数 $\ell(y^j_{t^j_{k-1}},y^j_k,\sigma_j)>0$ 时，事件发生器触发（置 $\gamma^j_k=1$），触发器的量测输出被释放至通信网络，在这种情况下，$t^j_k=k$。

2）当触发函数 $\ell(z^j_{t^j_{k-1}},y^j_k,\sigma_j)\leqslant 0$ 时，事件发生器不被触发（置 $\gamma^j_k=0$），在估计器中，当前的观测将由上一时刻的观测代替，在这种情况下，$t^j_k=t^j_{k-1}$。

因此，估计器当前的观测向量可以表达为 $z_k=\mathrm{col}_{\bar{j}}\{z^j_k\}$，其中 $z^j_k=y^j_{t^j_k}$。

由于事件触发机制的执行，估计器接收的观测值通常是不完整的，这种不可避免的观测误差被称为非触发误差。幸运的是，远程估计器在接收间歇传输的数据时也可以获取了以下三条信息，这将有利于随后鲁棒滤波器的设计。

（1）当前的观测值 z^j_k。

（2）触发器的触发序列已知，t^j_k 标记了当前观测的数据来源。

（3）非触发误差 ρ^j_k 的范围已知，即 $|\rho^j_k|\leqslant\sigma_j$，其中 $\rho^j_k=z^j_k-y^j_k$。

在以下的估计器设计中，将使用以上已知信息来减少非触发误差对估计器的干扰，从而提高滤波性能。

7.2 事件触发机制下量测模型

首先，构造如下形式的递推估计器

$$\hat{x}_{k+1/k}=F_k\hat{x}_{k/k}+g_k \tag{7-3}$$

$$\hat{x}_{k+1/k+1}=\hat{x}_{k+1/k}+K_{k+1}[z_{k+1}-\hat{\rho}_{k+1}-f(\hat{x}_{k+1/k})] \tag{7-4}$$

定义 $\hat{\rho}_{k+1}=E\{\rho_{k+1}\}$，其中 $\rho_{k+1}=col_{\bar{j}}\{p_{k+1}^{j}\}$，$K_{k+1}$ 为待设计的滤波器增益。将观测向量 $Z_{t_{k+1}}$ 写为 $z_{k+1}=y_{k+1}+\rho_{k+1}$，则 $K+1$ 时刻的估计可以重新写为

$$\hat{x}_{k+1/k+1}=\hat{x}_{k+1/k}+K_{k+1}[y_{k+1}+\rho_{k+1}-\hat{\rho}_{k+1}-f(\hat{x}_{k+1/k})] \tag{7-5}$$

因为非线性误差更有利于实现更优的估计性能，将其用做于非线性函数 $f(x_k)$ 的处理方法，由此得到零均值的一步预测误差和滤波误差为

$$e_{k+1/k}=x_{k+1}-\hat{x}_{k+1/k}=A_k e_{k/k}+\omega_k \tag{7-6}$$

$$\begin{aligned} e_{k+1/k+1}&=x_{k+1}-\hat{x}_{k+1/k+1}\\ &=[I_{\bar{i}}-K_{k+1}(F_{k+1}+0.5\mathcal{C}_{k+1}\Delta_{k+1}\mathcal{F}_{k+1})]e_{k+1/k}-K_{k+1}\tilde{\rho}_{k+1}-K_{k+1}v_{k+1}\end{aligned} \tag{7-7}$$

其中，$\tilde{p}_{k+1}=p_{k+1}-\hat{p}_{k+1}$，$\Delta_{k+1}$ 为一个未知时变矩阵并满足 $\Delta_{k+1}\Delta_{k+1}^{T}\leqslant I_{\bar{ij}}$，在基于预测误差服从零均值高斯分布的前提下，提出了这种线性化方法，然而在这里，预测误差可以证明为满足零均值对称分布的随机变量，于是可设置合适的尺度参数 ϖ，使得不等式 $e_{k+1/k}|\leqslant\varpi col_{\bar{j}}\sqrt{P_{k+1/k}(i,i)}$ 近似成立。式（7-7）中，$F_{k+1}=col_{\bar{j}}\{G_j(\hat{x}_{k+1/k}-\varpi col_{\bar{j}}\sqrt{P_{k+1/k}(i,i)})\}$，其中

$$G_j(\hat{x}_{k+1/k}-\varpi\mathrm{col}_{\bar{j}}\sqrt{P_{k+1/k}(i,i)})=\partial^2 f_j(x)/\partial x^2\,|\,\{x=\hat{x}_{k+1/k}-\varpi\mathrm{col}_j\{\sqrt{P_{k+1/k}(i,i)}\}\} \tag{7-8}$$

一步预测误差协方差矩阵和误差协方差矩阵分别表示为

$$P_{k+1/k}=\mathbb{E}\{e_{k+1/k}e_{k+1/k}^{T}\}=A_kP_{k/k}A_k^{T}+Q_k \tag{7-9}$$

$$\begin{aligned}P_{k+1/k+1} &= \mathbb{E}\{e_{k+1/k+1}e_{k+1/k+1}^T\}\\ &=[I_{\bar{i}} - K_{k+1}(F_{k+1}+0.5\mathcal{C}_{k+1}\Delta_{k+1}\mathcal{F}_{k+1})]P_{k+1/k}[I_{\bar{i}} - K_{k+1}(F_{k+1}+0.5\mathcal{C}_{k+1}\Delta_{k+1}\mathcal{F}_{k+1})]^T\\ &\quad +K_{k+1}\{\mathbb{E}\{\tilde{\rho}_{k+1}\tilde{\rho}_{k+1}^T\}+R_{k+1}\}K_{k+1}^T + Z_{k+1}+Z_{k+1}^T+Y_{k+1}+Y_{k+1}^T\end{aligned} \tag{7-10}$$

其中

$$Z_{k+1} = [I_{\bar{i}} - K_{k+1}(F_{k+1}+0.5\mathcal{C}_{k+1}\Delta_{k+1}\mathcal{F}_{k+1})]\mathbb{E}\{e_{k+1/k}\tilde{\rho}_{k+1}^T\}K_{k+1}^T \tag{7-11}$$

$$Y_{k+1} = K_{k+1}\mathbb{E}\{\tilde{\rho}_{k+1}v_{k+1}^T\}K_{k+1}^T \tag{7-12}$$

7.3　基于事件触发的估计器设计

首先，确定估计器，式（7–5）中非触发误差的均值 $\hat{\rho}_{k+1}$，根据以上对于事件触发的描述可以明白非触发误差向量可以表示为 $\rho_{k+1} = col_{\bar{j}}\{p_{k+1}^j\} = col_{\bar{j}}\{y_{t_{k+1}^j}^j - y_{k+1}^j\}$，并且 $E\{y_{k+1}^j\} = f_j(\hat{x}_{k+1/k})$，$E\{y_{t_{k+1}^j}^j\} = f_j(\hat{x}_{t_{k+1}^j/t_{k+1}^j-1})$，因此，可以得到

$$\mathbb{E}\{\rho_{k+1}\} = \hat{\rho}_{k+1} = \tilde{f}_{k+1} - f(\hat{x}_{k+1/k}) \tag{7-13}$$

其中
$$\tilde{f}_{k+1}=\mathrm{col}_{\bar{j}}\{f_j(\hat{x}_{t_{k+1}^j/t_{k+1}^j-1})\}$$

以上针对远程中心在接收间歇量测的情况下设计了一种合适的无偏估计器框架，接下来将进一步设计最优的滤波器增益以及误差协方差上界。设计方法由如下定理给出。

定理 7–1： 考虑配电网系统以及为此系统设计的带有触发观测的滤波器式（7–3）和式（7–4），定义如下两个黎卡提型差分方程

$$\Sigma_{k+1/k} = A_k\Sigma_{k/k}A_k^T + Q_k \tag{7-14}$$

$$\begin{aligned}\Sigma_{k+1/k+1} &= (1+\mu_{k+1})(I_{\bar{i}} - K_{k+1}F_{k+1})[\Sigma_{k+1/k}^{-1} - \upsilon_{k+1}\phi_{k+1}(\Sigma_{k+1/k})]^{-1}(I_{\bar{i}} - K_{k+1}F_{k+1})^T\\ &\quad +K_{k+1}\{0.25\varpi^2\upsilon_{k+1}^{-1}(1+\mu_{k+1})\mathrm{tr}\{\Sigma_{k+1/k}\}I_{\bar{j}} + \mathcal{R}_{k+1} + (1+\mu_{k+1}^{-1})\xi_{k+1}\xi_{k+1}^T - \hat{\rho}_{k+1}\hat{\rho}_{k+1}^T\}K_{k+1}^T\end{aligned} \tag{7-15}$$

其中

$$\mathcal{R}_{k+1}=(2\Gamma_{k+1}-I_{\bar{j}})R_{k+1}$$

$$\Gamma_{k+1}=\mathrm{diag}\{\gamma_{k+1}^{1},\cdots,\gamma_{k+1}^{j},\cdots,\gamma_{k+1}^{\bar{j}}\}$$

$$\xi_{k+1}=\mathrm{col}_{\bar{j}}\{\hat{\sigma}_{k+1}^{j}\}$$

$$\hat{\sigma}_{\mathrm{k+1}}^{j}=(1-\gamma_{k+1}^{j})\sigma_{k+1}^{j}$$

另外，μ_{k+1}和v_{k+1}为正标量。

给定初始条件$\Sigma_{0/0}=P_{0/0}\geqslant 0$，如果式（7-14）和式（7-15）有正定解$\Sigma_{k+1/k}$和$\Sigma_{k+1/k+1}$，并且对所有的$0\leqslant k\leqslant \bar{k}$满足约束条件

$$0\leqslant \upsilon_{k+1}\leqslant \mathrm{eig}_{\min}^{-1}\{\Sigma_{k+1/k}\phi_{k+1}(\Sigma_{k+1/k})\} \tag{7-16}$$

若采用下式给出的滤波器增益

$$\begin{aligned}K_{k+1}=&(1+\mu_{k+1})[\Sigma_{k+1/k}^{-1}-\upsilon_{k+1}\phi_{k+1}(\Sigma_{k+1/k})]^{-1}F_{k+1}^{T}\\&\times\{0.25\varpi^{2}\upsilon_{k+1}^{-1}(1+\mu_{k+1})\mathrm{tr}\{\Sigma_{k+1/k}\}I_{\bar{j}}+\mathcal{R}_{k+1}+(1+\mu_{k+1}^{-1})\xi_{k+1}\xi_{k+1}^{T}\\&-\hat{\rho}_{k+1}\hat{\rho}_{k+1}+(1+\mu_{k+1})F_{k+1}[\Sigma_{k+1/k}^{-1}-\upsilon_{k+1}\phi_{k+1}(\Sigma_{k+1/k})]^{-1}F_{k+1}^{T}\}^{-1}\end{aligned} \tag{7-17}$$

并且满足不等式：

$$\begin{aligned}&0.25\varpi^{2}\upsilon_{k+1}^{-1}(1+\mu_{k+1})\mathrm{tr}\{\Sigma_{k+1/k}\}I_{\bar{j}}+\mathcal{R}_{k+1}+(1+\mu_{k+1}^{-1})\xi_{k+1}\xi_{k+1}^{T}-\hat{\rho}_{k+1}\hat{\rho}_{k+1}^{T}\\&+(1+\mu_{k+1})F_{k+1}[\Sigma_{k+1/k}^{-1}-\upsilon_{k+1}\phi_{k+1}(\Sigma_{k+1/k})]^{-1}F_{k+1}^{T}\geqslant 0\end{aligned} \tag{7-18}$$

则矩阵$\Sigma_{k+1/k+1}$为$P_{k+1/k+1}$的上界，即$P_{k+1/k+1}\leqslant\Sigma_{k+1/k+1}$。进而，由式（7-17）给出的滤波器增益$K_{k+1}$可以保证上界$\Sigma_{k+1/k+1}$的迹最小。

定理 7-1 证明： 定义 a 和 b 为等维数的向量，根据初等不等式$(\mu^{\frac{1}{2}}a-\mu^{-\frac{1}{2}}b)(\mu^{\frac{1}{2}}a-\mu^{-\frac{1}{2}}b)^{T}\geqslant 0$可以得到$ab^{T}+ba^{T}\leqslant\mu aa^{T}+\mu^{-1}bb^{T}$，其中$\mu>0$为一标量。因此，等式（7-11）中的$Z_{k+1}$满足以下不等式

$$\begin{aligned}Z_{k+1}+Z_{k+1}^{T}\leqslant&\mu_{k+1}[I_{\bar{i}}-K_{k+1}(F_{k+1}+0.5\mathcal{C}_{k+1}\Delta_{k+1}\mathcal{F}_{k+1})]P_{k+1/k}\\&\times[I_{\bar{i}}-K_{k+1}(F_{k+1}+0.5\mathcal{C}_{k+1}\Delta_{k+1}\mathcal{F}_{k+1})]^{T}+\mu_{k+1}^{-1}K_{k+1}\mathbb{E}\{\rho_{k+1}\rho_{k+1}^{T}\}K_{k+1}^{T}\end{aligned} \tag{7-19}$$

此外，可以得到

$$\mathbb{E}\{\tilde{\rho}_{k+1}v_{k+1}^{T}\}=\mathbb{E}\{\rho_{k+1}v_{k+1}^{T}\}=(\Gamma_{k+1}-I_{\bar{j}})R_{k+1} \tag{7-20}$$

另一方面，根据触发函数（7-2）可知$|\rho_{k+1}|\leqslant\xi_{k+1}$，并且$E\{\rho_{k+1}\rho_{k+1}^{T}\}\leqslant$

$\xi_{k+1}\xi_{k+1}^T$，因此，进一步得到

$$\mathbb{E}\{\tilde{\rho}_{k+1}\tilde{\rho}_{k+1}^T\} \leqslant \xi_{k+1}\xi_{k+1}^T - \hat{\rho}_{k+1}\hat{\rho}_{k+1}^T \tag{7-21}$$

为了解决误差协方差中的不确定项Δ_{k+1}，引入以下不等式

$$\begin{aligned}&[I_{\bar{i}} - K_{k+1}(F_{k+1} + 0.5\mathcal{C}_{k+1}\Delta_{k+1}\mathcal{F}_{k+1})]P_{k+1/k}[I_{\bar{i}} - K_{k+1}(F_{k+1} + 0.5\mathcal{C}_{k+1}\Delta_{k+1}\mathcal{F}_{k+1})]^T\\ &\leqslant (I_{\bar{i}} - K_{k+1}F_{k+1})[P_{k+1/k}^{-1} - \upsilon_{k+1}\phi_{k+1}(P_{k+1/k})]^{-1}(I_{\bar{i}} - K_{k+1}F_{k+1})^T +\\ &0.25\varpi^2\upsilon_{k+1}^{-1}\mathrm{tr}\{P_{k+1/k}\}K_{k+1}K_{k+1}^T\end{aligned} \tag{7-22}$$

其中，v_{k+1}为正标量，并且满足$0 \leqslant v_{k+1} \leqslant eig_{\min}^{-1}\{P_{k+1/k}\phi_{k+1}(P_{k+1/k})\}$。基于以上的描述，由式（7–10）、式（7–19）～式（7–22）可以得到

$$\begin{aligned}P_{k+1/k+1} \leqslant &(1+\mu_{k+1})(I_{\bar{i}} - K_{k+1}F_{k+1})[P_{k+1/k}^{-1} - \upsilon_{k+1}\phi_{k+1}(P_{k+1/k})]^{-1}(I_{\bar{i}} - K_{k+1}F_{k+1})^T\\ &+K_{k+1}\{0.25\varpi^2\upsilon_{k+1}^{-1}(1+\mu_{k+1})\mathrm{tr}\{P_{k+1/k}\}I_{\bar{j}} + \mathcal{R}_{k+1} + (1+\mu_{k+1}^{-1})\xi_{k+1}\xi_{k+1}^T -\\ &\hat{\rho}_{k+1}\hat{\rho}_{k+1}^T\}K_{k+1}^T\end{aligned} \tag{7-23}$$

从式（7–9）、式（7–14）～式（7–16）、式（7–23）可以看出$P_{k+1/k+1} \leqslant S_k(Y)$，$\Sigma_{k+1/k+1} \leqslant S_k(\Sigma_{k/k})$，且对于任意的$X \leqslant Y$，都可以得到$S_k(X) \leqslant S_k(Y)$。在给定初始条件$\Sigma_{0/0} = P_{0/0} \geqslant 0$后，可以得出结论$P_{k+1/k+1} \leqslant \Sigma_{k+1/k+1}$，$\Sigma_{k+1/k+1}$的表达如式（7–15）所示。

接下来需要解决的问题是寻找最小误差协方差上界$\Sigma_{k+1/k+1}$下的滤波增益，以获得最好的估计性能。将上界矩阵的迹$\mathrm{tr}\{\Sigma_{k+1/k+1}\}$对增益$K_{k+1}$求一阶导数，并令其一阶导数为零，即

$$\begin{aligned}\frac{\partial \mathrm{tr}\{\Sigma_{k+1/k+1}\}}{\partial K_{k+1}} = 0 = &-2(1+\mu_{k+1})[\Sigma_{k+1/k}^{-1} - \upsilon_{k+1}\phi_{k+1}(\Sigma_{k+1/k})]^{-1}F_{k+1}^T\\ &+2K_{k+1}\{0.25\varpi^2\upsilon_{k+1}^{-1}(1+\mu_{k+1})\mathrm{tr}\{\Sigma_{k+1/k}\}I_{\bar{j}} + \mathcal{R}_{k+1} + (1+\mu_{k+1}^{-1})\xi_{k+1}\xi_{k+1}^T\\ &-\hat{\rho}_{k+1}\hat{\rho}_{k+1}^T + (1+\mu_{k+1})F_{k+1}[\Sigma_{k+1/k}^{-1} - \upsilon_{k+1}\phi_{k+1}(\Sigma_{k+1/k})]^{-1}F_{k+1}^T\}\end{aligned} \tag{7-24}$$

根据式（7–24）进行简单的运算便可以得到滤波增益K_{k+1}，其表达如式（7–17）所示。如果式（7–24）进一步对K_{k+1}求导，则可以得到

$$\frac{\partial^2 \mathrm{tr}\{\Sigma_{k+1/k+1}\}}{\partial(K_{k+1})^2}=2\{0.25\varpi^2\upsilon_{k+1}^{-1}(1+\mu_{k+1})\mathrm{tr}\{\Sigma_{k+1/k}\}I_{\bar{j}}+\mathcal{R}_{k+1}+(1+\mu_{k+1}^{-1})\xi_{k+1}\xi_{k+1}^T$$
$$-\hat{\rho}_{k+1}\hat{\rho}_{k+1}^T+(1+\mu_{k+1})F_{k+1}[\Sigma_{k+1/k}^{-1}-\upsilon_{k+1}\phi_{k+1}(\Sigma_{k+1/k})]^{-1}F_{k+1}^T\} \tag{7-25}$$

因此可以得出结论：

如果

$$\begin{aligned}&0.25\varpi^2\upsilon_{k+1}^{-1}(1+\mu_{k+1})\mathrm{tr}\{\Sigma_{k+1/k}\}I_{\bar{j}}+\mathcal{R}_{k+1}+(1+\mu_{k+1}^{-1})\xi_{k+1}\xi_{k+1}^T-\hat{\rho}_{k+1}\hat{\rho}_{k+1}^T\\&+(1+\mu_{k+1})F_{k+1}[\Sigma_{k+1/k}^{-1}-\upsilon_{k+1}\phi_{k+1}(\Sigma_{k+1/k})]^{-1}F_{k+1}^T\geqslant 0\end{aligned} \tag{7-26}$$

成立，则 K_{k+1} 为函数 $\mathrm{tr}\{\Sigma_{k+1/k+1}\}$ 的极小值点，即 K_{k+1} 为最小误差上界下的滤波增益。另外，为了避免矩阵 $\sum_{k+1/k+1}$ 非正定而造成滤波发散问题，另一个滤波器约束条件为：对于任何 $k(0\leqslant k\leqslant \bar{k})$ 始终满足 $\sum_{k+1/k+1}>0$。至此，证毕。

7.4 仿真分析

7.4.1 事件触发机制的影响

事件触发机制对通信数据和估计器观测都具有一定的影响，为了反映这种影响，定义平均触发阈值 $\bar{\sigma}$，平均触发参数 $\bar{\hat{\sigma}}$，平均通信率 ψ 以及平均非触发误差 $\bar{\rho}$，它们的表达式分别为

$$\bar{\sigma}=\frac{1}{\bar{j}}\sum_{j=1}^{j=\bar{j}}\sigma_j\ ,\quad \bar{\hat{\sigma}}=\frac{1}{\bar{j}\times\bar{k}}\sum_{j=1}^{j=\bar{j}}\sum_{k=1}^{k=\bar{k}}\hat{\sigma}_{j,k}\ ,\quad \psi=\frac{1}{\bar{j}\times\bar{k}}\sum_{j=1}^{j=\bar{j}}\sum_{k=1}^{k=\bar{k}}\gamma_k^j\ ,\quad \bar{\rho}=\frac{1}{\bar{j}\times\bar{k}}\sum_{j=1}^{j=\bar{j}}\sum_{k=1}^{k=\bar{k}}\rho_k^j \tag{7-27}$$

从图 7–4 中可以看出，随着触发阈值的增加，相应的触发参数持续增加而通信频率持续减少，这是触发条件中触发阈值较大的问题导致的，较大的触发阈值阻止了更多的量测数据传输至远程估计中心。另外，从图 7–4（b）中可以看出，触发频率的增加有助于减少非触发误差，从而能够减轻事件触发机制对估计器观测的影响，这也体现了通信频率与估计器观测精度是矛盾的，因此鲁棒估计器要能够很好的缓解二者间的矛盾。

从图 7-4 中进一步选择四种情况以便于对算法进行验证以及对仿真结果进行分析，这四种情况的基本数据如表 7-1 所示。图 7-5 绘制了四种情况下的量测数据与实际估计器观测的曲线吻合度比较，以及触发时刻和非触发误差的比较。从图 7-5 中可以清楚地看到触发阈值越高，量测曲线以及估计器的观测曲线匹配度越差，这也说明了在事件触发的通信策略下，通信频率和观测精度是冲突的，从触发序列的大小变化中也可以知道，触发阈值的升高会使得触发器的触发频率降低。

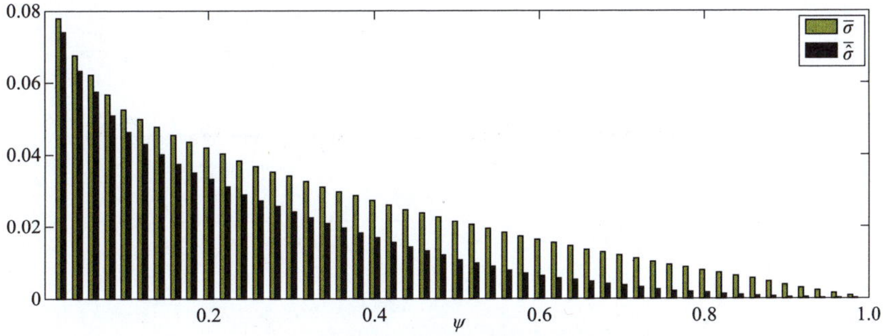

(a) 通信频率与触发阈值和触发参数的关系

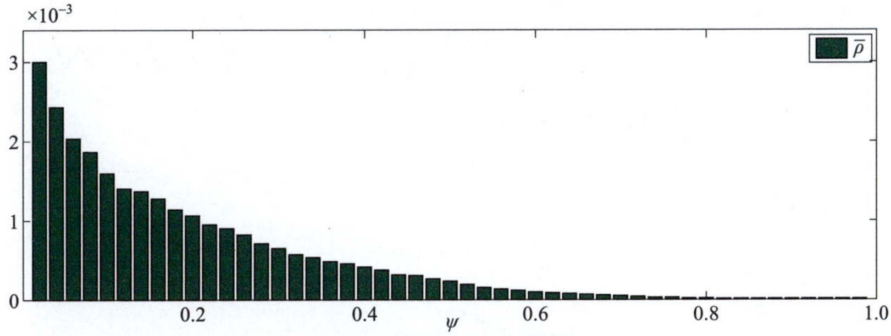

(b) 通信频率和触发误差的关系

图 7-4　触发阈值，触发参数，通信率，非触发误差之间的关系

表 7-1　四种情况下 $\bar{\sigma}$，$\bar{\hat{\sigma}}$，ψ 及 $\bar{\rho}$ 的数值

情况	$\bar{\sigma}$	$\bar{\hat{\sigma}}$	ψ	$\bar{\rho}$
情况 1	7.1×10^{-3}	1.3×10^{-3}	80%～15%	1.275×10^{-5}
情况 2	1.54×10^{-2}	5.7×10^{-3}	60%～77%	1.006×10^{-4}
情况 3	2.60×10^{-2}	1.54×10^{-2}	40%～38%	4.124×10^{-4}
情况 4	4.19×10^{-2}	3.32×10^{-2}	19%～20%	1.000×10^{-3}

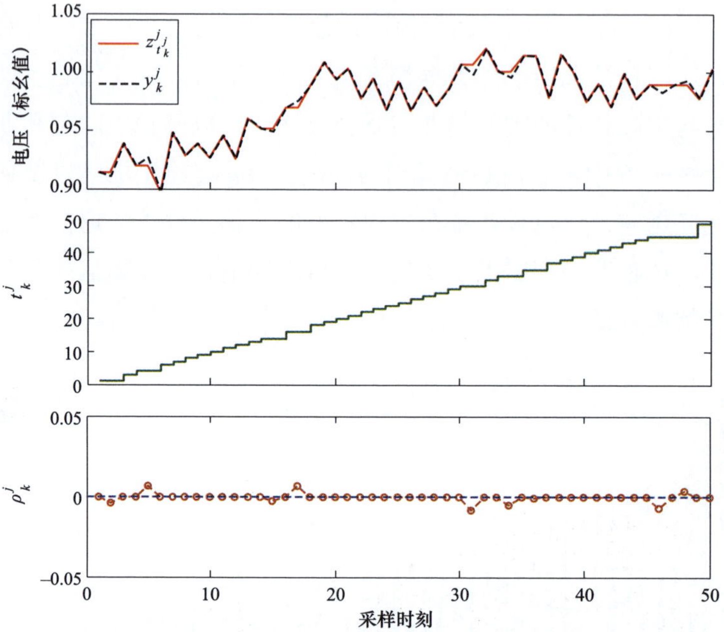

(a) 情况1

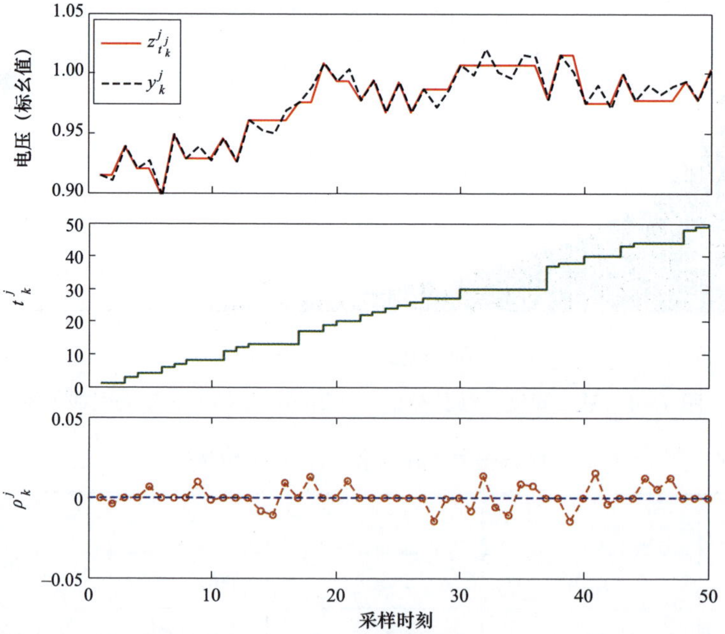

(b) 情况2

图 7−5　在不同情况下，系统量测与估计器观测的比较，以及触发序列和非触发误差情况（其中 $j=5$，所量测的电气量为 $V^{ma,b}_{3,k}$）（一）

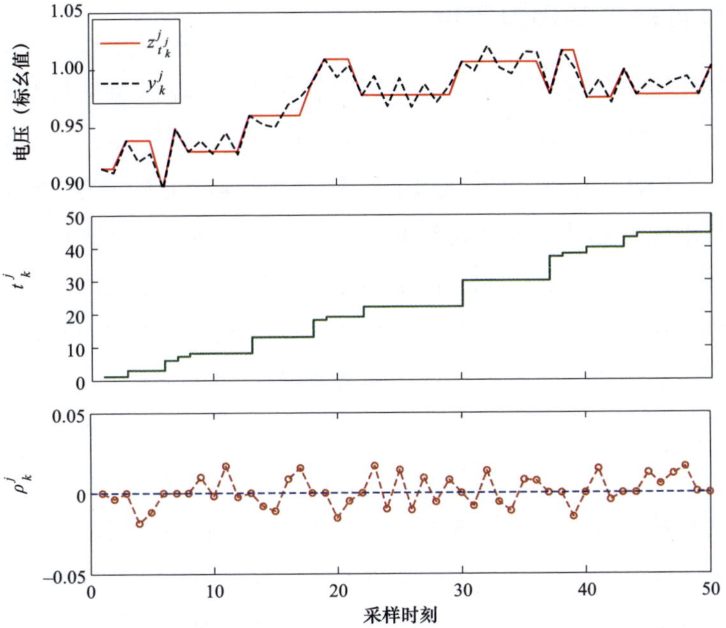

(c) 情况3

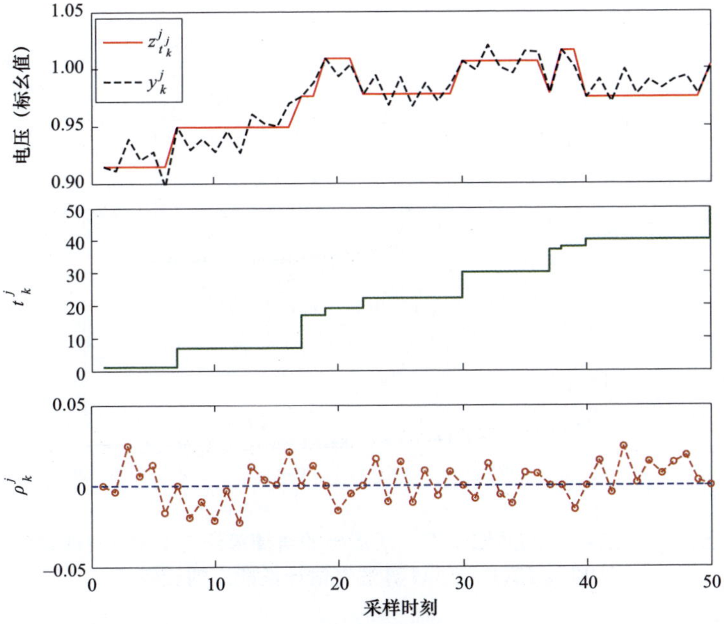

(d) 情况4

图 7–5　在不同情况下，系统量测与估计器观测的比较，以及触发序列和非触发误差情况（其中 $j=5$，所量测的电气量为 $V^{ma,b}_{3,k}$）（二）

7.4.2 估计器性能仿真分析

为了体现提出的滤波算法具有良好的估计性能，本节将其与两种传统方法进行比较，一种为触发观测下的扩展卡尔曼滤波器（EKF with triggered observations，EKF－TO），即常规 EKF 接收触发器发送而来的数据，并用上一时刻观测值来代替估计器未接收到的量测值。另一种为随机选择量测下的扩展卡尔曼滤波器（EKF with randomly selected measurements，EKF－RSM），即系统终端随机选择部分量测通过通信网络传输至远程中心来作为 EKF 的观测，并将上一时刻的观测值代替此刻未接收的量测值。

如图 7－6 所示，不同的通信频率下进行三种算法的估计性能比较，从图中可以看出，在相同的通信频率下，EKF－TO 的估计性能要优于 EKF－RSM，这是因为事件触发机制合理的筛选了传感器终端采集到的量测数据，从而确保了数据传输至估计器的误差在一个已知可控的范围内，而 EKF－RSM 实际上是无序的选择量测数据，造成观测误差的特征未知且波动大。

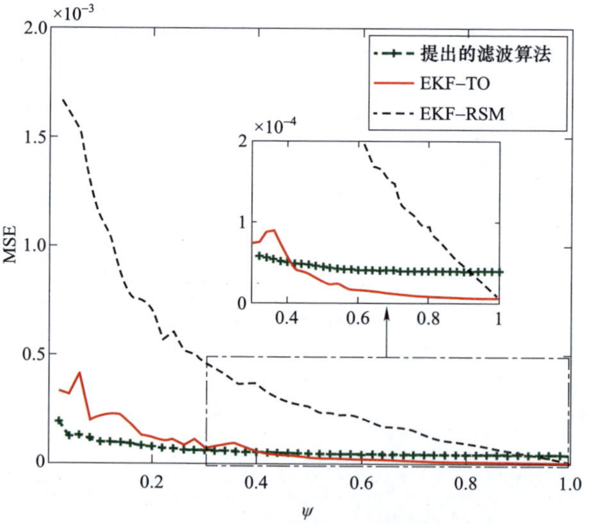

图 7－6　在不同的通信率下，所提出的鲁棒算法与 EKF－TO 算法以及 EKF－RSM 算法在估计性能上的比较

另外，从图 7－6 中可以看出，当通信频率较高的时候，相较于两种传统的方法，所提出的滤波算法并未展现出更优的估计性能，当 $\psi > 0.45$ 时，提出的

算法要优于 EKF−RSM，但劣于 EKF−TO。但是，随着通信频率的减小，提出的滤波算法逐渐展现出良好的估计精度和鲁棒性，这是由于传统的估计器对间歇量测造成的观测误差很敏感，而对触发误差和线性化误差都进行了特殊的考虑，并且设计了合适的鲁棒滤波器以更好的权衡通信资源和估计性能。当数据传输频率高时，非触发误差较小，引入参数 μ_k 使误差协方差的上界过大，保守性过强，导致了较劣的估计精度。随着数据传输频率降低，误差协方差矩阵与其上界相差较小，使得推导出的上界能够较为紧密的包含所有不确定误差，因此提出的滤波算法的估计性能要优于传统方法。

此外，图 7−7 展示了当 $\psi = 0.45$ 时，使用提出的鲁棒算法对状态 $V_{2,k}^{re,a}$ 和 $V_{2,k}^{im,a}$ 的估计曲线以及各自的真实值曲线。从图中可以看出，提出的算法在节约 55%的通信资源下依旧能有较好的估计精度，这也说明，提出的算法能有效的减轻线性化误差和非触发误差对估计性能的影响。

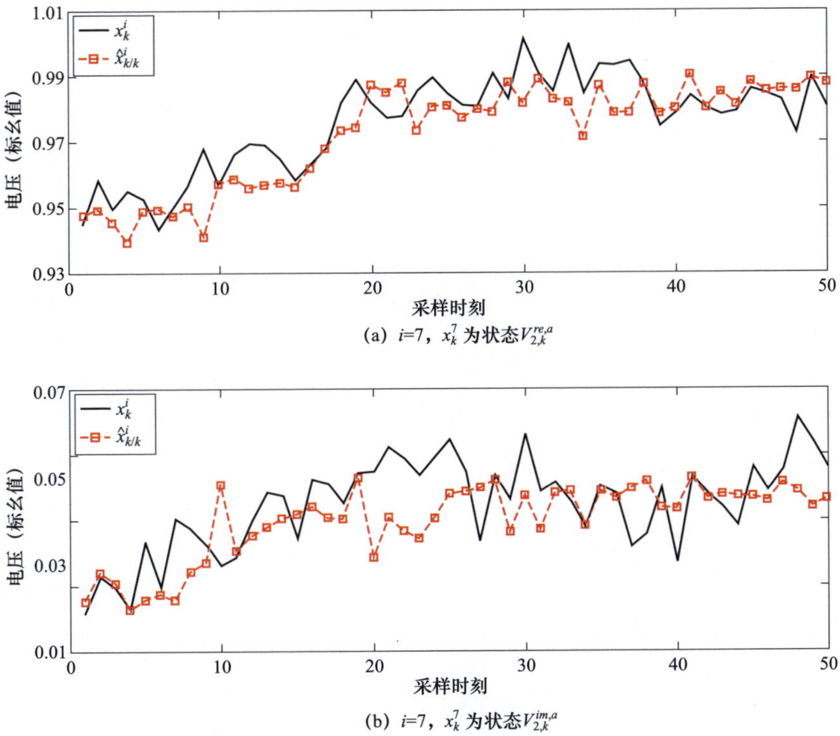

图 7−7　当平均通信率 $\psi = 0.45$ 时，系统真实状态与其估计值的比较

7.5 本 章 小 结

本章提出了一种基于事件触发机制的配电网预测辅助状态估计方法，针对通信带宽有限引发的传输堵塞问题提供了创新的解决方案。通过设计 MB 型开环事件触发策略和鲁棒滤波算法，有效降低了数据传输频率，减少了通信资源占用，同时保证了状态估计的精度和稳定性。理论分析和仿真验证表明，该方法能够在面对不确定的触发误差和观测噪声的情况下，通过合理选择触发阈值和滤波器增益实现精确状态估计。该研究可应用于智能电网中的配电网络监控与优化。面对传感器数量庞大、通信资源有限的现实，该方法可显著降低通信负担，提升数据传输效率，同时确保系统的安全运行和状态感知的可靠性。这对于推动电网的智能化发展、实现能效优化以及保障电力系统的稳定性具有重要意义。

第 8 章

基于鲁棒 EKF 的配电网预测辅助状态估计

配电网的系统测量和状态都是高维向量，且具有较强的非线性特性，传统的线性滤波算法（如卡尔曼滤波）难以提供准确的估计，尤其在强非线性条件下，线性化误差可能导致估计性能下降，甚至出现滤波发散。配电网辅助状态估计（forecasting-aided state estimation，FASE）在应对高维、非线性和不确定性等挑战时，通过将预测信息与传统的状态估计方法相结合，能够有效提升状态估计的准确性和鲁棒性。

因此，本章提出了一种基于鲁棒 EKF 的配电网预测辅助状态估计算法来提高状态估计精度，同时也能保证系统的计算速度。首先，建立 EKF 的无偏框架，根据高斯分布的 3σ 准则近似得到滤波误差的可迭代上界，从而进一步获非线性量测函数的 Hessian 矩阵上界，进一步推导得到最小误差协方差上界下的最优滤波增益，从而保证所设计出来的滤波器能包含所有的不确定因素。最后通过仿真软件在 IEEE－13 节点测试系统上实现本文提出的算法，以验证算法的优越性。

8.1 系 统 模 型

由于配网的量测系统包括了节点的电压幅值量测 U_n，节点注入功率量测

P_n、Q_n，以及线路上的功率量测 P_l、Q_l，但其与系统状态构成非线性关系，考虑到实际量测过程中存在的量测噪声，量测方程可以表示为

$$y_{k+1}=h(x_{k+1})+v_{k+1} \tag{8-1}$$

式中 y_{k+1}——量测向量；

x_{k+1}——系统状态向量；

v_{k+1}——量测噪声。

8.2 主 要 定 理

对于含有非线性问题的配电网 FASE 来说，EKF 是最常用的滤波算法。EKF 的基本思想是在估计点通过泰勒展开的方式对非线性系统进行线性化，再利用 KF 对线性系统进行估计，传统 EKF 的线性化过程是直接删去泰勒级数的高阶项，在强非线性较强系统中，线性化过程可能引入较大误差，这种误差会削弱估计性能，严重时甚至导致滤波发散。针对泰勒级数展开的高阶项的处理，提出了如下非线性函数的线性化方法：

引理 8-1： 设 $g(x):\mathbb{R}^N\to\mathbb{R}^M$ 为多维非线性函数，并且维数相同的向量 x，x_0 和 J 满足 $|x-x_0|\leqslant J$，如果存在矩阵 $\mathcal{A}$ 满足不等式

$$A(\theta)^T A(\theta)\leqslant \mathcal{A}^T\mathcal{A} \tag{8-2}$$

则有如下非线性方程的线性表达式

$$g(x)=g(x_0)+[(\partial g(x)/\partial x)\,|\,\{x=x_0\}+0.5\mathcal{H}\Delta\mathcal{A}](x-x_0) \tag{8-3}$$

其中 $A(\theta)=\mathrm{col}_M\{A_m(\theta_m)\}$，$\theta_m\in[0,1]$

$A_m(\theta_m)=(\partial^2 g_m(x)/\partial x^2)\,|\,\{x=\theta_m x_0+(1-\theta_m)x\}$，$g_m(x)$ 为 $g(x)$ 的第 m 个分量，$\mathcal{H}=I_M\otimes J^T$，$\Delta$ 为不确定矩阵，并且满足 $\Delta\Delta^T\leqslant I_{NM}$。

引理 8-1 证明： 首先对 $g(x)$ 在 x_0 处做泰勒级数展开，得：

$$g(x)=g(x_0)+\{(\partial g(x)/\partial x)\,|\,\{x=x_0\}+0.5[I_M\otimes(x-x_0)^T]A(\theta)\}(x-x_0) \tag{8-4}$$

由条件可得 $A(\theta)=\Delta_1 A$，其中 Δ_1 为一个未知时变矩阵，并且满足 $\Delta_1^T\Delta_1\leqslant I_{NM}$。另外，从 $|x-x_0|\leqslant J$ 中可以得到 $(x-x_0)^T(x-x_0)\leqslant J^T J$，则存在

一个未知矩阵 $\aleph$ 满足 $\aleph\aleph^T \leqslant I_N$ 使得 $x-x_0=\aleph^T J$。上式中的 $I_M \otimes (x-x_0)^T$ 可以写为 $H\Delta_2$，其中 $\Delta_2 = I_M \otimes \aleph$ 并满足 $\Delta_2^T\Delta_2 \leqslant I_{NM}$。因此 $[I_M \otimes (x-x_0)^T]A(\theta)= H\Delta A$，其中 $\Delta=\Delta_2\Delta_1$ 满足 $\Delta\Delta^T \leqslant I_{NM}$，证毕。

引理 8-2： 考虑引理 8-1 中的非线性函数 $g(x)$ 的线性化公式（8-3），可以得到 $g_m(x)$ 的上下界 $g_m^{\text{upper}}(x)$ 和 $g_m^{\text{lower}}(x)$，即

$$g_m^{\text{upper}}(x) \leqslant g_m(x) \leqslant g_m^{\text{lower}}(x) \tag{8-5}$$

其中

$$g_m^{\text{upper}}(x)=\max\{g_{b1,m}(x),g_{b2,m}(x)\},\quad g_m^{\text{lower}}(x)=\min\{g_{b1,m}(x),g_{b2,m}(x)\} \tag{8-6}$$

$$g_{b1,m}(x)=\eta_m\{g(x_0)+[(\partial g(x)/\partial x)\,|\,\{x=x_0\}-0.5\mathcal{HA}](x-x_0)\} \tag{8-7}$$

$$g_{b2,m}(x)=\eta_m\{g(x_0)+[(\partial g(x)/\partial x)\,|\,\{x=x_0\}+0.5\mathcal{HA}](x-x_0)\} \tag{8-8}$$

$$\eta_m=[\underbrace{0,\cdots,0}_{m-1},1,\underbrace{0,\cdots,0}_{M-m}]^T \tag{8-9}$$

引理 8-2 证明： 由于不确定矩阵 Δ 满足 $\Delta\Delta^T \leqslant I_{NM}$，则得到如下不等式

$$\begin{aligned}[\eta_m\mathcal{H}\Delta\mathcal{A}(x-x_0)]^2 &= \eta_m\mathcal{H}\Delta\mathcal{A}(x-x_0)(x-x_0)^T\mathcal{A}^T\Delta^T\mathcal{H}^T\eta_m^T\\ &\leqslant \eta_m\mathcal{HA}(x-x_0)(x-x_0)^T\mathcal{A}^T\mathcal{H}^T\eta_m^T\\ &=[\eta_m\mathcal{HA}(x-x_0)]^2\end{aligned} \tag{8-10}$$

于是得到 $-|\eta_m\mathcal{HA}(x-x_0)| \leqslant \eta_m\mathcal{H}\Delta\mathcal{A}(x-x_0) \leqslant |\eta_m\mathcal{HA}(x-x_0)|$，即

$$\begin{aligned}&\min\{-\eta_m\mathcal{HA}(x-x_0),\eta_m\mathcal{HA}(x-x_0)\} \leqslant \eta_m\mathcal{H}\Delta\mathcal{A}(x-x_0)\\ &\leqslant \max\{-\eta_m\mathcal{HA}(x-x_0),\eta_m\mathcal{HA}(x-x_0)\}\end{aligned} \tag{8-11}$$

因此根据式（8-6）～式（8-11）可以得到结论，式（8-5），证毕。

传统线性化方法描述的值与实际值存在着一定的误差，虽然实际值 $g_m(x)$ 难以确定型的线性形式描述，但引理 8-2 却找到了非线性函数 $g_m(x)$ 确定型线性表示的上下界，也可以理解为泰勒级数线性化的误差上下界，这将有利于非线性系统控制器或估计器的鲁棒性设计。

接下来将介绍其他引理和命题，它们将使用于鲁棒滤波器的推导。

引理 8-3： 针对适维矩阵 A，H，F 和 M，其中 F 满足 $FF^T \leqslant I$，令 U 为一正定对称矩阵且 ε 为满足 $\varepsilon^{-1}I-MUM^T>0$ 的任意正常数，则如下不等式成立

$$(A+HFM)U(A+HFM)^T \leqslant A(U^{-1}-\varepsilon M^TM)^{-1}A^T+\varepsilon^{-1}HH^T \tag{8-12}$$

引理 8-4: 对于$0 \leqslant t \leqslant \overline{t}$，假设$S_t(\cdot):\mathbb{R}^{n\times n} \to \mathbb{R}^{n\times n}$，$X = X^T > 0$，$Y = Y^T > 0$，$S_t(X) = S_t(X)^T$。如果$S_t(X) \leqslant S_t(Y)$，$\forall X \leqslant Y$成立，则如下差分方程

$$M_{t+1} \leqslant S_t(M_t),\ N_{t+1} = S_t(N_t),\ M_0 = N_0 \tag{8-13}$$

式（8-13）的解M_k和N_k满足$M_k \leqslant N_k$。

命题 8-1： 设$0 < a \leqslant x$，定义$g_{i,\kappa}(x) = \sqrt{x_i^2 + x_\kappa^2}$，其中$\kappa > i$，如果$L_{i,\kappa}(x) = \partial^2 g_{i,\kappa}(x) / \partial x^2$，则如下不等式成立

$$L_{i,\kappa}(x)^T L_{i,\kappa}(x) \leqslant (x_i^2 + x_\kappa^2)^{-1} I_N \leqslant (a_i^2 + a_\kappa^2)^{-1} I_N \tag{8-14}$$

命题 8-1 证明： 通过计算$\mathrm{eig}\{L_{i,\kappa}(x)^T L_{i,\kappa}(x)\} = \{(x_i^2 + x_\kappa^2)^{-1}, \underbrace{0,\cdots,0}_{N-1}\}$则不难得到结论，式（8-14），证毕。

8.3 鲁棒扩展卡尔曼滤波器设计

8.3.1 递推滤波器结构

首先，基于 EKF 得到如下无偏估计器框架

$$\hat{x}_{k+1/k} = A_k \hat{x}_{k/k} + g_k \tag{8-15}$$

$$\hat{x}_{k+1/k+1} = \hat{x}_{k+1/k} + K_{k+1}[y_{k+1} - f(\hat{x}_{k+1/k})] \tag{8-16}$$

式中 K_{k+1}——卡尔曼滤波器增益。

设一步预测误差$e_{k+1/k} = x_{k+1} - \hat{x}_{k+1/k}$可以进一步得到$e_{k+1/k} = A_k e_{k/k} + \omega_k$。此外，假设存在向量$C_{k+1}$和矩阵$F_{k+1}$分别满足$|e_{k+1/k}| \leqslant C_{k+1}$及

$$\mathrm{col}_{\overline{j}}^T\{G_j(\tilde{x}_{j,k+1})\}\mathrm{col}_{\overline{j}}\{G_j(\tilde{x}_{j,k+1})\} \leqslant \mathcal{F}_{k+1}^T \mathcal{F}_{k+1} \tag{8-17}$$

其中，$G_j(\tilde{x}_{j,k+1}) = (\partial^2 f_j(x)/\partial x^2) | \{x = \tilde{x}_{j,k+1}\}$，$\partial^2 f_j(x)/\partial x^2$为量测方程的 Hessian 矩阵，$\tilde{x}_{j,k+1} = \xi_j \hat{x}_{k+1/k} + (1-\xi_j) x_{k+1}$，$\xi_j \in [0,1]$。

通过泰勒级数将$f(x_{k+1})$在$\hat{x}_{k+1/k}$处展开，得

$$f(x_{k+1}) = f(\hat{x}_{k+1/k}) + F_{k+1} e_{k+1/k} + \mathcal{G}_{k+1} \tag{8-18}$$

其中$\mathcal{G}_{k+1} = 0.5\mathrm{col}_{\overline{j}}\{e_{k+1}^T G_j(\tilde{x}_{j,k+1}) e_{k+1}\}$。使用引理 8-1，有

$$f(x_{k+1}) = f(\hat{x}_{k+1/k}) + (F_{k+1} + 0.5\mathcal{C}_{k+1}\Delta_{k+1}\mathcal{F}_{k+1})e_{k+1/k} \tag{8-19}$$

其中，$F_{k+1} = (\partial f_j(x)/\partial x)|\{x = \hat{x}_{k+1/k}\}$，$\partial f_j(x)/\partial x$ 为量测方程的 Jacobian 矩阵，此外，Δ_{k+1} 为一个未知时变矩阵，并满足 $\Delta_{k+1}\Delta_{k+1}^T \leqslant I_{\bar{i}\bar{j}}$，$C_{k+1} = I_{\bar{j}} \otimes C_{k+1}^T$。另外需要说明的是，上述的 C_{k+1} 和 F_{k+1} 是假设存在的，它们的具体表达式将在随后的滤波器设计中计算得出。

根据上文滤波误差可以计算为

$$\begin{aligned} e_{k+1/k+1} &= x_{k+1} - \hat{x}_{k+1/k+1} \\ &= [I_{\bar{i}} - K_{k+1}(F_{k+1} + 0.5\mathcal{C}_{k+1}\Delta_{k+1}\mathcal{F}_{k+1})]e_{k+1/k} - K_{k+1}v_{k+1} \end{aligned} \tag{8-20}$$

将 $e_{k+1/k} = A_k e_{k/k} + \omega_k$ 代入式（8－20）得到

$$\begin{aligned} e_{k+1/k+1} = &[I_{\bar{i}} - K_{k+1}(F_{k+1} + 0.5\mathcal{C}_{k+1}\Delta_{k+1}\mathcal{F}_{k+1})]A_k e_{k/k} \\ &+[I_{\bar{i}} - K_{k+1}(F_{k+1} + 0.5\mathcal{C}_{k+1}\Delta_{k+1}\mathcal{F}_{k+1})]\omega_k - K_{k+1}v_{k+1} \end{aligned} \tag{8-21}$$

在给定初始条件 $E\{x_0\} = \hat{x}_{0/0}$ 下，$E\{e_{k+1/k+1}\} = E\{e_{k+1/k}\} = 0$。因此，一步预测误差协方差 $P_{k+1/k} = E\{e_{k+1/k}e_{k+1/k}^T\}$ 以及误差协方差 $P_{k+1/k+1} = E\{e_{k+1/k+1}e_{k+1/k+1}^T\}$ 分别计算为

$$P_{k+1/k} = A_k P_{k/k} A_k^T + Q_k \tag{8-22}$$

$$\begin{aligned} P_{k+1/k+1} = &[I_{\bar{i}} - K_{k+1}(F_{k+1} + 0.5\mathcal{C}_{k+1}\Delta_{k+1}\mathcal{F}_{k+1})]P_{k+1/k}[I_{\bar{i}} - K_{k+1}(F_{k+1} + \\ &0.5\mathcal{C}_{k+1}\Delta_{k+1}\mathcal{F}_{k+1})]^T + K_{k+1}R_{k+1}K_{k+1}^T \end{aligned} \tag{8-23}$$

8.3.2　递推滤波器设计

在一些假设和定义的前提下，鲁棒无偏估计器的基本框架已经完成，接下来需要求解上述所假设的矩阵 C_{k+1} 和 $\mathcal{F}_{k+1}$。

根据高斯分布的 3σ 准则，随机变量在区间 $[-3\sigma,+3\sigma]$ 之间的概率为 99.7%，如图 8－1 所示。

将滤波误差表达式（8－20）带入预测误差中，可得

$$e_{k+1/k} = A_k[I_{\bar{i}} - K_k(F_k + 0.5\mathcal{C}_k\Delta_k\mathcal{F}_k)]e_{k/k-1} - A_k K_k v_k + \omega_k \tag{8-24}$$

对式（8－24）的观察来看，当设定初值时，预测误差是由几个独立且满足高斯分布的随机项 $e_{k/k-1}$，v_k 和 w_k 线性组合而成，因此可以得到结论：滤波误差为 $e_{k+1/k} \sim N(0, P_{k+1/k})$，可以近似得到以下不等式

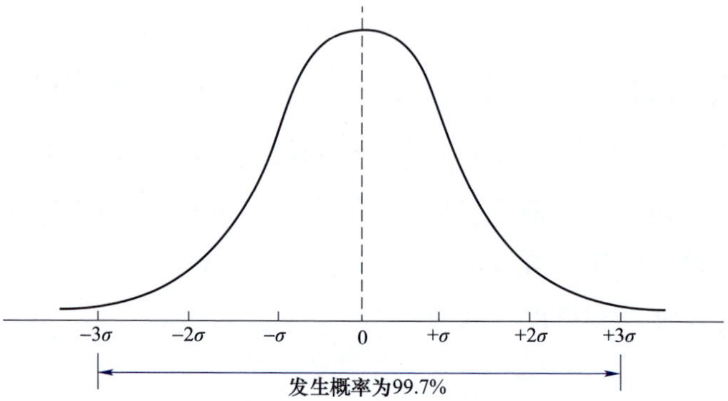

图 8-1　高斯分布的 3σ 准则

$$|e_{k+1/k}| \leqslant 3\mathrm{col}_{\bar{j}}\sqrt{P_{k+1/k}(i,i)} \tag{8-25}$$

于是，可以确定 $C_{k+1}=C(P_{k+1/k})=3col_{\bar{j}}\sqrt{P_{k+1/k}(i,i)}$。

另外，不等式（8-17）中的左侧项可以变换为

$$\mathrm{col}_{\bar{j}}^{T}\{G_j(\tilde{x}_{j,k+1})\}\mathrm{col}_{\bar{j}}\{G_j(\tilde{x}_{j,k+1})\}=\sum_{j=1}^{j=\bar{j}}G_j^T(\tilde{x}_{j,k+1})G_j(\tilde{x}_{j,k+1}) \tag{8-26}$$

并且

$$\tilde{x}_{j,k+1}=\xi_j\hat{x}_{k+1/k}+(1-\xi_j)x_{k+1}=\hat{x}_{k+1/k}+(1-\xi_j)e_{k+1/k} \tag{8-27}$$

从式（8-27）可以看出，在一定的估计精度下，即预测误差小于其预测值时，$\hat{x}_{j,k+1}>0$，并且根据不等式（8-25），可以进一步得到 $\tilde{x}_{j,k+1}$ 的取值范围，即

$$0<\tilde{x}_{k+1}^{-}(P_{k+1/k})<\tilde{x}_{j,k+1}<\tilde{x}_{k+1}^{+}(P_{k+1/k}) \tag{8-28}$$

其中，$\tilde{x}_{k+1}^{-}(P_{k+1/k})=\hat{x}_{k+1/k}-C(P_{k+1/k})$，$\tilde{x}_{k+1}^{+}(P_{k+1/k})=\hat{x}_{k+1/k}+C(P_{k+1/k})$。根据第二章所述的量测方程，以及利用命题 8-1，可以得到如下表达式

$$\begin{cases} G_j^T(\tilde{x}_{j,k+1})G_j(\tilde{x}_{j,k+1})\leqslant\{[\tilde{x}_{i,k+1}^{-}(P_{k+1/k})]^2+[\tilde{x}_{\kappa,k+1}^{-}(P_{k+1/k})]^2\}^{-1}I_N & \text{如果 } j\in\Lambda_1 \\ G_j^T(\tilde{x}_{j,k+1})G_j(\tilde{x}_{j,k+1})=\text{常数矩阵 } G_j^T G_j & \text{如果 } j\in\Lambda_2 \end{cases} \tag{8-29}$$

式中　Λ_1——$\{w|\,y_k^w\text{为电压幅值测量且}w\in\{1,2,\cdots\bar{j}\}\}$；

Λ_2——$\{w|\,w\in\{1,2,\cdots\bar{j}\}\text{且}w\notin\Lambda_1\}$。

因此，可进一步可以得到

$$\sum_{j=1}^{j=\bar{j}} G_j^T(\tilde{x}_{j,k+1})G_j(\tilde{x}_{j,k+1}) \leqslant \sum_{j=1}^{j=\bar{j}} G_j^T(\tilde{x}_{k+1}^-(P_{k+1/k}))G_j(\tilde{x}_{k+1}^-(P_{k+1/k})) \tag{8-30}$$

根据式（8–26），则

$$\begin{aligned}\mathrm{col}_{\bar{j}}^T\{G_j(\tilde{x}_{j,k+1})\}\mathrm{col}_{\bar{j}}\{G_j(\tilde{x}_{j,k+1})\} &\leqslant \mathrm{col}_{\bar{j}}^T\{G_j(\tilde{x}_{k+1}^-(P_{k+1/k}))\}\mathrm{col}_{\bar{j}}\{G_j(\tilde{x}_{k+1}^-(P_{k+1/k}))\} \\ &= \phi_{k+1}(P_{k+1/k})\end{aligned} \tag{8-31}$$

于是，可以确定矩阵 F_{k+1} 为 $F_{k+1} = col_{\bar{j}}\{G_j(\tilde{x}_{\bar{k}+1}(P_{k+1/k}))\}$。

在确定了线性化误差的尺度矩阵 C_{k+1} 和 F_{k+1} 后，接下来需要进一步推导出合适的估计器增益，以及最小的误差协方差上界，其结果可以总结为如下定理：

定理 8–1： 考虑配电网系统以及为此系统设计的滤波器，式（8–15）和式（8–16），定义如下两个黎卡提型差分方程

$$\Sigma_{k+1/k} = A_k \Sigma_{k/k} A_k^T + Q_k \tag{8-32}$$

$$\begin{aligned}\Sigma_{k+1/k+1} = &(I_{\bar{i}} - K_{k+1}F_{k+1})[\Sigma_{k+1/k}^{-1} - \mu_{k+1}\phi_{k+1}(\Sigma_{k+1/k})]^{-1}(I_{\bar{i}} - K_{k+1}F_{k+1})^T \\ &+K_{k+1}\{2.25\mu_{k+1}^{-1}\mathrm{tr}\{\Sigma_{k+1/k}\}I_{\bar{j}} + R_{k+1}\}K_{k+1}^T\end{aligned} \tag{8-33}$$

其中，μ_{k+1} 为正标量且满足不等式

$$0 < \mu_{k+1} \leqslant \mathrm{eig}_{\min}^{-1}\{\Sigma_{k+1/k}\phi_{k+1}(\Sigma_{k+1/k})\} \tag{8-34}$$

给定初始条件 $\sum_{0/0} = P_{0/0} \geqslant 0$，如果式（8–32），（8–33）有正定解 $\sum_{k+1/k}$ 和 $\sum_{k+1/k+1}$，则 $\sum_{k+1/k+1}$ 为误差协方差的上界，即 $P_{k+1/k+1} \leqslant \sum_{k+1/k+1}$。此外，通过代入式（8–33）使得矩阵 $\sum_{k+1/k+1}$ 的迹最小

$$\begin{aligned}K_{k+1} = &[\Sigma_{k+1/k}^{-1} - \mu_{k+1}\phi_{k+1}(\Sigma_{k+1/k})]^{-1}F_{k+1}^T \times \{F_{k+1}[\Sigma_{k+1/k}^{-1} - \\ &\mu_{k+1}\phi_{k+1}(\Sigma_{k+1/k})]^{-1}F_{k+1}^T + 2.25\mu_{k+1}^{-1}\mathrm{tr}\{\Sigma_{k+1/k}\}I_{\bar{j}} + R_{k+1}\}^{-1}\end{aligned} \tag{8-35}$$

定理 8–1 证明： 由于式（8–23）中存在着不确定矩阵 Δ_{k+1}，通常无法直接将误差协方差矩阵，式（8–23）代入滤波器的更新迭代中去，为了将各种不确定影响考虑在内，并消除 $P_{k+1/k+1}$ 中存在的不确定项，本节将目标转为寻找 $P_{k+1/k+1}$ 的最小上界矩阵。首先利用引理 8–3 得到如下不等式

$$\begin{aligned}&[I_{\bar{i}} - K_{k+1}(F_{k+1} + 0.5\mathcal{C}_{k+1}\Delta_{k+1}\mathcal{F}_{k+1})]P_{k+1/k}[I_{\bar{i}} - K_{k+1}(F_{k+1} + 0.5\mathcal{C}_{k+1}\Delta_{k+1}\mathcal{F}_{k+1})]^T \\ &\leqslant (I_{\bar{i}} - K_{k+1}F_{k+1})[P_{k+1/k}^{-1} - \mu_{k+1}\mathcal{F}_{k+1}^T\mathcal{F}_{k+1}]^{-1}(I_{\bar{i}} - K_{k+1}F_{k+1})^T + 0.25\mu_{k+1}^{-1}K_{k+1}\mathcal{C}_{k+1}\mathcal{C}_{k+1}^T K_{k+1}^T\end{aligned} \tag{8-36}$$

其中，正标量 μ_{k+1} 满足约束

$$\mu_{k+1}^{-1}I_{\bar{j}} - \mathcal{F}_{k+1}P_{k+1/k}\mathcal{F}_{k+1}^{T} > 0 \tag{8-37}$$

通过数学变换，式（8-37）可以等效为如下约束

$$0 < \mu_{k+1} \leqslant \mathrm{eig}_{\min}^{-1}\{P_{k+1/k}\mathcal{F}_{k+1}^{T}\mathcal{F}_{k+1}\} \tag{8-38}$$

由于

$$\mathcal{F}_{k+1}^{T}\mathcal{F}_{k+1} = \phi_{k+1}(P_{k+1/k}),\ \mathcal{C}_{k+1}\mathcal{C}_{k+1}^{T} = [I_{\bar{j}} \otimes C(P_{k+1/k})][I_{\bar{j}} \otimes C(P_{k+1/k})]^{T} = 9\mathrm{tr}\{P_{k+1/k}\}I_{\bar{j}} \tag{8-39}$$

则

$$\begin{aligned}&[I_{\bar{i}} - K_{k+1}(F_{k+1} + 0.5\mathcal{C}_{k+1}\Delta_{k+1}\mathcal{F}_{k+1})]P_{k+1/k}[I_{\bar{i}} - K_{k+1}(F_{k+1} + 0.5\mathcal{C}_{k+1}\Delta_{k+1}\mathcal{F}_{k+1})]^{T}\\ \leqslant &(I_{\bar{i}} - K_{k+1}F_{k+1})[P_{k+1/k}^{-1} - \mu_{k+1}\phi_{k+1}(P_{k+1/k})]^{-1}(I_{\bar{i}} - K_{k+1}F_{k+1})^{T} +\\ &2.25\mu_{k+1}^{-1}\mathrm{tr}\{P_{k+1/k}\}K_{k+1}K_{k+1}^{T}\end{aligned} \tag{8-40}$$

因此，总结式（8-23）、式（8-36）、式（8-40）得到

$$\begin{aligned}P_{k+1/k+1} \leqslant &(I_{\bar{i}} - K_{k+1}F_{k+1})[P_{k+1/k}^{-1} - \mu_{k+1}\phi_{k+1}(P_{k+1/k})]^{-1}(I_{\bar{i}} - K_{k+1}F_{k+1})^{T}\\ &+K_{k+1}\{2.25\mu_{k+1}^{-1}\mathrm{tr}\{P_{k+1/k}\}I_{\bar{j}} + R_{k+1}\}K_{k+1}^{T}\end{aligned} \tag{8-41}$$

且满足约束 $0 < \mu_{k+1} \leqslant eig_{\min}^{-1}\{P_{k+1/k}\varphi_{k+1}(P_{k+1/k})\}$。

另外，设存在适维矩阵 X 满足 $X > P_{k+1/k}$，则有 $col_{\bar{j}}\sqrt{P_{k+1/k}(i,i)} \leqslant col_{\bar{j}}\sqrt{X(i,i)}$，即 $C(P_{k+1/k}) < C(X)$，由此进一步得到不等式

$$0 < \tilde{x}_{k+1}^{-}(X) \leqslant \tilde{x}_{k+1}^{-}(P_{k+1/k}) < \tilde{x}_{j,k+1} < \tilde{x}_{k+1}^{+}(P_{k+1/k}) \leqslant \tilde{x}_{k+1}^{+}(X) \tag{8-42}$$

于是

$$G_{j}^{T}(\tilde{x}_{j,k+1})G_{j}(\tilde{x}_{j,k+1}) \leqslant G_{j}^{T}\{\tilde{x}_{k+1}^{-}(P_{k+1/k})\}G_{j}\{\tilde{x}_{k+1}^{-}(P_{k+1/k})\} \leqslant G_{j}^{T}\{\tilde{x}_{k+1}^{-}(X)\}G_{j}\{\tilde{x}_{k+1}^{-}(X)\} \tag{8-43}$$

因此，得到 $\phi_{k+1}(P_{k+1/k}) \leqslant \phi_{k+1}(X)$。于是可以得出结论，矩阵函数 $\phi_{k+1}(Y)$ 为关于变量 Y 的递增函数。于是从式（8-22）、式（8-41）、式（8-32）、式（8-33）可知，引理 8-4 的条件满足，即 $\Sigma_{k+1/k+1} = \mathcal{S}_{k}(\Sigma_{k/k})$，$P_{k+1/k+1} \leqslant \mathcal{S}_{k}(P_{k/k})$，并且 $\forall \mathcal{X} \leqslant \mathcal{Y}$，都有 $\mathcal{S}_{k}(\mathcal{X}) \leqslant \mathcal{S}_{k}(\mathcal{Y})$。于是，在给定初始条件 $\Sigma_{0/0} = P_{0/0} \geqslant 0$ 后，可以

得到 $P_{k+1/k+1} \leqslant \Sigma_{k+1/k+1}$。

接下来需要寻找最小误差协方差上界 $\Sigma_{k+1/k+1}$ 下的滤波增益，以获得最好的估计性能。因此，将上界矩阵的迹 $\mathrm{tr}\{\Sigma_{k+1/k+1}\}$ 对增益 K_{k+1} 求一阶偏导，并令其结果为零，可以得到

$$\begin{aligned}\frac{\partial \mathrm{tr}\{\Sigma_{k+1/k+1}\}}{\partial K_{k+1}} &= 0 = 2[\Sigma_{k+1/k}^{-1} - \mu_{k+1}\phi_{k+1}(\Sigma_{k+1/k})]^{-1} F_{k+1}^{T} \\ &-2K_{k+1}\{F_{k+1}[\Sigma_{k+1/k}^{-1} - \mu_{k+1}\phi_{k+1}(\Sigma_{k+1/k})]^{-1} F_{k+1}^{T} + 2.25\mu_{k+1}^{-1}\mathrm{tr}\{\Sigma_{k+1/k}\} I_{\bar{j}} + R_{k+1}\}\end{aligned} \tag{8-44}$$

通过进一步计算可以得到滤波器增益 K_{k+1} 如式（8-35）所示。

8.4　仿　真　分　析

分别采用改进的 IEEE 13 节点和 123 节点算例进行了测试，该配电系统算例均为三相不平衡系统，存在多条单相、两相支路，电压等级均为 4.16kV。区间和仿射潮流分别采用 C++调用开源区间运算库 C-XSC 和仿射运算库 libaffa 实现，线性松弛模型采用 C++调用 CPLEX 12.6 求解，所有测试均在一台配置 Core i5 2.30 GHz 处理器、4 G RAM 及 64 位操作系统的个人笔记本电脑上实现。

为简化分析，将标准算例中的调压器、配电变压器及相应节点删除，并将沿线分布的负荷归入线路端点负荷内。

8.4.1　算例概要

算例分析借助于 MATLAB-R2014a 软件平台进行，通过 IEEE 17 节点配电测试系统对本节提出的鲁棒滤波算法进行仿真验证，测试系统的网络拓扑结构如图 8-2 所示，系统的量测终端包括了传统的 RTU，FTU 以及 PMU，它们在网络中假设的安装位置已经在表 8-1 中注明。

表 8-1　配电网测试系统中的量测位置

量测设备	量测方式	量测位置（节点或线路）
PMU	电压实部和虚部	650，677，645，684，692
	线路电流实部和虚部	650～672，645～646，677～674，688～671，692～675

续表

量测设备	量测方式	量测位置（节点或线路）
常规设备	电压幅值	672，645，674，646，671，680，675，611，652
	线路功率	645～672，646～645，678～677，675～692，680～671，611～684，652～684
	注入节点功率	672，671

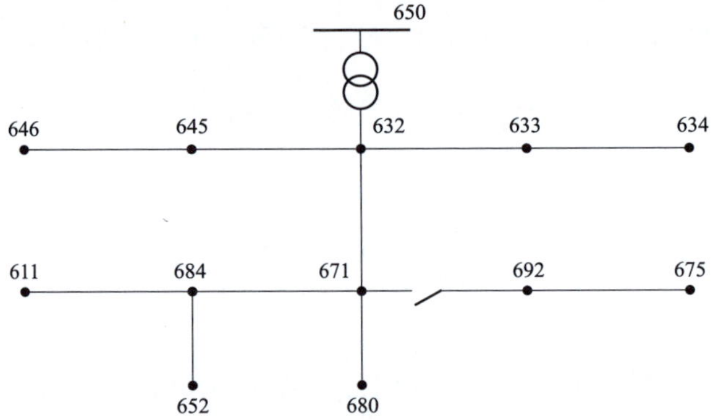

图 8-2　IEEE 17 节点配电网测试系统

在 k 时刻的 MSE 表达式如下

$$\mathrm{MSE}=\frac{1}{\bar{i}\times\bar{k}}\sum_{i=1}^{i=\bar{i}}\sum_{k=1}^{k=\bar{k}}(x_k-\hat{x}_{k/k})^2 \tag{8-45}$$

式中　x_k^i ——状态量 x_k 的第 i 个分量；

$\hat{x}_{k/k}^i$ ——估计值 $\hat{x}_{k/k}$ 的第 i 个分量。

从式子中可以看出，均方根误差（root mean squared error，RMSE）代表了估计器的整体估计效果，RMSE 越小说明估计值越接近于真实值。

从定理 8-1 中可知，在每个采样时刻都可以计算得到误差协方差上界 $\Sigma_{k/k}$，为了将误差协方差矩阵 $P_{k/k}$ 与其上界进行比较，基于大数定律和中心极限定律，可使用蒙特卡罗模拟近似得到误差协方差矩阵 $P_{k/k}$，模拟方法如下

$$P_{k/k}(i,i)\cong\frac{1}{R}\sum_{r=1}^{r=R}(x_k^i[r]-\hat{x}_{k/k}^i[r])^2 \tag{8-46}$$

式中　$x_k^i[r]$ ——第 r 次模拟时第 i 个状态在 k 时刻的真实值；

$\hat{x}_{k/k}^i[r]$ ——第 r 次模拟时第 i 个状态在 k 时刻的估计值；

R ——蒙特卡罗仿真次数，设置为 100。

在仿真中，系统过程噪声的标准差设置为 0.006，PMU 以及 SCADA 系统量测噪声的标准差分别为 0.001 和 0.002。其他滤波参数设置为 $s_0 = x_0$，$b_0 = 0$，$\Sigma_{0/0} = P_{0/0} = 10^{-3} I$，$\alpha_k = 0.8$，$\beta_k = 0.5$，$\mu_k = 0.008$。此外，所提出的 REKF 的计算迭代过程如下

$$s_k = \alpha_k \hat{x}_{k/k} + (1-\alpha_k)\hat{x}_{k/k-1} \tag{8-47}$$

$$b_k = \beta_k (s_k - s_{k-1}) + (1-\beta_k) b_{k-1} \tag{8-48}$$

$$\hat{x}_{k+1/k} = s_k + b_k \tag{8-49}$$

$$\hat{x}_{k+1/k+1} = \hat{x}_{k+1/k} + K_{k+1}[y_{k+1} - f(\hat{x}_{k+1/k})] \tag{8-50}$$

8.4.2 有界性分析

根据引理 8-2，图 8-3 中各个符号根据如下表达式计算获得

$$\hat{f}_j(x_k) = \mathcal{I}_j [f(\hat{x}_{k/k-1}) + F_k e_{k/k-1}] \tag{8-51}$$

$$\overline{f}_j^{\text{upper}}(x_k) = \max\{\overline{f}_j^1(x_k), \overline{f}_j^2(x_k)\},\ \overline{f}_j^{\text{lower}}(x_k) = \min\{\overline{f}_j^1(x_k), \overline{f}_j^2(x_k)\} \tag{8-52}$$

$$\overline{f}_j^1(x_k) = \mathcal{I}_j \{f(\hat{x}_{k/k-1}) + [F_k - 0.5\mathcal{C}_k \mathcal{F}_k] e_{k/k-1}\} \tag{8-53}$$

$$\overline{f}_j^2(x_k) = \mathcal{I}_j \{f(\hat{x}_{k/k-1}) + [F_k + 0.5\mathcal{C}_k \mathcal{F}_k] e_{k/k-1}\} \tag{8-54}$$

其中
$$\mathcal{I}_j = [\underbrace{0,\cdots,0}_{j-1},1,\underbrace{0,\cdots,0}_{\overline{j}-j}]^T$$

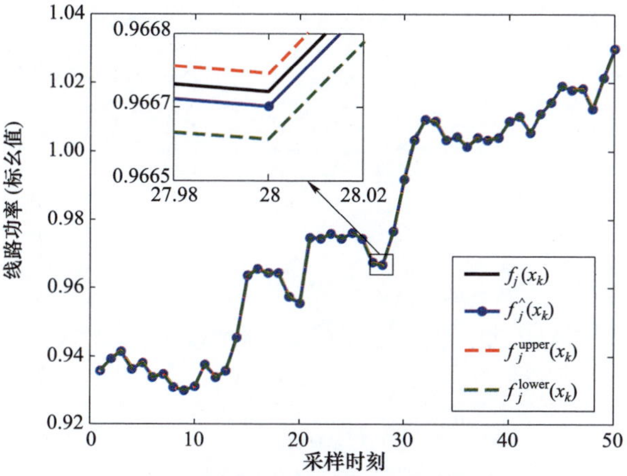

(a) j=63，电气量 $V_{2,k}^{\text{ma},c}$ 的量测函数

图 8-3　量测函数的真实曲线，常规线性化曲线以及真实曲线的上下界之间的比较（一）

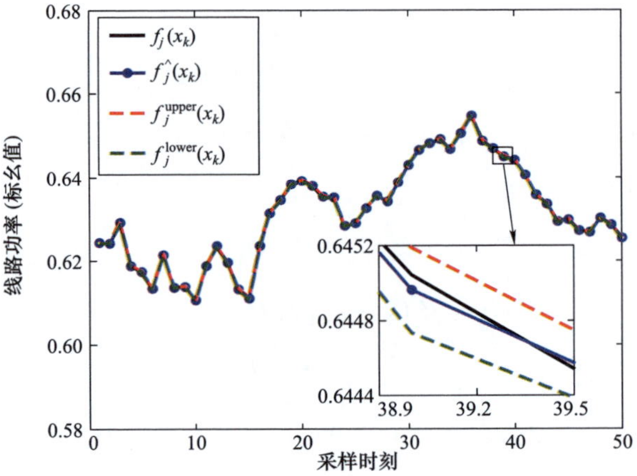

(b) b=105，电气量$\widetilde{P}^{c}_{4\to5,k}$的量测函数

图 8-3　量测函数的真实曲线，常规线性化曲线以及真实曲线的上下界之间的比较（二）

从图 8-3 中可以看出传统泰勒级数线性化法得到的 $\hat{f}_j(x_k)$ 与真实非线性函数 $f_j(x_k)$ 存在着不可确定的误差，$f_j(x_k)$ 和 $\hat{f}_j(x_k)$ 也始终存在于线性化上界 $\overline{f}^{\text{upper}}_j(x_k)$ 和下界 $\overline{f}^{\text{lower}}_j(x_k)$ 之间，这验证了引理 8-2 结论的正确性，也说明了所设计出的估计器能够包含未知的线性化误差。此外，状态 x_k^8 和 x_k^{12} 的估计误差协方差及其上界绘制于图 8-4，从图 8-4 的曲线中可以看出，估计误差的协方差 $P_{k/k}(i,i)$ 始终低于其上界 $\Sigma_{k/k}(i,i)$，这说明了所得到的估计轨迹始终在一个误差范围内接近于真实值。

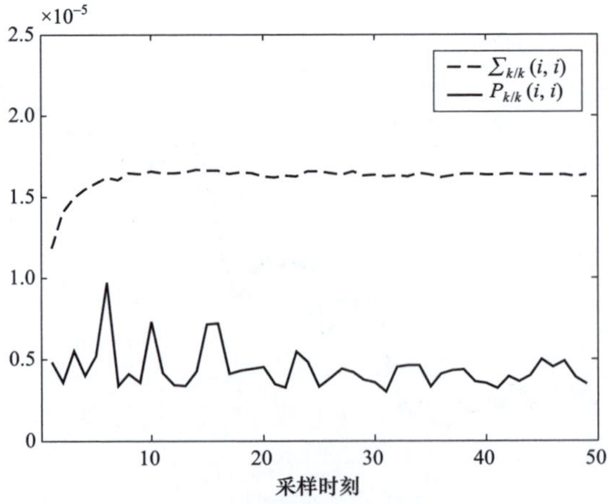

(a) i=8，x_k^8 为状态$V^{im,a}_{2,k}$

图 8-4　误差协方差 $P_{k/k}(i,i)$ 以及其上界 $\Sigma_{k/k}(i,i)$ 之间的曲线比较（一）

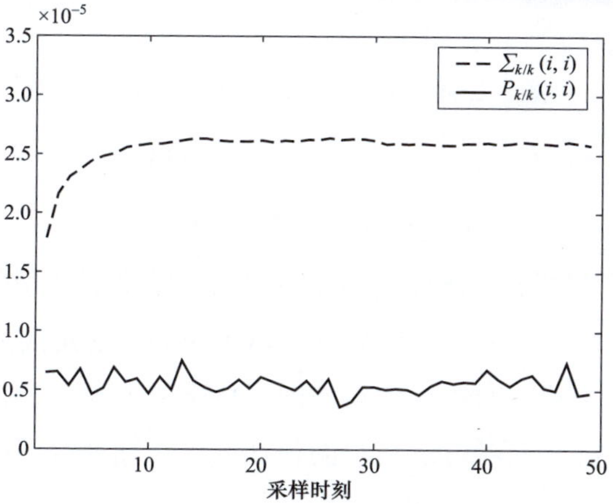

(b) i=12，x_k^{12}为状态$V_{2,k}^{im,c}$

图 8-4 误差协方差 $P_{k/k}(i,i)$ 以及其上界 $\Sigma_{k/k}(i,i)$ 之间的曲线比较（二）

8.4.3 估计器性能分析

如图 8-5 所示，分别设置 1～4 倍标准差的量测噪声场景，并在同一组量测下，绘制 EKF 和 REKF 的 MSE 曲线，其中 EKF 的计算迭代过程如下

$$s_k = \alpha_k \hat{x}_{k/k} + (1-\alpha_k)\hat{x}_{k/k-1} \tag{8-55}$$

$$b_k = \beta_k (s_k - s_{k-1}) + (1-\beta_k) b_{k-1} \tag{8-56}$$

$$\hat{x}_{k+1/k} = s_k + b_k \tag{8-57}$$

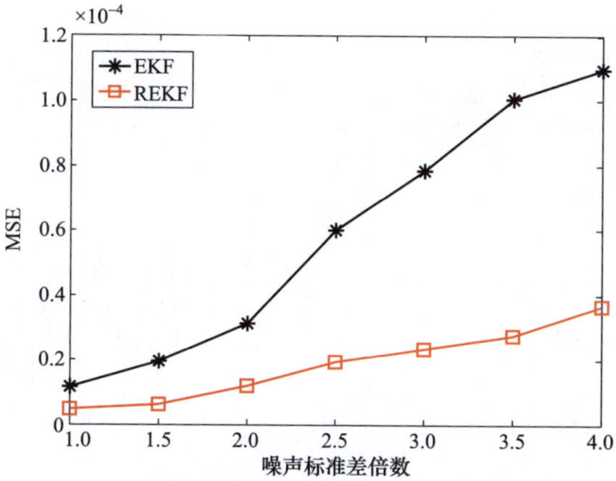

图 8-5 在不同误差场景下，使用 EKF 的 MSE 与所提出的 REKF 的 MSE 之间的曲线比较

$$P_{k+1/k}=A_kP_{k/k}A_k^T+Q_k \tag{8-58}$$

$$K_{k+1}=P_{k+1/k}F_{k+1}^T(F_{k+1}P_{k+1/k}F_{k+1}^T+R_{k+1})^{-1} \tag{8-59}$$

$$\hat{x}_{k+1/k+1}=\hat{x}_{k+1/k}+K_{k+1}[y_{k+1}-f(\hat{x}_{k+1/k})] \tag{8-60}$$

$$P_{k+1/k+1}=(I_{\bar{i}}-K_{k+1}F_{k+1})P_{k+1/k} \tag{8-61}$$

从图 8–5 中可以看出，所提出的滤波器估计精度要高于传统的 EKF，并且随着量测误差的增大，两者的精度差距也越来越大。这是因为，EKF 会受到不确定的线性化误差干扰，对线性化误差做了特殊的考虑，使得所设计出来具有较好的鲁棒性。另外，两种方法直观的估计结果在图 8–6 中展示。

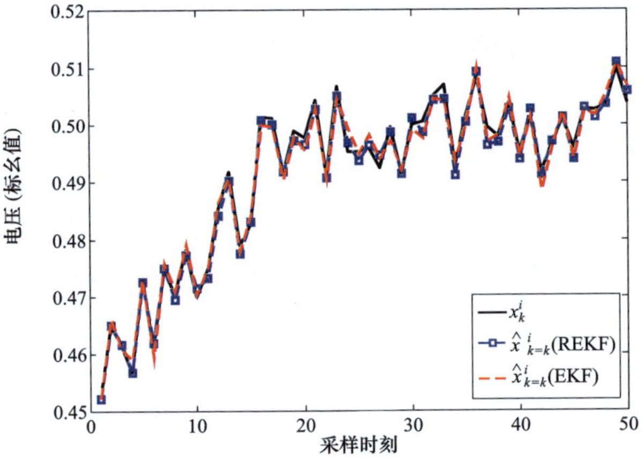

(a) i=7，x_k^7 为状态$V_{2,k}^{re,a}$

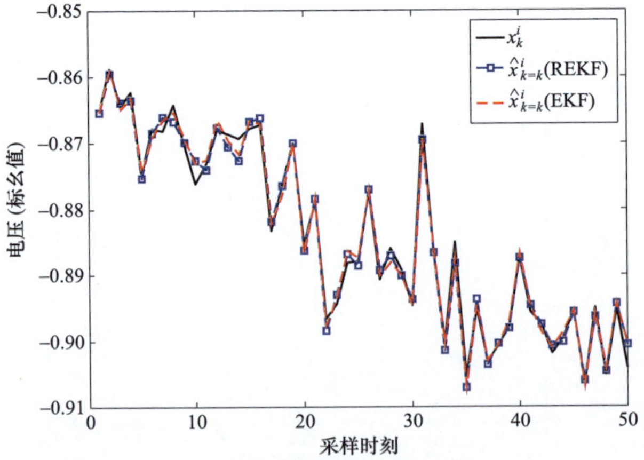

(b) i=12，x_k^{12}为状态$V_{2,k}^{im,c}$

图 8–6　分别使用 EKF 和 REKF 得到的估计曲线与系统真实状态进行比较

8.5 本 章 小 结

本章提出了一种改进的扩展卡尔曼滤波器（EKF）用于配电网的预测辅助状态估计，通过推导误差协方差上界和最优滤波增益，设计了一个鲁棒滤波器以应对系统中的不确定性。针对配电网的高维非线性特性，提出了一种新的线性化方法，优化了滤波器设计。仿真结果表明，改进的鲁棒 EKF 相比传统 EKF 在估计精度和鲁棒性上具有明显优势，能够有效处理非线性误差并保持稳定性，尤其在面对大测量误差时，提供了更高的估计精度和可靠性，证明了该算法在配电网状态估计和预测中的有效性。

第9章

基于自适应扩展集员滤波的配电网状态估计

在状态估计问题的研究中，传统滤波算法通常将噪声假设为零均值高斯白噪声，但在配电网实际运行环境中，噪声的先验统计特征是难以获取的，无法用精准的概率分布特征进行描述，且现场的电磁干扰也相对严重，噪声干扰呈现出灵活多变、难以预测的特点。

为了解决常规动态状态估计无法处理非高斯噪声的问题，本章提出了一种基于未知但有界（unkown but bounded，UBB）噪声的配电网状态估计算法。在滤波器设计中，充分考虑了状态估计准确性和可靠性要求，系统状态量为一个完全包含真值的椭球集而非某一点。同时，针对配电网非线性量测的特点，在滤波器设计中，通过引入自适应程序来处理量测数据，可以显著提高滤波器的估计精度和稳定性。仿真分析对扩展集员滤波（extended set-membership filter，ESMF）和自适应扩展集员滤波（adapted extended set-membership filter，AESMF）进行分析比较，结果表明 AESMF 算法能够较准确估计出系统状态，且性能较 ESMF 更为优越。

9.1 系统模型

对于具有非线性量测的配电网，其动态状态估计模型可表示为

$$\boldsymbol{x}_k = \boldsymbol{A}_k \boldsymbol{x}_{k-1} + \boldsymbol{\omega}_{k-1} \tag{9-1}$$

$$\boldsymbol{y}_k = \boldsymbol{h}(\boldsymbol{x}_k) + \boldsymbol{v}_k \tag{9-2}$$

其中，系统状态变量 $\boldsymbol{x}_k \in \mathbb{R}^n$ 是 k 时刻的 n 维矢量，系统量测变量 $\boldsymbol{y}_k \in \mathbb{R}^m$ 是 k 时刻的 m 维矢量。$\boldsymbol{A}_k$ 是 k 时刻的系统状态转移矩阵，$\boldsymbol{h}(\boldsymbol{x}_k)$ 是已知的二阶可导非线性量测方程。

对于采用集员估计算法的系统噪声而言，其噪声表示为集合形式，其中以椭球集最为常用，本章所述算法也统一采用椭球集

$$W_k = \{\boldsymbol{\omega}_k : \boldsymbol{\omega}_k^T Q_k^{-1} \boldsymbol{\omega}_k \leqslant 1\} \tag{9-3}$$

$$V_k = \{\boldsymbol{v}_k : \boldsymbol{v}_k^T R_k^{-1} \boldsymbol{v}_k \leqslant 1\} \tag{9-4}$$

其中，$\boldsymbol{\omega}_{k-1} \in \mathbb{R}^n$ 表示 $k-1$ 时刻的过程 UBB 噪声，$\boldsymbol{v}_k \in \mathbb{R}^m$ 为 k 时刻系统的量测 UBB 噪声，$Q_k = Q_k^T \succ 0$ 和 $R_k = R_k^T \succ 0$ 分别为各自的椭球形状矩阵且正定。

系统初始状态变量可表示为椭球 $E(\hat{\boldsymbol{x}}_0, P_0)$

$$E(\hat{\boldsymbol{x}}_0, P_0) = \{\boldsymbol{x}_0 : (\boldsymbol{x}_0 - \hat{\boldsymbol{x}}_0)^T P_0^{-1} (\boldsymbol{x}_0 - \hat{\boldsymbol{x}}_0) \leqslant 1\} \tag{9-5}$$

其中，$\hat{\boldsymbol{x}}_0$ 为已知的椭球中心，$P_0 = P_0^T \succ 0$ 为已知正定矩阵，表示椭球形状。

9.2 主要引理

凸集： n 维空间的一个子集 S，当且仅当 S 中任意两点 P、Q 的“连线”包含在 S 中，就称 S 为凸集。凸函数的定义有很多种不同的说法，但其含义是一样的，下面给出其中一种：设函数 $f(x)$ 定义在区间 $[a,b]$ 上，如果对于任意的 x_1, x_2, x_3 满足 $a < x_1 < x_2 < x_3 < b$，都有 $f(x_2) \geqslant L(x_2)$，其中 $L(x)$ 是过点 $(x_1, f(x_1))$ 和点 $(x_2, f(x_2))$ 的直线方程，则称 $f(x)$ 是 $[a,b]$ 上的凸函数，如图 9-1 所示。

定理 9-1： 椭球 $E(a,P)$ 的最小体积外包盒即为一个所有边与椭球相切且同时平行于该椭球各轴的有向包围盒（oriented bounding box，OBB）。

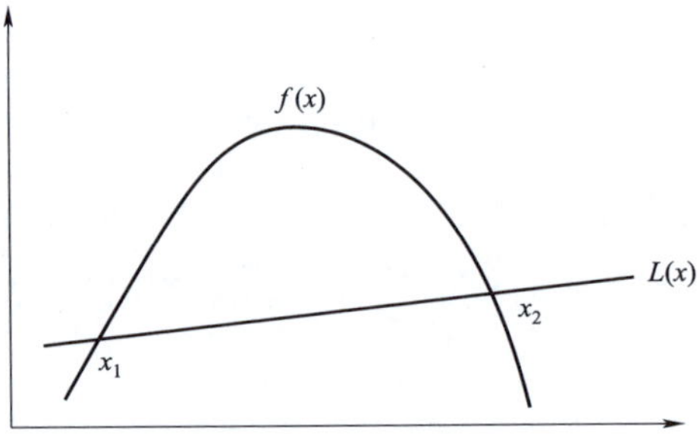

图 9–1　凸函数

定理 9–1 证明：容易验证为使最小体积 OBB 的体积尽可能的小，其边界应该与椭球的边界相切。考虑椭球可通过一个欧氏空间中的单位球仿射变换得到

$$E(a,P)=\{x\in\mathbb{R}^n \mid x=a+Hz,\|z\|_2\leqslant 1\} \quad (9-6)$$

其中，$\|\cdot\|_2$ 定义为 l_2 欧式范数，$H=UD^{1/2}$ 为正定矩阵 P 的奇异值分解，$P=UDU^T=HH^T$ 后得到的一个平方根，单位上三角阵，D 为对角阵。在该仿射变换下，椭球的所有有向包围盒均为单位球的外包且相切的超平行体转化得到，而其中边平行于椭球轴的有向包围盒将被视为由原单位球的外包 AABA 转化而来。图 9–2 给出 n=2 时，将 F_1 下单位球转换为 F_2 下的椭球的示例。

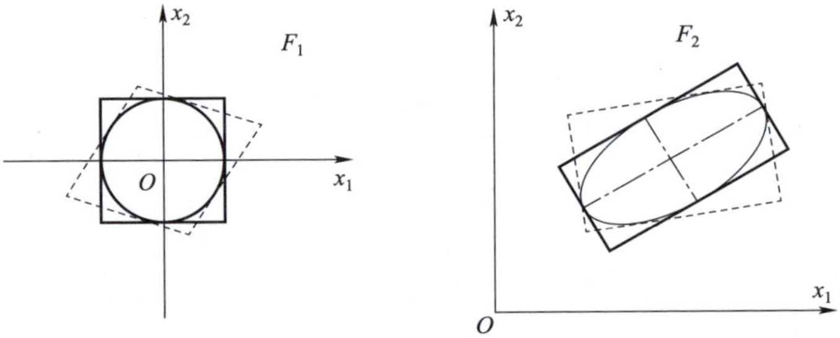

图 9–2　椭球仿射变换

容易推出在仿射变换下，F_2 中外定界盒的体积为 F_1 中相应超平行体伸缩 det(H)倍得到。由于在 F_1 中最小体积的椭球外包超平行体为体积等于 2n 的单位 AABB，从而在 F_2 中转换得到的最小体积有向包围盒应满足

$$\min V_{OBB}=2^n\det(H)=2^n\sqrt{\det(P)} \quad (9-7)$$

则可以推出由 F_1 中单位 AABB 转换而来的边与椭球相切且平行于椭球轴的有向包围盒为具有最小体积的椭球外包盒。

定理 9-2：对于中心为 $\boldsymbol{a}=[a_1,a_2,a_3\cdots a_n]^T$，边界为 $\boldsymbol{r}=[r_1,r_2,r_3\cdots r_n]^T$ 的盒集 $B(\boldsymbol{a},\boldsymbol{r})$，其最小体积的外包椭球可以表示为 $E(\boldsymbol{c},P)$。其中 $\boldsymbol{c}=\boldsymbol{a}$，$P=ndiag\{\boldsymbol{r}^T\boldsymbol{r}\}$。

定理 9-2 证明：由对称性易得此盒集的外包椭球中心仍为盒集中心，即 $\boldsymbol{c}=\boldsymbol{a}$。假设盒集外包椭球的形式为 $E(\boldsymbol{a},P)$，且 $\boldsymbol{c}=\boldsymbol{a}$，$P=diag\{b_1^2,b_2^2,\cdots,b_n^2\}$，$b_i^2$ 大于零，表示半轴长度。那么求取盒集最小体积外包椭球问题就转化为半正定规划问题

$$\begin{aligned}&\min\ \det(P)=\prod_{i=1}^{n}b_i\\&s.t.\ \ b_i>0,\boldsymbol{r}^TP^{-1}\boldsymbol{r}=\sum_{i=1}^{n}b_i^{-2}r_i^2=1\end{aligned}\tag{9-8}$$

其中，$\det(P)$ 和椭球的体积正相关，约束条件为让外包椭球包住盒集边界的边界条件。求解此带约束的优化问题可用拉格朗日乘子法

$$L=\prod_{i=1}^{n}b_i+\lambda\sum_{i=1}^{n}b_i^{-2}r_i^2\tag{9-9}$$

令 $\dfrac{\partial L}{\partial b_i}=0\ \ i=1,2,\cdots,n$，得

$$b_i=n^{1/2}r_i\quad i=1,2,\cdots,n\tag{9-10}$$

9.3 自适应扩展集员滤波器设计

9.3.1 时间更新椭球

显然，时间更新椭球集 $E(\hat{\boldsymbol{x}}_{k|k-1},P_{k|k-1})$ 由两个集合的直和得到。其一为原椭球 $E(\hat{\boldsymbol{x}}_{k-1},P_{k-1})$ 经由仿射变换得到的新椭球 $E(A_k\hat{\boldsymbol{x}}_{k-1},A_kP_{k-1}A_k^T)$，另一为过程噪声集。

虽式（9-3）和式（9-4）直接给出了噪声集合的椭球表示，但 UBB 噪声实际上为具有上下界的区间矢量或盒集（Box Set），然后利用定理 9-2 将其转化为椭球集，如系统过程噪声

$$[\boldsymbol{\omega}_{\min},\boldsymbol{\omega}_{\max}]=\{\boldsymbol{\omega}:\omega_{i,\min}\leqslant\omega_i\leqslant\omega_{i,\max}\}\quad i=1,2,\cdots,n\tag{9-11}$$

其中 $\boldsymbol{\omega}_{\min}=[\omega_{1,\min},\omega_{2,\min},\cdots,\omega_{n,\min}]^T$ 为系统过程 UBB 噪声下边界，而 $\boldsymbol{\omega}_{\max}=[\omega_{1,\max},\omega_{2,\max},\cdots,\omega_{n,\max}]^T$ 则为系统过程 UBB 噪声上边界。也可以写成盒集形式

$$B(\boldsymbol{a}_\omega,\boldsymbol{r}_\omega)=\{\boldsymbol{\omega}:\boldsymbol{\omega}=\boldsymbol{a}_\omega+diag\{\boldsymbol{r}_\omega^T\boldsymbol{r}_\omega\}z,\|z\|_\infty\leqslant 1\} \tag{9-12}$$

其中，$\boldsymbol{a}_\omega=(\boldsymbol{\omega}_{\min}+\boldsymbol{\omega}_{\max})/2$ 为盒集的中心，$\boldsymbol{r}_\omega=(\boldsymbol{\omega}_{\max}-\boldsymbol{\omega}_{\min})/2$ 表示盒集的宽度，它决定了盒集的形状和区间大小。以二维为例，如图 9-3 所示。

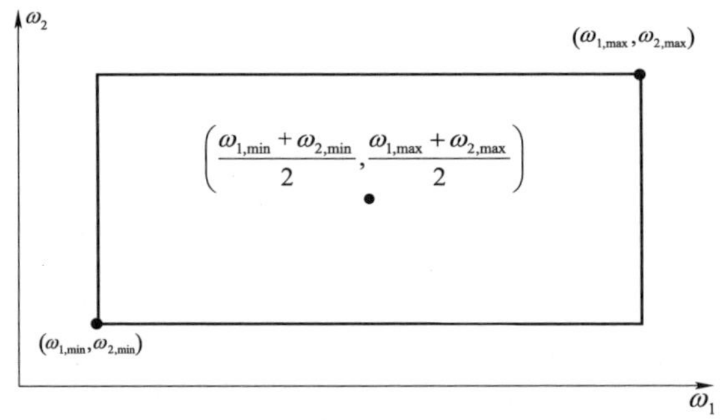

图 9-3　二维区间矢量的盒集表示

根据定理 9-2，则系统过程噪声可以用椭球 $E(\boldsymbol{a}_\omega,P_\omega)$ 表示，其中 $P_\omega=ndiag\{\boldsymbol{r}_\omega^T\boldsymbol{r}_\omega\}$。类似地，系统量测噪声 $B(\boldsymbol{a}_v,\boldsymbol{r}_v)$ 也可以用 $E(\boldsymbol{a}_v,P_v)$ 表示。

则基于最小迹准则的两个椭球 $E(A_k\hat{\boldsymbol{x}}_{k-1},A_kP_{k-1}A_k^T)$ 与 $E(\boldsymbol{a}_\omega,P_\omega)$ 直和的外定界椭球为

$$\hat{\boldsymbol{x}}_{k|k-1}=\hat{\boldsymbol{x}}_{k-1}+\boldsymbol{a}_\omega \tag{9-13}$$

$$P_{k|k-1}=\frac{A_kP_kA_k^T}{1-\beta_k}+\frac{P_\omega}{\beta_k} \tag{9-14}$$

$$\beta_k=\frac{\sqrt{tr(P_\omega)}}{\sqrt{tr(A_kP_kA_k^T)}+\sqrt{tr(P_\omega)}} \tag{9-15}$$

β_k 为滤波器的参数，取值范围为 $[0,1)$，零表示无噪声情况。

至此，时间更新步骤结束，求得椭球 $E(\hat{\boldsymbol{x}}_{k|k-1},P_{k|k-1})$。

9.3.2　自适应检测

量测更新椭球的求解涉及迭代过程，而迭代的初值对迭代收敛速度和迭代

结果的精确度有重要影响。因此本章利用自适应算法来选择优良的迭代初值从而达成提高估计精度的目标。根据电力系统的实际情况，所提自适应算法将从两个方面入手。具体步骤如下：

首先，噪声自适应处理。电力系统状态估计的实质是利用冗余的量测数据来消除系统运行、传感器测量和数据传输等过程中带来的噪声误差，即对这些噪声误差进行过滤消除。量测数据的维数越高则量测数据冗余度也越高，但这些量测数据所带噪声大小并不相同。为了提高数据冗余度，部分量测并非直接测量所得，而是伪量测。此外，在 SCADA/WAMS 混合量测中，RTU 采集的数据精度和 PMU 采集的数据精度有较大差距。如果将噪声信息大的量测数据作为迭代初值进行迭代运算，那么在经过有限的迭代次数后迭代结果可能不收敛，影响了算法精度。因此，应将噪声最小的量测数据作为迭代初值而非噪声大的量测数据。通过噪声边界信息可以对量测数据进行自适应处理，将 m 维量测方程展开

$$\boldsymbol{h}(\boldsymbol{x}_k)=\begin{bmatrix} h_1(\boldsymbol{x}_k) \\ h_2(\boldsymbol{x}_k) \\ \vdots \\ h_m(\boldsymbol{x}_k) \end{bmatrix}+\begin{bmatrix} \nu_{1,k} \\ \nu_{2,k} \\ \vdots \\ \nu_{m,k} \end{bmatrix} \tag{9-16}$$

对 $\nu_{1,k},\nu_{2,k},\nu_{3,k},\cdots\nu_{m,k}$，令

$$V_{1,k}=|\nu_{1,k}|,V_{2,k}=|\nu_{2,k}|,V_{3,k}=|\nu_{3,k}|,\cdots,V_{m,k}=|\nu_{m,k}|\sqrt{a^2+b^2} \tag{9-17}$$

然后对 $V_{j,k}$，$j=1,2,3,\cdots,m$ 进行排序处理，使得 $V_{j,k}\leqslant V_{j+1,k}$，$j=1,2,3,\cdots,m$。最后根据调整后的噪声大小顺序调整相应的量测方程，再对量测方程重新编号。如若排序后 $V_{3,k}\leqslant V_{1,k}\leqslant V_{2,k}\leqslant\cdots\leqslant V_{m,k}$，则 $\boldsymbol{h}(\boldsymbol{x}_k)=[h_3(\boldsymbol{x}_k),h_1(\boldsymbol{x}_k),h_2(\boldsymbol{x}_k),\cdots,h_m(\boldsymbol{x}_k)]^T$ 再对量测方程重新编号。

其次，线性化误差自适应处理。对非线性系统而言，通常都需要对非线性部分做线性化处理。对非线性量测方程 $\boldsymbol{h}(\boldsymbol{x}_k)$ 线性化

$$\boldsymbol{h}(\boldsymbol{x}_k)=\boldsymbol{h}(\hat{\boldsymbol{x}}_{k|k-1})+H_k(\boldsymbol{x}_k-\hat{\boldsymbol{x}}_{k|k-1})+\boldsymbol{\varepsilon}_k+\boldsymbol{\nu}_k \tag{9-18}$$

其中，$H_k=\left.\dfrac{\partial\boldsymbol{h}(\boldsymbol{x})}{\partial\boldsymbol{x}}\right|\boldsymbol{x}=\hat{\boldsymbol{x}}_{k|k-1}$ 是量测方程的雅可比矩阵，$\boldsymbol{\varepsilon}_k$ 为线性化误差，定义等式右边前两项为 $\boldsymbol{h}^L$。

如上所述，迭代的初值对迭代收敛速度和迭代结果的精确度有重要影响。在对非线性量测线性化处理过程中产生的线性化误差大小也各不相同。在电力系统实际运行过程中，并非所有的量测方程全是非线性量测，如选择电压幅值和相角作为状态量，电压幅值的量测方程则为线性。此外，电力系统的各线路参数也会影响到线性化误差的大小，如 $\partial P_{ij}/\partial v_j = -v_i(g\cos\theta_{ij} + b\sin\theta_{ij})$ 在线路参数 g 和 b 为零时则整个等式恒为零。因此，在迭代前还应根据线性化误差再次给出自适应线性化误差处理程序。具体步骤为：

检验 $H_{k,1i}$ 是否含有 $\boldsymbol{x}$ 的分量，如果含有，则将其赋值给 $H_{k,mi}$，将 $H_{k,m-1i}$ 赋值给 $H_{k,m-2i}$，依次类推，直至将 $H_{k,2i}$ 赋值给 $H_{k,1i}$。同时 $\boldsymbol{h}(\boldsymbol{x}_k)$，$\boldsymbol{y}_k$，$\boldsymbol{\varepsilon}_k$ 及 $\boldsymbol{v}_k$ 等也需作相应改变，直至 $H_{k,1i}$ 中不再含有 $\boldsymbol{x}$ 的分量。而电力系统状态估计的量测方程一般为节点电压、节点电流、节点有功功率、节点无功功率、线路有功功率和线路无功功率，因而此自适应算法是可行的。$H_{k,ji}$ 表示 k 时刻雅可比矩阵 H_k 中的第 j 行第 i 个分量，且 $j=1,2,\cdots,m \quad i=1,2,\cdots,n$。

具体的检验方法为利用量测方程的二阶导矩阵，即黑塞矩阵。若黑塞矩阵中的对应元素为0，则表示相对应的雅可比矩阵中的元素含有 $\boldsymbol{x}$ 的分量。

9.3.3 量测更新椭球

对式（9–18）求取线性化误差的椭球集，可以采用了拉格朗日区间法，但是采用拉格朗日区间每个时刻均需要计算黑塞矩阵，这将极大增加计算量。因此，为了减小计算量保障计算的实时性要求，考虑采用 DC 规划和凸优化的思想来对线性化误差进行处理。显而易见，椭球集是一个标准的凸集，而系统量测方程也满足凸函数的要求。

对矢量函数 $\boldsymbol{h}=[h_1\ h_2 \cdots h_m]^T$ 作序列化处理，其中 h_j 且 $j=1,2,\cdots,m$。如果 h_j 为凸集上的凸函数，则存在两个函数 $F(\boldsymbol{x})$ 和 $G(\boldsymbol{x})$ 满足

$$h(\boldsymbol{x}) = F(\boldsymbol{x}) - G(\boldsymbol{x}) \tag{9–19}$$

$$F(\boldsymbol{x}) = \alpha \boldsymbol{x}^T \boldsymbol{x} + h(\boldsymbol{x}) \tag{9–20}$$

$$G(\boldsymbol{x}) = \alpha \boldsymbol{x}^T \boldsymbol{x} \tag{9–21}$$

其中，$\partial^2 h(\boldsymbol{x})/\partial \boldsymbol{x}^2 \geqslant -2\alpha I$，$\alpha \geqslant 0$，$I$ 为单位矩阵。

则线性化误差可表示为 $F(\boldsymbol{x}_k) - G(\boldsymbol{x}_k) - h^L(\hat{\boldsymbol{x}}_{k|k-1})$，那么仅需求取 $F(\boldsymbol{x}_k)-$

$G(\boldsymbol{x}_k)$ 的取值区间即可求得线性化误差集。

$$f(\boldsymbol{x}_k)=F_{\min}(\boldsymbol{x}_k)=F(\hat{\boldsymbol{x}}_{k|k-1})+u_1^T(\boldsymbol{x}_k-\hat{\boldsymbol{x}}_{k|k-1}) \tag{9-22}$$

$$g(\boldsymbol{x}_k)=G_{\min}(\boldsymbol{x}_k)=G(\hat{\boldsymbol{x}}_{k|k-1})+u_2^T(\boldsymbol{x}_k-\hat{\boldsymbol{x}}_{k|k-1}) \tag{9-23}$$

其中 u_1 和 u_2 表示函数 $F(\boldsymbol{x})$ 和 $G(\boldsymbol{x})$ 在估计点 $\hat{\boldsymbol{x}}_{k|k-1}$ 的次梯度。

则线性化可以的取值范围为

$$\varepsilon_{k,\min}=\min_{\boldsymbol{x}_k\in V_s} f(\boldsymbol{x}_k)-G(\boldsymbol{x}_k)-h^L(\hat{\boldsymbol{x}}_{k|k-1}) \tag{9-24}$$

$$\varepsilon_{k,\max}=\max_{x_k\in V_s} F(\boldsymbol{x}_k)-g(\boldsymbol{x}_k)-h^L(\hat{\boldsymbol{x}}_{k|k-1}) \tag{9-25}$$

V_s 表示凸集 S 的所有顶点，对椭球集 $E(\hat{\boldsymbol{x}}_{k|k-1},P_{k|k-1})$ 而言，其顶点即是其整个边界。直接带入椭球边界求线性化误差范围计算量过于庞大，因而用盒集外包，将求椭球集边界转化为求盒集的顶点集。根据定理 9-1：椭球集 $E(\hat{\boldsymbol{x}}_{k|k-1},P_{k|k-1})$ 的外包盒集为 $B(\hat{\boldsymbol{x}}_{k|k-1},D_{k|k-1})$，其中 $D_{k|k-1}=\sqrt{P_{k|k-1}}$。于是椭球 $E(\hat{\boldsymbol{x}}_{k|k-1},P_{k|k-1})$ 的顶点集 V_E 就化为盒集 $B(\hat{\boldsymbol{x}}_{k|k-1},D_{k|k-1})$ 的顶点集 V_B，仅计算 $2n$ 个顶点即可求得线性化误差的取值范围 $[\varepsilon_{k,\min},\varepsilon_{k,\max}]$。

对序列化处理过的矢量函数 $\boldsymbol{h}=[h_1,h_2\cdots h_m]^T$，应逐一求其每个分量线性化误差，然后重新写成矢量形式 $B(\boldsymbol{a}_\varepsilon,\boldsymbol{r}_\varepsilon)$。

观测集可以重新写为

$$S_k=\bigcap_{j=1}^{m}\{\boldsymbol{x}_k \mid \boldsymbol{z}_k^j-\boldsymbol{r}_k^j\leqslant H_{k,j}^T\boldsymbol{x}_k\leqslant \boldsymbol{z}_k^j+\boldsymbol{r}_k^j\} \tag{9-26}$$

其中 $\boldsymbol{z}_k^j=\boldsymbol{y}_k^j-\boldsymbol{h}_j(\hat{\boldsymbol{x}}_{k|k-1})+H_k^T\hat{\boldsymbol{x}}_{k|k-1}$，$\boldsymbol{r}_k=\boldsymbol{r}_{\varepsilon,k}+\boldsymbol{r}_{v,k}$，上标表示其行分量。$H_{k,j}$ 是 H_k 的行向量。

k 时刻的状态集为

$$E(\hat{\boldsymbol{x}}_{k|k-1},P_{k|k-1})\cap\left(\bigcap_{j=1}^{m}S_{k,j}\right) \tag{9-27}$$

迭代求解最小椭球，具体迭代步骤如下。

Step1：赋初值，对于 $k=1,2,3,\cdots$，取时间更新椭球为初值，令

$$\hat{\boldsymbol{x}}_k^0=\hat{\boldsymbol{x}}_{k|k-1},P_k^0=P_{k|k-1} \tag{9-28}$$

Step2：求参数，计算各个超平面到椭球中心的距离，对 m 维量测 $j=1,2\cdots m$，设

$$g_j=H_{k,j}P_k^{j-1}H_{k,j}^T$$

$$\rho_{k,j}^+=\frac{\boldsymbol{z}_k^j-H_{k,j}\hat{\boldsymbol{x}}_k^{j-1}+r_k^j}{\sqrt{g_j}}$$

$$\rho_{k,j}^-=\frac{\boldsymbol{z}_k^j-H_{k,j}\hat{\boldsymbol{x}}_k^{j-1}-r_k^j}{\sqrt{g_j}} \tag{9-29}$$

Step3：判定，当 $\rho_{k,j}^+<-1$ 或者 $\rho_{k,j}^->1$ 时，

$$\boldsymbol{x}_k=\hat{\boldsymbol{x}}_k^{j-1},P_k=P_k^{j-1} \tag{9-30}$$

迭代结束。

否则，若 $\rho_{k,j}^+>-1$ 且 $\rho_{k,j}^-<1$，则

$$\rho_{k,j}^+=\min(\alpha_{k,j}^+,1),\rho_{k,j}^-=\max(\alpha_{k,j}^-,-1) \tag{9-31}$$

Step4：迭代，若 $\rho_{k,j}^+\rho_{k,j}^-\leqslant-1/n$，那么

$$\hat{\boldsymbol{x}}_k^j=\hat{\boldsymbol{x}}_k^{j-1},P_k^j=P_k^{j-1} \tag{9-32}$$

否则

$$\hat{\boldsymbol{x}}_k^j=\hat{\boldsymbol{x}}_k^{j-1}+\lambda_j\frac{S_k^jH_{k,j}^Te_j}{d_j^2} \tag{9-33}$$

$$P_k^j=1+\lambda_j-\frac{\lambda_je_j^2}{d_j^2+\lambda_jg_j} \tag{9-34}$$

$$S_k^j=P_k^{j-1}-\frac{\lambda_j}{d_j^2+\lambda_jg_j}P_k^{j-1}H_{k,j}^TH_{k,j}P_k^{j-1} \tag{9-35}$$

其中

$\lambda_j=\max(solve((n-1)g_j^2x^2+((2n-1)d_j^2-g_j+e_j^2)g_jx+(n(d_j^2-e_j^2)-g_j)d_j^2))$，

$d_j=\sqrt{g_j}\left(\dfrac{\rho_{k,j}^+-\rho_{k,j}^-}{2}\right)$，$e_j=\sqrt{g_j}\left(\dfrac{\rho_{k,j}^++\rho_{k,j}^-}{2}\right)$。每次迭代都会得到一个迭代椭球 $E(\hat{x}_k^j,P_k^j)$，如果该椭球与观测集的交集为空，即 $\rho_{k,j}^+<-1$ 或 $\rho_{k,j}^->1$ 则表明所有的可能值都包含在此椭球中，迭代停止，否则继续迭代。

每次迭代都会得到一个迭代椭球 $E(\hat{x}_k^j, P_k^j)$，如果该椭球与观测集的交集为空则表明所有的可能值都包含在此椭球中，迭代停止，否则继续迭代。

9.4 仿 真 分 析

9.4.1 算例概要

算例在 MATLAB 上运行，采用 IEEE 13 节点测试系统验证算法的正确性和有效性如图 9-4 所示。

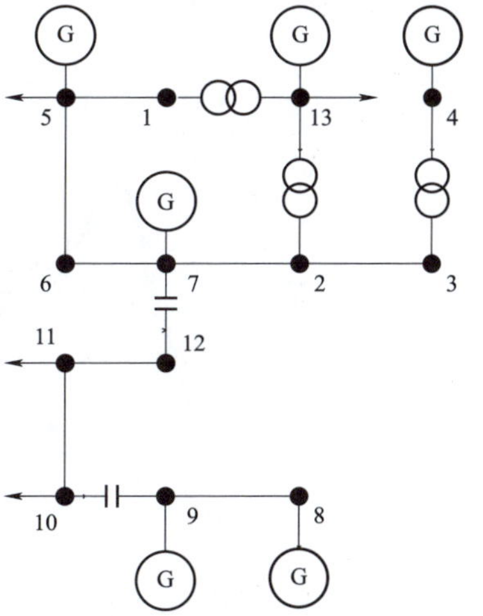

图 9-4　IEEE 13 节点测试系统

9.4.2 算例分析

模拟系统运行，得到系统潮流分布，以潮流解为真值，量测方程取电压幅值，线路有功功率，线路无功功率，节点注入有功功率，节点注入无功功率。PMU 量测幅值误差区间设为[−0.1, 0.1]，相角误差区间设为[−0.05, 0.05]，SCADA 幅值量测量测误差区间设为[−0.1, 0.1]。量测数据取相应的真值加上述 UBB 噪声。给定初值 $\boldsymbol{x}=[1,0]^T$ 及初始状态 $P=\begin{bmatrix}0.01 & 0\\ 0 & 0.01\end{bmatrix}$。

图 9-5 可以看出，AESMF 算法的估计值基本等同于真值，估计结果误差较小，精度很高，验证了算法的可行性。且系统状态集的上下界完美包裹了系统实际值，使得系统真值 100%存在于系统椭球集中。为了进一步分析 AESMF 算法的估计性能，适当增大系统噪声区间，并将其与普通 ESMF 算法比较，具体仿真结果如图 9-6 所示。

如图 9-6 所示，AESMF 算法和 ESMF 算法相比更加贴近真实值，估计精度更高，这是因为引入自适应算法优化了迭代过程，提高了迭代的收敛精度和收敛速度，不至于同一般扩展集员滤波算法迭代发散导致估计结果偏离真实值

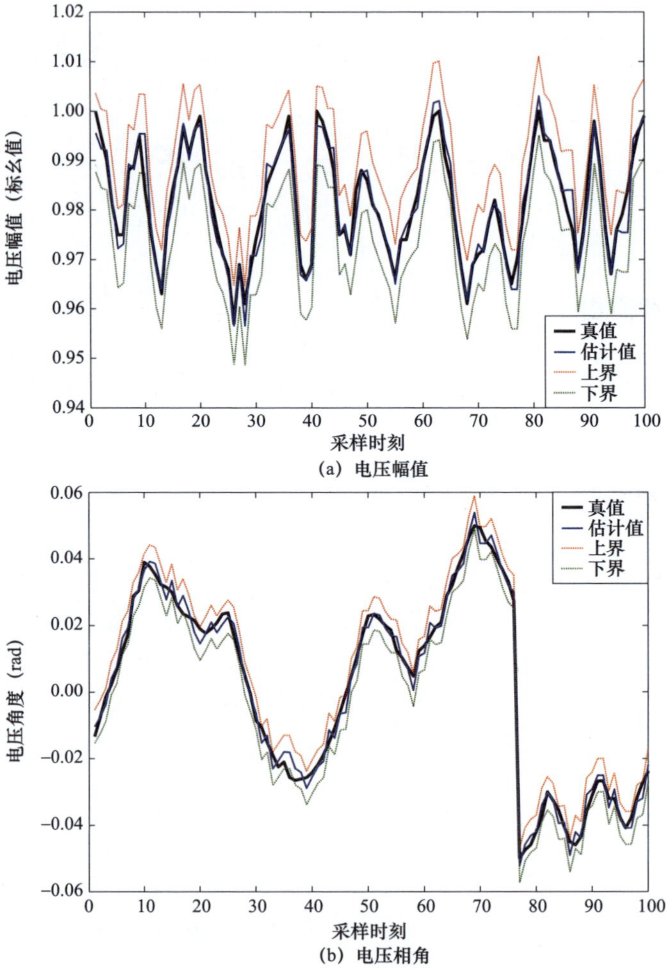

图 9-5　IEEE 13 节点仿真结果

或未满足收敛判据时已达到迭代次数。为了更加直观的比较扩展集员滤波算法和自适应扩展集员滤波算法的估计精度，使用均方根误差作为系能指标函数，均方根误差越小则表明估计值和真实值越接近，均方根误差越大则表明估计值和真实值相差越大，N 次采样的均方根误差为

$$RMSE=\sqrt{\frac{\sum_{k=1}^{N}\sum_{i=1}^{n}(x_{k,i}-\hat{x}_{k,i})^2}{N}} \tag{9-36}$$

式中　$x_{k,i}$ ——k 采样时刻状态量的第 i 个分量的实际值；

$\hat{x}_{k,i}$ ——k 采样时刻状态量第 i 个分量的估计值，n 表示状态量的维数。

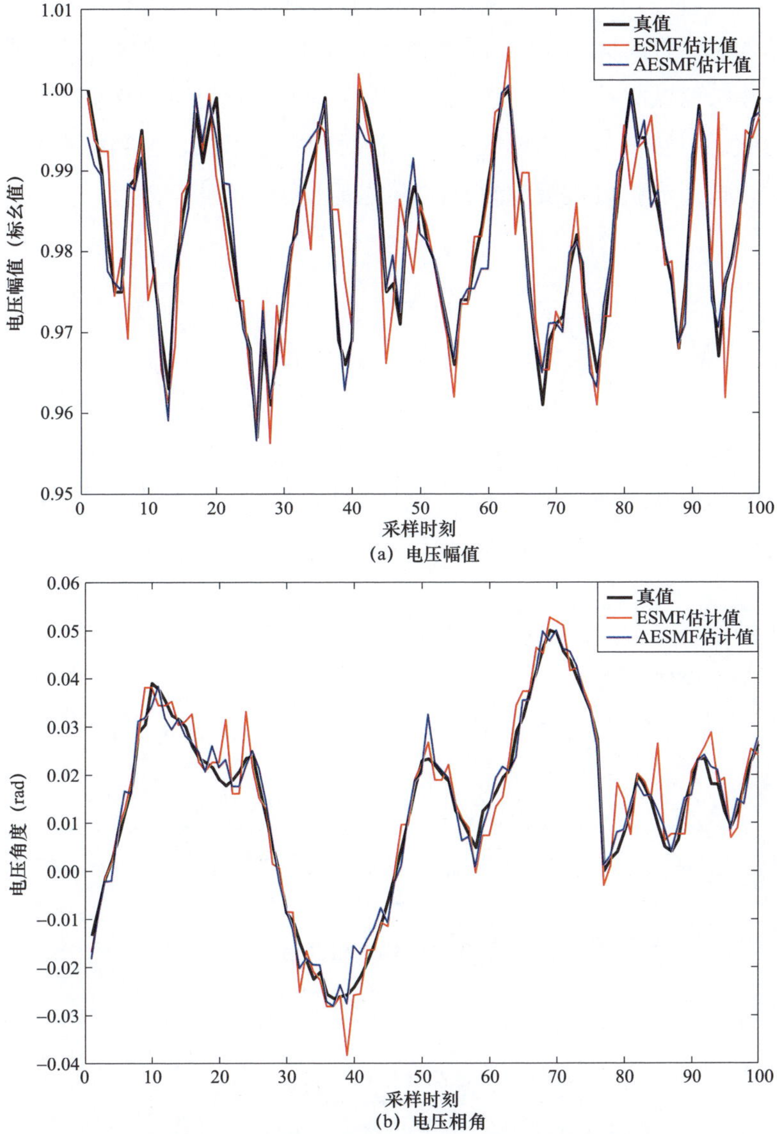

图 9-6　ESMF 和 AESMF 算法比较结果

模拟运行 100 次，得到这两种算法的均方根误差，如图 9-7 所示。

由图 9-7 可知，自适应扩展集员滤波算法的均方根误差远远小于普通扩展集员滤波算的均方根误差，具有更优越的估计性能，数值精度高。此外，自适应扩展集员滤波算法的实时性稍加优秀，模拟运行 1000 次，普通扩展集员滤波算的总运行时间为 14.43s，单次平均运行时间为 0.01443s；自适应扩展集员滤波算法的总运行时间为 14.28s，平均单次运行时间为 0.001428s。这是因为自适应扩展集员滤波算法通过引入自适应程序调整迭代过程使迭代次数减少，数据快速收敛。虽然单节点的单次平均运行时间相差不大，但当配电网的节点数目庞大时，自适应扩展集员滤波算法将显现出更大优势。

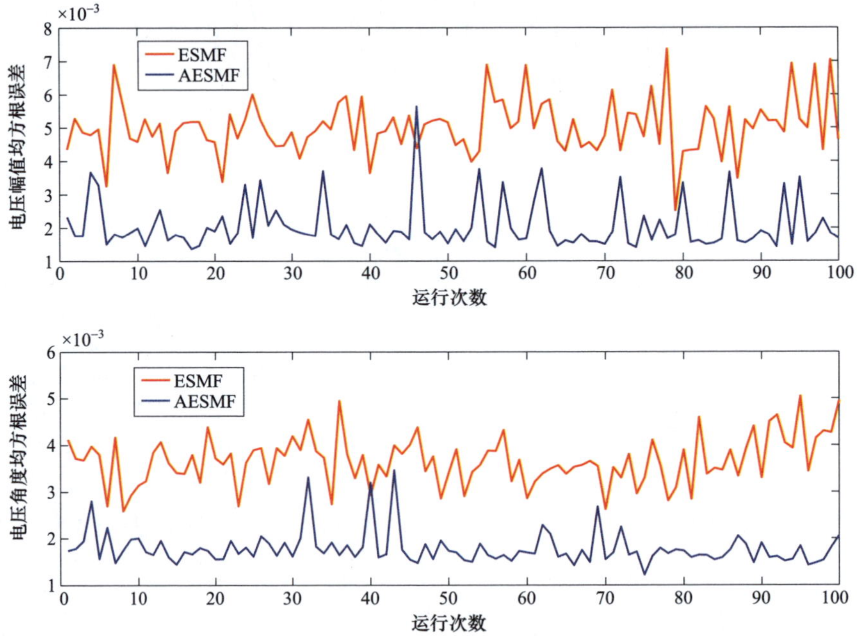

图 9–7　均方根误差

9.5 本章小结

本章提出了一种基于未知但有界（UBB）噪声的自适应扩展集员滤波（AESMF）算法，用于解决配电网动态状态估计中因非高斯噪声及其复杂性而导致的传统滤波器性能下降问题。与传统的扩展集员滤波（ESMF）算法相比，AESMF 通过引入自适应程序对噪声和线性化误差进行优化处理，显著提升了估计精度、收敛速度以及算法的稳定性。针对电力系统中存在的多种复杂干扰情况，AESMF 算法可有效提升配电网状态估计的鲁棒性和可靠性，为 SCADA/WAMS 混合测量系统中的非线性量测提供更高精度的解决方案。在大规模配电网络中，该算法的快速收敛特性还能满足工程的实时性需求，为电力系统安全稳定运行提供可靠支持。

第 10 章

计及时滞的含风电配电网节点电压安全分析

随着“双碳”目标的推进和可再生能源的快速发展，光伏和风电等新能源大规模接入配电网，带来了电力系统稳定性和电压控制方面的重大挑战。光伏发电的间歇性和不确定性导致电网潮流从单向流动转为双向流动，引发电压波动、功率倒送和电压越限问题。传统电压调节设备如有载调压变压器（on-load tap changer transformer，OLTC）和电容器组（capacitor bank，CB）由于调节频率较低，难以应对光伏发电带来的快速电压波动。随着配电网中分布式光伏的增多，电压优化控制不仅面临设备响应滞后的问题，还受到通信延迟和信息传输不及时的影响，进一步降低了系统的动态响应能力。此外，如何协调传统电压调节设备与新型智能设备（如光伏逆变器、储能系统等）的协同工作，实现高效的电压优化控制，成为当前配电网管理中的一项关键问题。因此，解决多设备协调控制、通信时延以及电压波动等问题，保障配电网的稳定性与安全性，已成为电力系统亟待攻克的核心难题。

在配电网运行控制过程中，数据计算、指令传输、指令响应等多环节均存在的不确定性耗时，可能会造成控制策略失灵乃至局部节点电压越限，因此，精准掌握配电网的最大可调控时延即时滞稳定裕度非常必要。为此，本章首先构建了计及时滞的含风电配电网节点电压安全分析偏导数微分超越方程的数学模型；然后提出一种 Lyapunov－Krasovskii 泛函构造方法，并应用 Wirtinger

不等式技巧处理泛函导数中的积分项，实现对所构建偏导数微分超越方程的求解，得到稳定判据，获知其时滞稳定裕度；最后借助典型案例和 IEEE 33 算例进行仿真验证。结果表明，该方法所得稳定判据具有更低的保守性，以期为不确定时滞影响下的配电网运行控制提供理论依据。

10.1　系　统　模　型

一般而言，待求解变量数与系统状态变量数近似呈二次方关系，导致时滞模型求解变量多且求解时间长，因此时滞系统研究大多从低阶简单系统开始，进而掌握复杂系统的规律。为探究含风电的配电系统节点电压时滞稳定性，本章以接入小规模风电机组为例，构建以典型 IEEE 33 为原型的时滞配电系统模型。其中，风电机组接入点处的戴维南等效模型如图 10－1 所示。图 10－1 中，U_1 表示风电机组并入点电压；U_2 表示风电机组定子电压；I 表示线路电流；I_s 表示定子电流；R_1 表示线路电阻；X 表示线路漏抗；R_s 表示定子电阻；X' 表

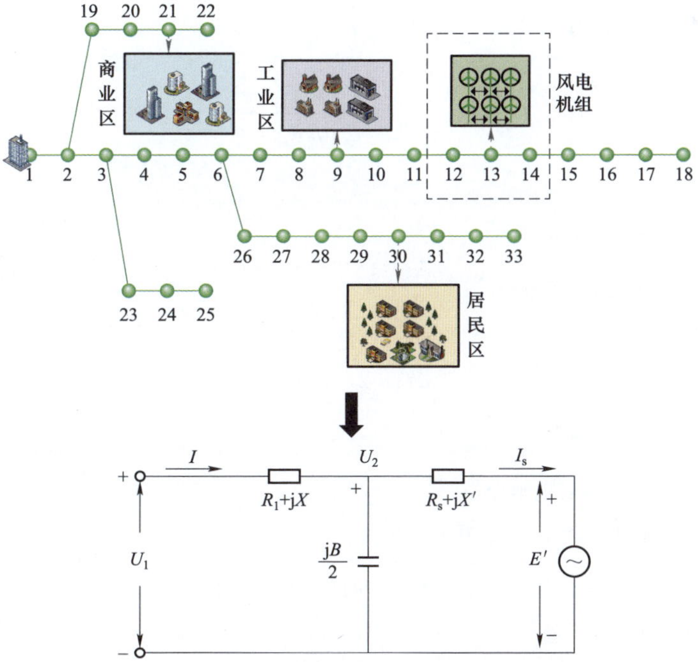

图 10－1　风电机组接入点处戴维南等效模型

示定子漏抗；$\frac{jB}{2}$表示无功补偿的电容；E'表示暂态电动势。

风电机组的定子电流方程为

$$I_s = \frac{U_2 - E'}{R_s + jX'} \tag{10-1}$$

其中

$$X' = X_s + \frac{X_r + X_m}{X_r + X_m} \tag{10-2}$$

式中 X_s——励磁阻抗；

X_r——转子漏抗；

X_m——定子漏抗。

风电机组的电磁暂态方程为

$$\frac{dE'}{dt} = -\frac{1}{T_0'}[E' - j(X_0 - X')I_s] - j\omega_s sE' \tag{10-3}$$

式中 ω_s——定子电角频率；

s——转差率。

T_0'和X_0计算式为

$$\begin{cases} T_0 = \dfrac{X_r + X_m}{2\pi f_s R_s} \\ X_0 = X_r + X_m \end{cases} \tag{10-4}$$

式中 f_s——电网频率。

风电机组电动力学方程为

$$\frac{ds}{dt} = \frac{P_m - P_e}{2H(1-s)} \tag{10-5}$$

式中 H——惯性系数；

P_m——风机机械输入功率；

P_e——机械功率，计算式为

$$P_e = P_e'(1-s) = \mathrm{Re}\{E'I_s^*\} \tag{10-6}$$

式中 P_e'——电磁功率；

Re——实部。

当风电机组稳定运行时，假设其相关初值 E_0'、s_0、I_{s0}、U_0 在机组出现小扰动后，在平衡点附近进行线性化处理并忽略二阶无穷小变量 $\Delta E'\Delta s$ 和 $\Delta E'\Delta E'^{*}$，可以获得状态方程式，即式（10－7）。

$$\frac{\mathrm{d}}{\mathrm{d}t}\begin{bmatrix}\Delta E_{\mathrm{r}}' \\ \Delta E_{\mathrm{m}}' \\ \Delta s\end{bmatrix}=\begin{bmatrix}-K_1 & \omega_{\mathrm{s}}s_0+K_2 & \omega_{\mathrm{s}}E_0' \\ -\omega_{\mathrm{s}}s_0-K_2 & -K_1 & -\omega_{\mathrm{s}}E_{\mathrm{m}0}' \\ -\dfrac{K_3}{h} & -\dfrac{K_4}{h} & 0\end{bmatrix}\begin{bmatrix}\Delta E_{\mathrm{r}}' \\ \Delta E_{\mathrm{m}}' \\ \Delta s\end{bmatrix} \tag{10-7}$$

式中　E_{r}'，E_{m}'——E' 的实部和虚部；

　　　Z_{eq}——母线等值阻抗。

其中，$K_1+\mathrm{j}K_2=\dfrac{1}{T_0'}\left[1+\dfrac{\mathrm{j}(X_0-X')}{R_{\mathrm{s}}+\mathrm{j}X'+Z_{\mathrm{eq}}}\right]$；$K_3=-G+\mathrm{Re}\{I_{s0}\}$；$K_4=-B+I_{\mathrm{m}}\{I_{s0}\}$；$h=2H(1-s_0)$；$G+\mathrm{j}B=E_0'/(R_{\mathrm{s}}-\mathrm{j}X'+Z_{\mathrm{eq}}^{*})$；$X'=X_{\mathrm{s}}+X_{\mathrm{m}}$。

由戴维南等效电路图，得到

$$\begin{cases}C\dfrac{\mathrm{d}U_2}{\mathrm{d}t}+I_{\mathrm{s}}=I \\ U_1-U_2=R_1I+L\dfrac{\mathrm{d}I}{\mathrm{d}t}\end{cases} \tag{10-8}$$

式中　C——电容。

式（10－8）经过线性化处理后得到

$$\begin{cases}\dfrac{\mathrm{d}\Delta U_2}{\mathrm{d}t}=\dfrac{1}{C}\Delta I-\dfrac{1}{C}\Delta I_{\mathrm{s}} \\ \dfrac{\mathrm{d}\Delta I}{\mathrm{d}t}=-\dfrac{1}{L}\Delta U_2-\dfrac{R_1}{L}\Delta I\end{cases} \tag{10-9}$$

将式（10－1）代入式（10－9）得

$$\frac{\mathrm{d}\Delta U_2}{\mathrm{d}t}=\Delta E_{\mathrm{r}}'\frac{-1}{C(R_{\mathrm{s}}+\mathrm{j}X')}+\Delta E_{\mathrm{m}}'\frac{-1}{C(R_{\mathrm{s}}-\mathrm{j}X')}+\Delta U_2\frac{1}{C(R_{\mathrm{s}}+\mathrm{j}X')} \tag{10-10}$$

在（10－7）、式（10－9）、式（10－10）的参数中考虑通信延时，即相关参数的时滞表示形式分别为 $\Delta E_{\mathrm{r}}'(t-\tau)$、$\Delta E_{\mathrm{m}}'(t-\tau)$、$\Delta s(t-\tau)$、$\Delta U_2(t-\tau)$ 和 $\Delta I(t-\tau)$，则式（10－7）、式（10－9）、式（10－10）整理后可用下列矩阵表示，如式（10－11）所示

$$\frac{\mathrm{d}}{\mathrm{d}t}\begin{bmatrix}\Delta E_{\mathrm{r}}' \\ \Delta E_{\mathrm{m}}' \\ \Delta s \\ \Delta U_2 \\ \Delta I\end{bmatrix}=\begin{bmatrix}-K_1 & 0 & w_{\mathrm{s}}E_{\mathrm{r0}}' & 0 & 0 \\ -w_{\mathrm{s}}s_0-K_2 & -K_1 & -w_{\mathrm{s}}E_{\mathrm{m0}}' & 0 & 0 \\ -\dfrac{K_3}{h} & 0 & 0 & 0 & 0 \\ \dfrac{-1}{C(R_{\mathrm{s}}+\mathrm{j}X')} & 0 & 0 & 0 & 0 \\ 0 & 0 & 0 & 0 & -\dfrac{R}{L}\end{bmatrix}\begin{bmatrix}\Delta E_{\mathrm{r}}' \\ \Delta E_{\mathrm{m}}' \\ \Delta s \\ \Delta U_2 \\ \Delta I\end{bmatrix}+$$

$$\begin{bmatrix}0 & w_{\mathrm{s}}s_0+K_2 & 0 & 0 & 0 \\ 0 & -K_1 & 0 & 0 & 0 \\ 0 & -\dfrac{K_4}{h} & 0 & 0 & 0 \\ 0 & \dfrac{-1}{C(R_{\mathrm{s}}-\mathrm{j}X')} & 0 & \dfrac{1}{C(R_{\mathrm{s}}+\mathrm{j}X')} & 0 \\ 0 & 0 & 0 & -\dfrac{1}{L} & 0\end{bmatrix}\begin{bmatrix}\Delta E_{\mathrm{r}}'(t-\tau) \\ \Delta E_{\mathrm{m}}'(t-\tau) \\ \Delta s(t-\tau) \\ \Delta U_2(t-\tau) \\ \Delta I(t-\tau)\end{bmatrix} \tag{10-11}$$

此时，式（10－11）可表示为下列矩阵形式

$$\frac{\mathbf{d}\boldsymbol{x}(t)}{\mathrm{d}t}=\boldsymbol{A}\boldsymbol{x}(t)+\boldsymbol{A}_{\tau}\boldsymbol{x}(t-\tau) \tag{10-12}$$

其中

$$\boldsymbol{A}=\begin{bmatrix}-K_1 & 0 & w_{\mathrm{s}}E_{\mathrm{r0}}' & 0 & 0 \\ -w_{\mathrm{s}}s_0-K_2 & -K_1 & -w_{\mathrm{s}}E_{\mathrm{m0}}' & 0 & 0 \\ -\dfrac{K_3}{h} & 0 & 0 & 0 & 0 \\ \dfrac{-1}{C(R_{\mathrm{s}}+\mathrm{j}X')} & 0 & 0 & 0 & 0 \\ 0 & 0 & 0 & 0 & -\dfrac{R}{L}\end{bmatrix}$$

$$\boldsymbol{A}_{\tau}=\begin{bmatrix}0 & w_{\mathrm{s}}s_0+K_2 & 0 & 0 & 0 \\ 0 & -K_1 & 0 & 0 & 0 \\ 0 & -\dfrac{K_4}{h} & 0 & 0 & 0 \\ 0 & \dfrac{-1}{C(R_{\mathrm{s}}-\mathrm{j}X')} & 0 & \dfrac{1}{C(R_{\mathrm{s}}+\mathrm{j}X')} & 0 \\ 0 & 0 & 0 & -\dfrac{1}{L} & 0\end{bmatrix}$$

$$\boldsymbol{x}(\boldsymbol{t})=[\Delta E_{\mathrm{r}}' \quad \Delta E_{\mathrm{m}}' \quad \Delta s \quad \Delta U_2 \quad \Delta I]^{\mathrm{T}}$$

于是，得到配电网时滞系统模型的一般形式

$$\begin{cases} \boldsymbol{x}(t)=\boldsymbol{A}\boldsymbol{x}(t)+\boldsymbol{A}_{\tau}\boldsymbol{x}(t-\tau(t)),t>0 \\ \boldsymbol{x}(t)=\boldsymbol{\varphi}(t),t\in[-\tau,0] \end{cases} \tag{10-13}$$

式中　$\boldsymbol{x}(t)\in \boldsymbol{R}^{n\times n}$ ——系统的状态变量；

$\boldsymbol{x}(t)$ —— $\boldsymbol{x}(t)$ 导数；

$\boldsymbol{A}$ 、$\boldsymbol{A}_{\tau}$ ——系统矩阵；

$\tau(t)$ ——满足 $0\leqslant\tau(t)\leqslant\tau$ 的时滞函数；

$\boldsymbol{\varphi}(\boldsymbol{t})$ ——初始值。

式（10－13）是典型的偏导数微分超越方程，直接解析求解通常十分困难。为此，本章通过构造合适的 L－K 泛函，再将判稳条件转换为标准线性矩阵不等式（linear matrix inequality，LMI）形式，最后利用 LMI 求解器进行求解。

10.2　时滞配电系统稳定判据

根据目前时滞系统的研究，时滞被分为两种：定常时滞和时变时滞。其中，根据时变时滞导数的信息是否已知，时变时滞又分为三种：第一种是时滞导数具有确定的上下界；第二种是时滞导数具有确定的上界；第三种是时滞的导数未知，也被称为随机时滞。在实际情况中，时变时滞导数的信息一般很难得到，因此本章节重点研究更加符合实际情况的随机时滞模型，本章节的稳定判据适用于研究随机时滞影响下电力系统在稳定状态下所允许的最大时滞。

一般而言，判断时滞系统稳定的充分条件是泛函正定且其导数负定，因此构造更优的 L－K 泛函和采用更优的放缩变换技术可以简化推导过程，以达到降低判据求解难度和判据保守性的目的[21]。为求解本章节时滞方程（10－13），首先，充分利用时滞的上下界信息，提出一种增广向量和 L－K 泛函的构造方法；然后，对泛函导数进行放缩处理得到稳定判据；最后，将稳定判据转换成 LMI 形式并利用 LMI 求解器得到稳定裕度。为了得到系统的稳定判据，下面先介绍以下重要的引理。

10.2.1 主要引理

Schur 补引理：对于对称矩阵 $\boldsymbol{A}_{11}$，$\boldsymbol{A}_{12}$，$\boldsymbol{A}_{22}$，以下三个条件等价

（1）$\begin{bmatrix} \boldsymbol{A}_{11} & \boldsymbol{A}_{12} \\ \boldsymbol{A}_{12}^{\mathrm{T}} & \boldsymbol{A}_{22} \end{bmatrix} < 0$；

（2）$\boldsymbol{A}_{11} < 0$，$\boldsymbol{A}_{22} - \boldsymbol{A}_{12}^{\mathrm{T}}\boldsymbol{A}_{12}^{-1}\boldsymbol{A}_{12} < 0$；

（3）$\boldsymbol{A}_{22} < 0$，$\boldsymbol{A}_{11} - \boldsymbol{A}_{12}\boldsymbol{A}_{22}^{-1}\boldsymbol{A}_{12}^{\mathrm{T}} < 0$。

引理 10－1：令 $h_1 \leqslant h(t) \leqslant h_2$，则对任意矩阵 $\boldsymbol{x}(t) \in \boldsymbol{R}^{\mathrm{n\times n}}$ 且 $\boldsymbol{R} = \boldsymbol{R}^{\mathrm{T}} > 0$，以及适当的维数矩阵 $\boldsymbol{T}_i$ 和 $\boldsymbol{Y}_i (i=1,2,3)$，有下列不等式成立

$$-\int_{t-h_2}^{t-h_1} \dot{\boldsymbol{x}}^{\mathrm{T}}(s)\boldsymbol{R}\dot{\boldsymbol{x}}(s)\mathrm{d}s \leqslant \zeta^{\mathrm{T}}(t)\{(h_2 - h(t))\boldsymbol{T}\boldsymbol{R}^{-1}\boldsymbol{T}^{\mathrm{T}} + (h(t)-h_1)\boldsymbol{Y}\boldsymbol{R}^{-1}\boldsymbol{Y}^{\mathrm{T}} + [\boldsymbol{Y} \quad -\boldsymbol{Y}+\boldsymbol{T} \quad -\boldsymbol{T}] + [\boldsymbol{Y} \quad -\boldsymbol{Y}+\boldsymbol{T} \quad -\boldsymbol{T}]^{\mathrm{T}}\}\zeta(t) \tag{10-14}$$

其中

$$\boldsymbol{T} = [\boldsymbol{T}_1^{\mathrm{T}} \quad \boldsymbol{T}_2^{\mathrm{T}} \quad \boldsymbol{T}_3^{\mathrm{T}}]^{\mathrm{T}}$$

$$\boldsymbol{Y} = [\boldsymbol{Y}_1^{\mathrm{T}} \quad \boldsymbol{Y}_2^{\mathrm{T}} \quad \boldsymbol{Y}_3^{\mathrm{T}}]^{\mathrm{T}}$$

$$\zeta^{\mathrm{T}}(t) = [\boldsymbol{x}^{\mathrm{T}}(t-h_1)\boldsymbol{x}^{\mathrm{T}}(t-h(t))\boldsymbol{x}^{\mathrm{T}}(t-h_2)]$$

引理 10－2：对于给定的正定矩阵 $\boldsymbol{R} = \boldsymbol{R}^{\mathrm{T}} > 0$ 以及可微函数 $\boldsymbol{\sigma}(s):[a \quad b] \to \boldsymbol{R}^{\mathrm{n\times n}}$ 且 $a > b$，有下列不等式成立

$$\int_b^a \dot{\boldsymbol{\sigma}}^{\mathrm{T}}(s)\boldsymbol{R}\dot{\zeta}(s)\mathrm{d}s \geqslant \frac{1}{a-b}\vartheta_1^{\mathrm{T}}\boldsymbol{R}\vartheta_1 + \frac{3}{a-b}\vartheta_2^{\mathrm{T}}\boldsymbol{R}\vartheta_2 \tag{10-15}$$

其中 $\vartheta_1 = \boldsymbol{\sigma}(b) - \boldsymbol{\sigma}(a)$；$\vartheta_2 = \boldsymbol{\sigma}(b) - \boldsymbol{\sigma}(a) - \dfrac{3}{b-a}\displaystyle\int_a^b \boldsymbol{\sigma}(s)\,\mathrm{d}s$

引理 10－3：假设 $\boldsymbol{H}_i (i=1,2,3)$ 为具有适当维数的矩阵，$\boldsymbol{\lambda(t)}$ 为 $[\lambda_1 \quad \lambda_2]$ 上的变函数，则使矩阵不等式 $\boldsymbol{H}_1 + (\lambda_2 - \boldsymbol{\lambda(t)})\boldsymbol{H}_2 + (\boldsymbol{\lambda(t)} - \lambda_1)\boldsymbol{H}_3 < 0$ 成立的充要条件是 $\boldsymbol{H}_1 + (\lambda_2 - \boldsymbol{\lambda(t)})\boldsymbol{H}_2 < 0$ 且 $\boldsymbol{H}_1 + (\boldsymbol{\lambda(t)} - \lambda_1)\boldsymbol{H}_3 < 0$。

引理 10－4：对于 $\boldsymbol{x}(t) \in \boldsymbol{R}^{\mathrm{n\times n}}$ 存在一阶连续导数，给定任意矩阵 $\boldsymbol{Z} = \boldsymbol{Z}^{\mathrm{T}} > 0$，常数 $h > 0$ 及向量函数 $\dot{\boldsymbol{x}}:[-h \quad 0] \to \boldsymbol{R}^{\mathrm{n\times n}}$，有下列不等式成立

$$-\frac{h^2}{2}\int_{-h}^{0}\int_{t+\theta}^{t} \dot{\boldsymbol{x}}^{\mathrm{T}}(s)\boldsymbol{Z}\dot{\boldsymbol{x}}(s)\mathrm{d}s\mathrm{d}\theta \leqslant \xi^{\mathrm{T}}(t)\begin{bmatrix} -\boldsymbol{Z} & \boldsymbol{Z} \\ \boldsymbol{Z} & -\boldsymbol{Z} \end{bmatrix}\xi(t) \tag{10-16}$$

其中　$\xi^{\mathrm{T}}(t)=\left[h\boldsymbol{x}^{\mathrm{T}}(t)\int_{t-h}^{t}\boldsymbol{x}^{\mathrm{T}}(t)\mathrm{d}s\right]$

10.2.2　稳定判据

利用 Lyapunov 稳定性定理分析本章节时滞系统稳定性的基本思路为：构造 L－K 泛函并采用 Wirtinger 积分不等式处理泛函导数中的积分项，再借助 LMI 工具箱求解稳定裕度。其中，LMI 工具箱所能求解的线性矩阵不等式的阶次最多不超过 50～60 阶，因此分析高维电力系统首要考虑的问题就是模型降阶。由于时滞相关项在整个系统变量中只占少数，因此可以利用常见的 Hankel 算法、Schur 算法等降阶方法将系统模型等价地分为时滞相关部分和时滞无关部分，从而实现系统的降维。其中，本章利用 Schur 补引理进行降阶。

在泛函中引入新的增广变量以及积分项，针对系统模型，式（10－13）构造的 L－K 泛函如下

$$V(t)=\sum_{i=4}^{4}V_i(t) \tag{10-17}$$

对泛函进行求导，利用相关引理对导数进行放缩变换，基于 Lyapunov 稳定性原理，即当 $\dot{V}(t)<0$ 时，系统是渐近稳定的，最终得到稳定性定理 1。

定理 10－1：对给定常量 $0\leqslant h_1\leqslant h_2$ 和 μ，若存在正定矩阵 $\boldsymbol{P},\boldsymbol{Q}_i(i=1,2,3)$，$\boldsymbol{W}_i(i=1,2)$，$\boldsymbol{M}_i(i=1,2)\in\boldsymbol{R}^{\mathrm{n\times n}}$ 及适当维数的自由矩阵 $\boldsymbol{T}_i$、$\boldsymbol{Y}_i(i=1,2,3)$ 使得式（10－18）成立，则系统模型，式（10－13）是渐近稳定的

$$\begin{bmatrix}\boldsymbol{\Gamma} & \bar{\boldsymbol{A}}^{\mathrm{T}}\boldsymbol{\Omega} & (h_2-h_1)\bar{\boldsymbol{K}}_{1,2}\\ * & -\boldsymbol{\Omega} & 0\\ * & * & (h_2-h_1)\boldsymbol{W}_2\end{bmatrix}<0 \tag{10-18}$$

其中　$\boldsymbol{\Gamma}<0$；$\boldsymbol{K}_1=\boldsymbol{Y}$；$\boldsymbol{K}_2=\boldsymbol{T}$；$\boldsymbol{\Gamma}=\begin{bmatrix}\boldsymbol{\Gamma}_{11} & \boldsymbol{\Gamma}_{12}\\ * & \boldsymbol{\Gamma}_{22}\end{bmatrix}$

$$\boldsymbol{\Gamma}_{11}=\begin{bmatrix}\boldsymbol{L} & -\boldsymbol{P}_{12}+\boldsymbol{P}_{13}-2\boldsymbol{W}_1 & \boldsymbol{P}_{11}\boldsymbol{A}_1\\ * & -\boldsymbol{Q}_1-4\boldsymbol{W}_1+\boldsymbol{Y}_1+\boldsymbol{Y}^{\mathrm{T}} & -\boldsymbol{Y}_1+\boldsymbol{Y}_2^{\mathrm{T}}+\boldsymbol{T}_1\\ * & * & \boldsymbol{K}\end{bmatrix}$$

$$\boldsymbol{\Gamma}_{12}^{\mathrm{T}}=\begin{bmatrix}-\boldsymbol{P}_{13} & \boldsymbol{Y}_3^{\mathrm{T}}-\boldsymbol{T}_1 & \boldsymbol{T}_3^{\mathrm{T}}-\boldsymbol{Y}_3^{\mathrm{T}}-\boldsymbol{T}_2\\ \boldsymbol{A}^{\mathrm{T}}\boldsymbol{P}_{12}+\boldsymbol{P}_{22}+\dfrac{6}{h_1}\boldsymbol{W}_1+h_1\boldsymbol{M}_1 & \boldsymbol{P}_{23}^{\mathrm{T}}-\boldsymbol{P}_{22}+\dfrac{6}{h_1}\boldsymbol{W}_1 & -\boldsymbol{P}_{23}+\boldsymbol{P}_{33}\\ \boldsymbol{A}^{\mathrm{T}}\boldsymbol{P}_{13}+\boldsymbol{P}_{23}+(h_2-h_1)\boldsymbol{M}_1 & -\boldsymbol{P}_{23}+\boldsymbol{P}_{33} & \boldsymbol{A}_1^{\mathrm{T}}\boldsymbol{P}_{13}\end{bmatrix}$$

$$\boldsymbol{\Gamma}_{22}=\begin{bmatrix} -\boldsymbol{Q}_2-\boldsymbol{T}_3-\boldsymbol{T}_3^{\mathrm{T}} & -\boldsymbol{P}_{23}^{\mathrm{T}} & -\boldsymbol{P}_{33} \\ * & -\dfrac{12}{h_1^2}\boldsymbol{W}_1-\boldsymbol{M}_1 & 0 \\ * & * & -\boldsymbol{M}_2 \end{bmatrix}$$

$$\boldsymbol{L}=\boldsymbol{P}_{11}\boldsymbol{A}+\boldsymbol{A}^{\mathrm{T}}\boldsymbol{P}_{11}+\boldsymbol{P}_{12}+\boldsymbol{P}_{12}^{\mathrm{T}}+\boldsymbol{Q}_1+\boldsymbol{Q}_2+\boldsymbol{Q}_3-4\boldsymbol{W}_1-h_1^2\boldsymbol{M}_1-(h_1-h_1)^2\boldsymbol{M}_2$$

$$\boldsymbol{K}=(\dot{h}(t)-1)\,\boldsymbol{Q}_3-\boldsymbol{Y}_2^{\mathrm{T}}-\boldsymbol{Y}_2+\boldsymbol{T}_2^{\mathrm{T}}+\boldsymbol{T}_2$$

$$\bar{\boldsymbol{Y}}=[0\quad \boldsymbol{Y}_1^{\mathrm{T}}\quad \boldsymbol{Y}_2^{\mathrm{T}}\quad \boldsymbol{Y}_3^{\mathrm{T}}\quad 0\quad 0]^{\mathrm{T}}$$

$$\bar{\boldsymbol{T}}=[0\quad \boldsymbol{T}_1^{\mathrm{T}}\quad \boldsymbol{T}_2^{\mathrm{T}}\quad \boldsymbol{T}_3^{\mathrm{T}}\quad 0\quad 0]^{\mathrm{T}}$$

$$\bar{\boldsymbol{A}}=[\boldsymbol{A}\quad 0\quad \boldsymbol{A}_1\quad 0\quad 0\quad 0]^{\mathrm{T}}$$

$$\boldsymbol{\Omega}=h_1^2\boldsymbol{W}_1+(h_2-h_1)\boldsymbol{W}_2+\frac{h_1^4}{4}\boldsymbol{M}_1+\frac{(h_2^2-h_1^2)^2}{4}$$

综上，得到本章所构建时滞配电系统的稳定判据，即定理 10－1。由式（10－18）不难发现，借助 LMI 求解器所获知的时滞稳定裕度上界值 h_2，就是本章节所构建时滞配电系统的最大时滞稳定裕度值。

10.3 案 例 分 析

10.3.1 典型二阶系统

系统时滞上界值越大，系统安全运行区域越大，表明所得稳定判据保守性越小。因此，可以通过比较时滞上界值来衡量时滞系统稳定判据的保守性。基于典型二阶系统进行验证分析，通过与改进积分不等式的方法和构造新型 L－K 泛函并对积分区间进行时滞分割的方法进行对比，验证本章方法的保守性。

对于配电网时滞系统，式（10－13），$\boldsymbol{A}$、$\boldsymbol{A}_\tau$ 取值如下所示

$$\boldsymbol{A}=\begin{bmatrix} -2 & 0 \\ 0 & -0.9 \end{bmatrix} \qquad \boldsymbol{A}_\tau=\begin{bmatrix} -1 & 0 \\ -1 & -1 \end{bmatrix}$$

当 $\mu=0.5$ 以及 $\mu=0.9$ 时，给定时滞下界 h_1，分别求得定理 1 与改进积分不等式法和时滞分割法稳定判据对应的时滞稳定裕度，结果如图 10－2 所示。

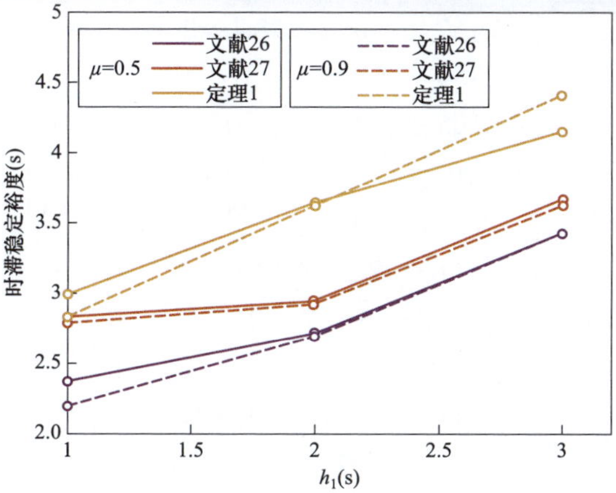

图 10-2 给定 μ 和 h_1 时系统最大允许时滞上界

由图 10-2 观察，得，在 μ 的不同取值下，时滞稳定裕度会随着 h_1 的增大而呈增加趋势。在典型二阶系统中，本章节方法可显著降低稳定判据保守性。

10.3.2 单台风电机组

配电网拓扑结构如图 10-3 所示。其中，配电网基准功率为 10MW，基准电压为 12.66kV，1 号节点接变电站低压侧母线。通过仿真风电机组出力波动导致配电网部分节点电压越限的过程，观察时滞影响下节点电压的变化，证明本章节方法的正确性和研究的必要性。

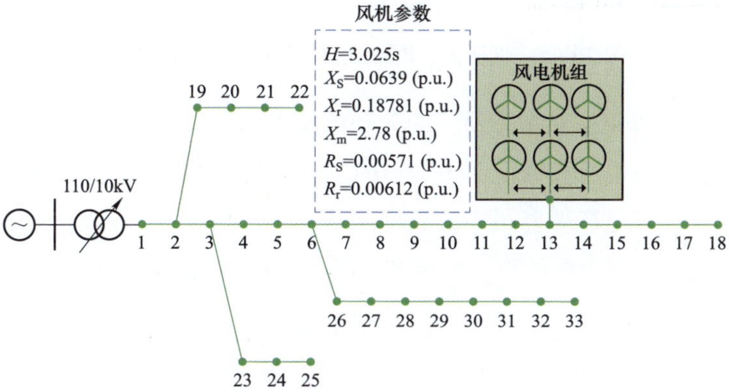

图 10-3 单台风电机组接入配电网

根据 IEEE33 数据和风电机组参数，可得到状态矩阵 A 和 A_τ，如下所示

$$
\boldsymbol{A}=\begin{bmatrix} -6.167 & 0 & 78.1942 & 0 & 0 \\ 2.2854 & -6.167 & 267.69 & 0 & 0 \\ 0.0105 & 0 & 0 & 0 & 0 \\ -200 & 0 & 0 & 0 & 0 \\ 0 & 0 & 0 & 0 & -100 \end{bmatrix}
$$

$$
\boldsymbol{A}_{\tau}=\begin{bmatrix} 0 & -2.2854 & 0 & 0 & 0 \\ 0 & -6.167 & 0 & 0 & 0 \\ 0 & 0.6632 & 0 & 0 & 0 \\ 0 & -200 & 0 & 200 & 0 \\ 0 & 0 & 0 & -100 & 0 \end{bmatrix}
$$

进行求解，求得最大时滞上界值为 5.1s。

风电机组接入后，配电网 33 节点电压变化如图 10－4 所示。其中，12、13、14、15、16 节点电压越限。

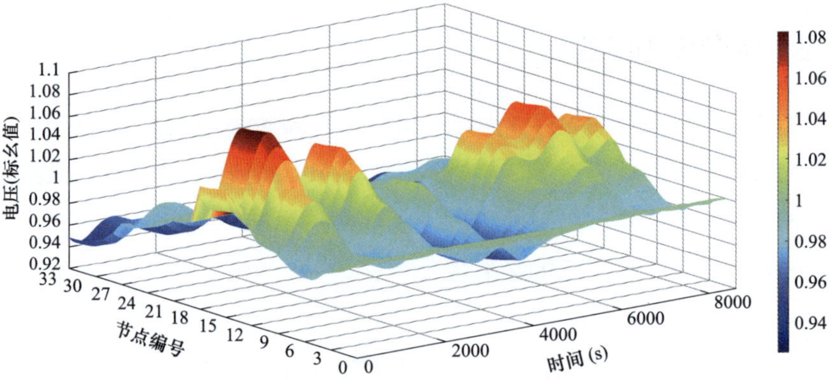

图 10－4　调压前，配电网 33 个节点的电压变化

本章节采用以电压质量为目标的无功电压优化策略：利用风电无功余量进行无功优化，将节点电压和额定电压偏差的方差作为目标，达到提升系统电压水平的目的。保证系统电压偏差最小的目标函数如式（10－19）所示。约束条件包括功率平衡约束、节点电压约束、平衡节点约束、风机出力约束、无功补偿约束等

$$
\min f=\frac{\sum_{i=0}^{M}(U_{iT}-U_{N})^{2}}{M} \tag{10－19}
$$

式中　U_{iT} ——节点 i 在 T 时刻的电压值；

U_{N} ——系统的额定电压；

M ——系统的节点数量。

在不考虑配电网时滞情况下，调压后各节点电压变化如图 10－5 所示，未出现电压越限问题。

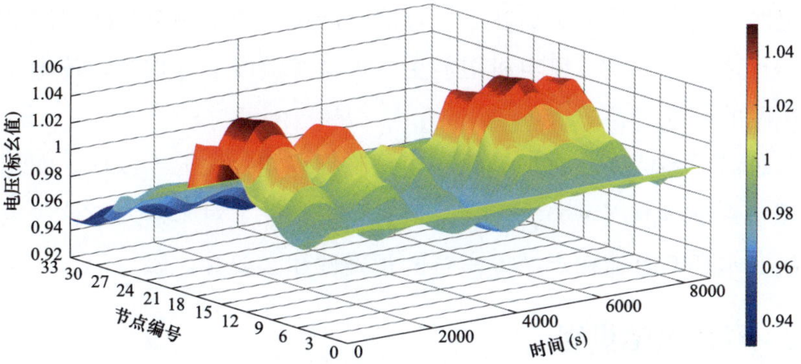

图 10－5　调压后，配电网 33 个节点的电压变化

然而，实际情况中调控信号的时滞影响不可忽略，导致节点电压不会因调控指令而立刻变化。根据本章节方法求得的最大时滞上界值 5.1s，设置调控时滞分别为 0、5.1、5.2s，观察 15 节点电压的变化，如图 10－6 所示。

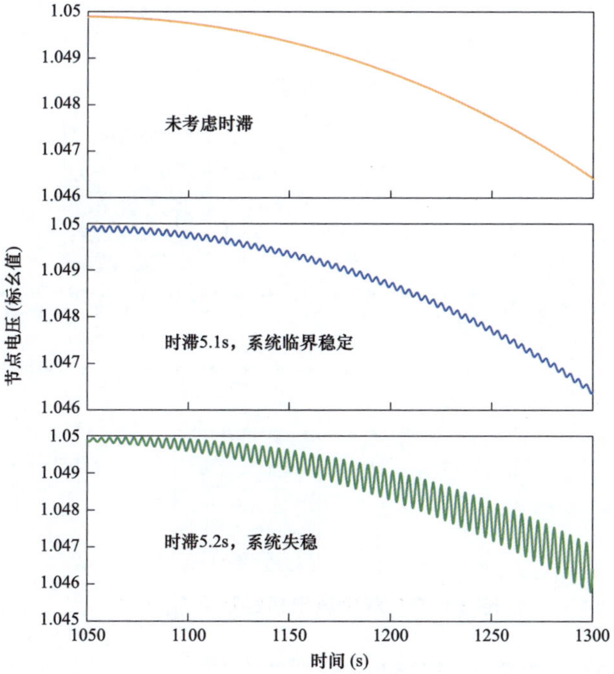

图 10－6　仿真对比

通过对比仿真结果，得出以下结论：

（1）如图 10－6 所示，未考虑时滞影响调控后的系统不能适应波动性电源的运行，且无法准确反映与风电机组之间的动态响应；未按照时滞稳定裕度调节，配电网节点电压处于失稳状态；按照时滞稳定裕度调节，配电网节点电压在安全运行范围内变化，风电机组能更好地跟踪调度运行指令，使电压可控性满足配电网的需求。

（2）时滞上界值为 5.1s 时，系统电压临界稳定；大于 5.1s 时，即超过稳定上界，配电系统逐渐震荡失去稳定，仿真结果验证了对于接入单台风电机组的配电系统，本章节时滞稳定裕度求解的正确性和必要性。

10.3.3 双台风电机组

为进一步验证本章方法的有效性，求解接入双台风电机组配电系统的稳定裕度。如图 10－7 所示。

通过仿真风电机组出力波动导致配电网部分节点电压越限的过程，观察时滞影响下节点电压的变化，证明本章节判据的正确性和保守性。

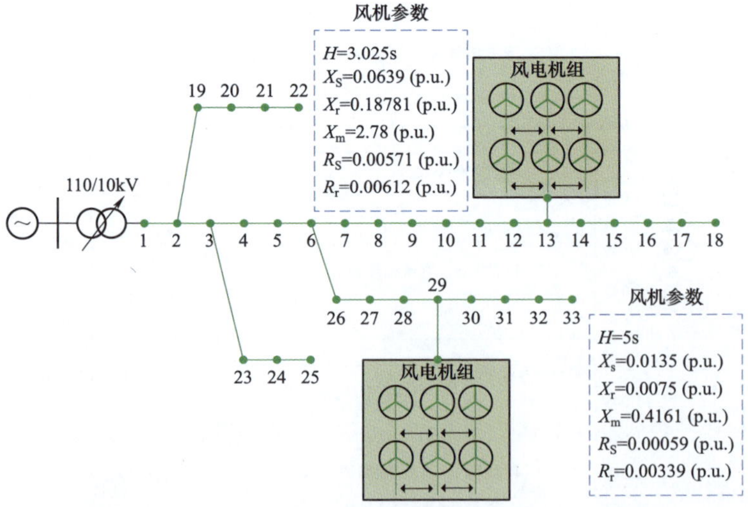

图 10－7　双台风电机组接入配电网

根据 IEEE33 节点配电网数据，得到状态矩阵 A 和 A_{τ}，如下所示

$$A=\begin{bmatrix} -7.1 & 0 & 78.1942 & 0 & 0 \\ 2.2854 & -7.1 & 267.69 & 0 & 0 \\ 0.0105 & 0 & 0 & 0 & 0 \\ -400 & 0 & 0 & 0 & 0 \\ 0 & 0 & 0 & 0 & -200 \end{bmatrix}$$

$$A_{\tau}=\begin{bmatrix} 0 & -3.43 & 0 & 0 & 0 \\ 0 & -7.1 & 0 & 0 & 0 \\ 0 & 0.6632 & 0 & 0 & 0 \\ 0 & -400 & 0 & 400 & 0 \\ 0 & 0 & 0 & -200 & 0 \end{bmatrix}$$

进行求解，求得最大时滞上界值为 5.9s。

风电机组接入后，配电网 33 节点电压变化如图 10－8 所示，13、14、15、16、17、18 节点电压发生越限。

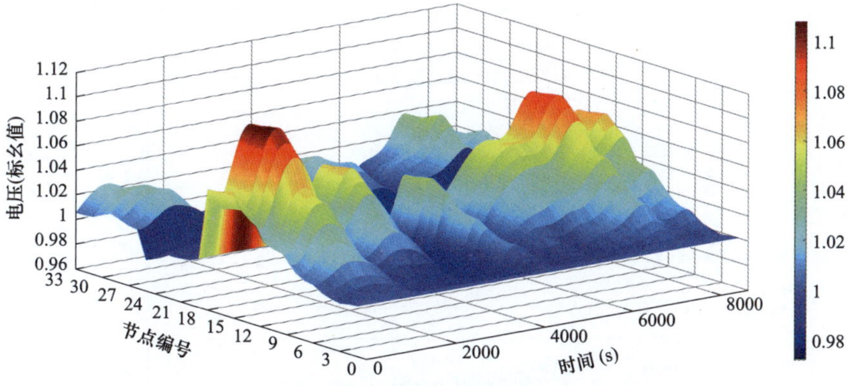

图 10－8 调压前，配电网 33 个节点的电压变化

为消除电压越限问题，有必要进行配电网的电压运行控制。在不考虑调控信号时滞情况下，调压后各节点电压未出现越限问题，如图 10－9 所示。

然而，实际情况中调控信号的时滞影响不可忽略，导致节点电压不会立刻变化。根据本章节方法求得的最大时滞上界值 5.9s，分别设置时滞为 0s、5.9s、6.0s，观察 15 节点电压变化，如图 10－10 所示。

通过仿真对比结果，得出以下结论：

（1）与单台风电机组的情况一致，按照时滞稳定裕度调节后，配电网节点电压能够适应波动性电源的运行、准确反映与配网系统间的动态响应并且在安全运行范围内变化。

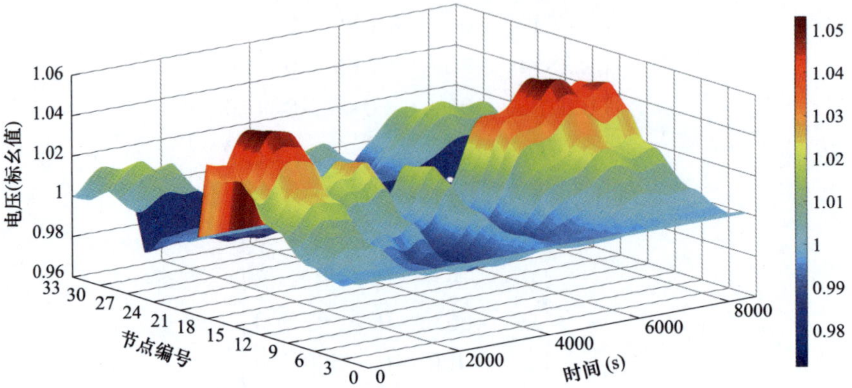

图 10－9　调压后，配电网 33 个节点的电压变化

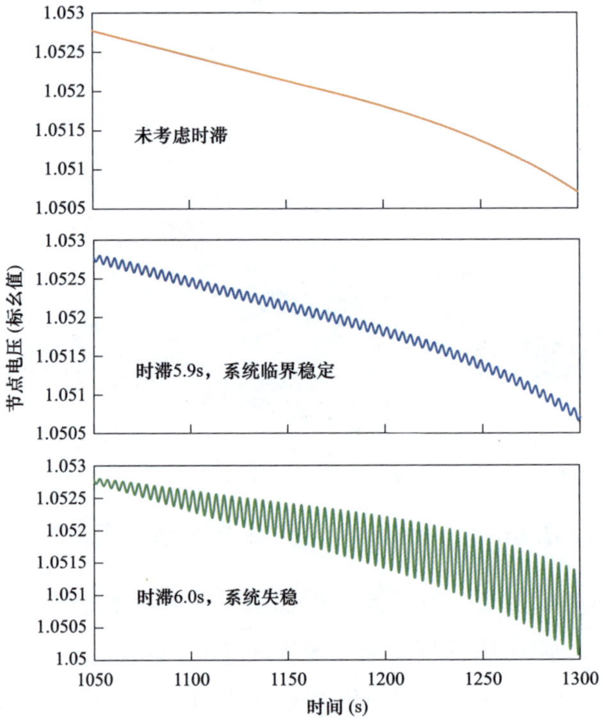

图 10－10　仿真对比

（2）在时滞上界值为 5.9s 时，系统电压临界稳定；大于 5.9s 时，即超过稳定上界，系统逐渐震荡失去稳定，仿真结果验证了对于接入双台风电机组的配网系统，本章节时滞稳定裕度求解的正确性和必要性。

综上，在配电网节点电压安全控制过程中，当调控信号的通信时延超过所得时滞稳定裕度，配电网会出现部分节点电压越限并逐步恶化。基于图 10－6 和图 10－10 的仿真对比，可以发现：随着高比例风电的接入，系统通信、数据采集、数据处理等过程会更加复杂多样，系统时滞也会逐渐增大。因此，为实现配网系统安全动态调控并提高运行控制精度，在研究系统安全运行时，必须充分考虑调控通信延时等时滞因素，并利用保守性较小的方法求解时滞稳定裕度，为系统动态调控提供可靠的数值参考。

10.3.4　算法对比分析

在相同时滞参数取值下，利用改进积分不等式法和时滞分割法求出单台风电机组、双台风电机组接入 IEEE33 配电网时，保证系统安全运行的最大时滞上界值 h_2，结果如表 10－1 所示。

表 10－1　　不同方法的时滞上界值

方法	单台风电机组	双台风电机组
改进积分不等式法	3.18s	4.202s
时滞分割法	3.42s	4.86s
本章方法	5.1s	5.9s

对比上表结果，得出以下结论：

（1）在相同时滞参数取值下，无论是单台风电机组还是双台风电机组接入配电网，本章节方法求得的稳定判据保守性更低，时滞稳定裕度更大，系统具有更大的稳定运行区域，证明了本章节方法的优越性。

（2）随着波动性电源接入规模增大，发电机组分布松散性更强，时滞影响更加严重，而改进积分不等式法时滞分割法在接入更多台风电机组情况下求得的时滞上界值会更保守，因此不能为配电网电压调控和安全运行提供精准的数据参考，将直接影响配电网调控的高效性与准确性。

10.4　本　章　小　结

本章通过建立含风电的配电网节点电压时滞模型，并基于 Lyapunov 稳定性理论，提出了一种新的 L－K 增广型泛函，并引入 Wirtinger 积分不等式，最终得出了以线性矩阵不等式表示的稳定判据，研究了系统时滞对电压稳定性的影响。研究表明，时滞现象，特别是风电带来的多重时滞环节，对系统动态响应效果有显著影响。通过分析时滞上界值得出，当调控通信时间小于时滞上界时，系统保持稳定；当调控时间超过时滞上界时，电压将失去稳定。本章方法有效降低了稳定判据的保守性，提出的时滞上界值为调度中心解决风电机组精准调控问题提供了理论依据，进而增强了配电网系统的安全性和风电机组的可控性。

参 考 文 献

[1] 曾博，徐富强，刘一贤，等. 综合考虑经济－环境－社会因素的多能耦合系统高维多目标规划［J］. 电工技术学报，2021，36（07）：1434－1445.

[2] 周博，艾小猛，方家琨，等. 计及超分辨率风电出力不确定性的连续时间鲁棒机组组合［J］. 电工技术学报，2021，36（07）：1456－1467.

[3] 朱泽安，周修宁，王旭，等. 基于稳暂态联合仿真模拟的区域多可再生能源系统评估决策［J］. 电工技术学报，2020，35（13）：2780－2791.

[4] 卓振宇，张宁，谢小荣，等. 高比例可再生能源电力系统关键技术及发展挑战［J］. 电力系统自动化，2021，45（09）：171－191.

[5] 李保杰，李进波，李洪杰，等. 土耳其“3.31”大停电事故的分析及对我国电网安全运行的启示［J］. 中国电机工程学报，2016，36（21）：5788－5795＋6021.

[6] 张沛，田佳鑫，谢桦. 计及多个风场预测误差的电力系统风险快速计算方法［J］. 电工技术学报，2021，36（09）：1876－1887.

[7] Dong Chaoyu, Jia Hongjie, Xu Qianwen, et al. Time-delay stability analysis for hybrid energy storage system with hierarchical control in DC microgrids［J］. IEEE Transactions on Smart Grid, 2018, 9(6): 6633－6645.

[8] 乐健，赵联港，廖小兵，等. 考虑控制时滞和参数不确定的虚拟同步电机并网系统稳定性分析［J］. 中国电机工程学报，2021，41（12）：4275－4286.

[9] Cao Yulei, Li Chongtao, He Tingyi, et al. A novel Rekasius substitution based exact method for

delay margin analysis of multi-area load frequency control systems [J]. IEEE Transactions on Power Systems, 2021, 36(6): 5222–5234.

[10] 郭春义，彭意，徐李清，等. 考虑延时影响的 MMC–HVDC 系统高频振荡机理分析 [J]. 电力系统自动化，2020，44（22）：119–126.

[11] 马燕峰，霍亚欣，李鑫，等. 考虑时滞影响的双馈风电场广域附加阻尼控制器设计 [J]. 电工技术学报，2020，35（01）：158–166.

[12] 古丽扎提•海拉提，王杰. 多时滞广域测量电力系统稳定分析与协调控制器设计 [J]. 电工技术学报，2014，29（02）：279–289.

[13] Zhang Chuanke, He Yong, Jiang Lin, et al. Notes on stability of time-delay systems: bounding inequalities and augmented Lyapunov-Krasovskii functionals [J]. IEEE Transactions on Automatic Control, 2017, 62(10): 5331–5336.

[14] 肖伸平，张天，唐军，等. 基于 PI 控制的时滞电力系统稳定性分析 [J]. 电网技术，2020，44（10）：3949–3954.

[15] Zhang Chuanke, He Yong, L. Jiang, et al. Delay-variation-dependent stability of delayed discrete-time systems [J]. IEEE Transactions on Automatic Control, 2016, 61(9): 2663–2669.

[16] 钱伟，王晨晨，费树岷. 区间变时滞广域电力系统稳定性分析与控制器设计 [J]. 电工技术学报，2019，34（17）：3640–3650.

[17] A. Seuret, F. Gouaisbaut. Wirtinger-based integral inequality: application to time-delay systems [J]. Automatica, 2013, 49(9): 2860–2866.

[18] Zhang Xianming, Han Qinglong, Alexandre Seuret, et al. An improved reciprocally convex inequality and an augmented Lyapunov-Krasovskii functional for stability of linear systems with time-varying delay [J]. Automatica, 2017, 84: 221–226.

[19] 窦晓波，葛浦东，全相军，等. 计及不确定时滞的有源配电网无功电压鲁棒控制 [J]. 中国电机工程学报，2019，39（05）：1290–1301.

[20] 周明，元博，张小平，等. 基于 SDE 的含风电电力系统随机小干扰稳定分析 [J]. 中国电机工程学报，2014，34（10）：1575–1582.

[21] Tae H. Lee, Ju H. Park. Improved stability conditions of time-varying delay systems based on new Lyapunov functionals [J]. Journal of the Franklin Institute, 2018, 355(3): 1176–1191.

［22］钱伟，蒋鹏冲. 时滞电力系统带记忆反馈控制方法［J］. 电网技术，2017，41（11）：3605－3611.

［23］Jian Sun, G. P. Liu, Jie Chen, et al. Improved delay-range-dependent stability criteria for linear systems with time-varying delays［J］. Automatica, 2010, 46(2): 466－470.

［24］Min Wu, Chen Peng, Jin Zhang, et al. Further results on delay-dependent stability criteria of discrete systems with an interval time-varying delay［J］. Journal of the Franklin Institute, 2017, 354(12): 4955－4965.

第 11 章

智能配电网无功优化方法

高比例光伏接入配电网带来了显著的无功优化挑战。一方面，光伏出力具有显著的不确定性和间歇性，导致日前优化过程中依赖的源荷预测数据难以准确，降低了优化方案的可靠性；另一方面，尽管日内滚动优化能够一定程度上应对新能源的不确定性，但由于控制时域较短，优化结果难以达到全局最优。此外，配电网的运行状态和源荷分布动态变化，传统的固定分区策略难以适应实际需求。与此同时，实时滚动优化增加了计算复杂度。为此，提出一种计及日前随机—日内滚动分布式的高比例光伏配电网无功优化方法。考虑光伏出力不确定性基于场景法建立日前随机优化模型，并结合二阶锥松弛和大 M 法转换成可求解形式。进一步在日内优化阶段建立实时滚动分布式无功优化模型，考虑到分区的动态性，提出一种包括区内—区间耦合程度、功率平衡以及区内节点数量的综合指标体系并基于布谷鸟算法求解获得配电网分区方案，并提出 RMSprop－SADMM 算法提高算法的收敛速度和自适应性。最后，基于改进 IEEE69 节点的仿真结果验证所提出方法的有效性。

11.1 日内随机优化调度模型

在日前优化调度阶段，考虑到光伏随机波动特性，利用场景生成与削减技术进行建模。基于不同典型场景进行优化调度，获得离散动作设备 OLTC 和 CB

的动作方案，其调度结果在下一小时之前不会发生变化。

11.1.1 基于场景生成—削减的随机模型

光伏预测误差大多服从正态分布，其概率密度函数表示为

$$f_{\mathrm{N}}(v_{\mathrm{pv},t})=\frac{1}{\sigma\sqrt{2\pi}}\mathrm{e}^{-\frac{(v_{\mathrm{pv},t}-\mu)^2}{2\sigma^2}} \tag{11-1}$$

式中 $v_{\mathrm{pv},t}$ ——光伏服从某特定分布的随机数；

μ ——正态分布的期望；

σ ——正态分布的标准差。

采用蒙塔卡洛法生成光伏出力场景，并利用同步回带削减法对场景进行削减。同步回带削减法通过逐步删除冗余场景达到预定的场景数量，可以保留原始场景中的关键特性，并具有计算效率高的特点。经过场景生成和削减获得的典型场景数计为 n_s ，对应的概率为 ζ_s 。

11.1.2 目标函数

在日前调度阶段，关注降低配电网的网损和电压总体偏移量的同时，考虑投切设备的动作次数。因此将 OLTC 和 CB 在整个调度周期的动作次数引入目标函数中，在保证配电网安全稳定运行的同时兼顾经济性。

本节将 OLTC 和 CB 的投切次数纳入经济性指标，通过控制 PV 无功输出、SVC 无功输出、OLTC 和 CB 档位实现网络有功损耗成本、节点电压偏移量成本和设备动作成本最小

$$\min\sum_{s=1}^{n_s}\zeta_s\left[\sum_{t=0}^{23}(M_{v,t,s}+M_{loss,t,s}+M_{oltc,t,s}+M_{cb,t,s})\Delta t\right] \tag{11-2}$$

式中 $M_{v,t,s}$ ——t 时刻 s 场景下节点电压偏移成本；

$M_{loss,t,s}$ ——t 时刻 s 场景下节点电压网损成本；

$M_{oltc,t,s}$ ——t 时刻 s 场景下节点电压 OLTC 动作成本；

$M_{cb,t,s}$ ——t 时刻 s 场景下节点电压 CB 动作成本。

部分成本如式（11－3）和式（11－4）所示，另外的成本将在后叙内容表述

$$M_{v,t,s} = m_{\mathrm{v}} \sum_{i \in \Omega_{\mathrm{N}}} \Delta U_{i,t,s} \tag{11-3}$$

$$M_{loss,t,s} = m_{loss} \sum_{i,j \in \Omega_N} I_{ij,t,s}^2 R_{ij} \tag{11-4}$$

式中　m_v ——电压偏移成本系数；

m_{loss} ——网损成本系数；

m_{oltc} ——OLTC 动作成本系数；

m_{cb} ——CB 动作成本系数；

$\Delta U_{i,t,s}$ ——t 时刻 s 场景下 i 节点的电压偏移量；

$I_{ij,t,s}$ ——t 时刻 s 场景下节点 ij 之间线路的电流；

R_{ij} ——节点 ij 之间线路电阻。

将节点电压偏移量定义为节点实际电压与基准值差的绝对值，如式（11－5）所示

$$\Delta U_{i,t,s} = \left| U_{i,t,s} - U_{n,i} \right| \tag{11-5}$$

式中　$U_{i,t,s}$ ——t 时刻 s 场景下 i 节点电压值；

$U_{n,t,s}$ ——t 时刻 s 场景下节点电压值 i 节点基准电压值。

11.1.3　约束条件

建立配电网支路潮流方程

$$P_{ij,t,s} = \sum_{k:(j,k)} P_{jk,t,s} + I_{ij,t,s}^2 R_{ij} + P_{j,t,s} \tag{11-6}$$

$$Q_{ij,t,s} = \sum_{k:(j,k)} Q_{jk,t,s} + I_{ij,t,s}^2 X_{ij} + Q_{j,t,s} \tag{11-7}$$

$$P_{j,t,s} = P_{loadj,t,s} + P_{\mathrm{PV}j,t,s} \tag{11-8}$$

$$Q_{j,t,s} = Q_{loadj,t,s} + Q_{\mathrm{CB}j,t,s} \tag{11-9}$$

$$U_{j,t,s}^2 = U_{i,t,s}^2 - 2(R_{ij}P_{ij,t,s} + X_{ij}Q_{ij,t,s}) + (R_{ij}^2 + X_{ij}^2)I_{ij,t,s}^2 \tag{11-10}$$

$$I_{ij,t,s}^2 = (P_{ij,t,s}^2 + Q_{ij,t,s}^2) / U_{i,t,s}^2 \tag{11-11}$$

$$U_{\min} \leqslant U_{i,t,s} \leqslant U_{\max} \tag{11-12}$$

式（11－6）～式（11－12）为基于 distflow 的潮流约束，其中式（11－6）和（11－7）为功率平衡方程，式（11－11）是电压电流约束，式（11－12）是电压安全约束。公式中下角标 s 代表场景。

式（11－6）～式（11－12）中　$P_{ij,t,s}$——t 时刻支路 ij 的首段有功；
$Q_{ij,t,s}$——t 时刻支路 ij 的首段无功功率；
$Q_{jk,t,s}$——t 时刻 j 节点和后面 k 节点连成的支路首段有功无功功率；
$I_{ij,t,s}$——ij 支路电流幅值；
R_{ij}——线路电阻；
X_{ij}——线路电抗；
$P_{j,t,s}$——t 时刻节点 j 的有功注入功率；
$Q_{j,t,s}$——t 时刻节点 j 的无功注入功率；
$P_{loadj,t,s}$——t 时刻 j 节点的有功负荷功率；
$Q_{loadj,t,s}$——t 时刻 j 节点的无功负荷功率；
$P_{PVj,t,s}$——t 时刻 j 节点光伏输出的有功功率；
$Q_{CBj,t}$——电力电容器组补偿无功功率；
$U_{i,t,s}$——t 时刻 i 节点的电压幅值；
$U_{\max}$——节点电压幅值最大值；
$U_{\min}$——节点电压幅值最小值。

上述模型因为含有二次项，利用二阶锥松弛，可将非凸非线性问题转化为混合整数二阶锥规划问题（second-order cone programming，SCOP），而且分布式算法对于凸性要求较高，非凸问题难以保证基于对偶上升的分布式算法的收敛性 0，松弛过程如下。

约束条件中二阶锥松弛如下：

引入线性变量代替平方项

$$\begin{cases} l_{ij,t,s} = I_{ij,t,s}^2 \\ u_{j,t,s} = U_{j,t,s}^2 \end{cases} \tag{11-13}$$

式中　$l_{ij,t}$——t 时刻 ij 支路电流平方项；
$u_{j,t}$——j 节点电压平方项。

二阶锥松弛形式如下

$$\left\| \begin{matrix} 2P_{ij,t} \\ 2Q_{ij,t} \\ l_{ij,t} - u_{j,t} \end{matrix} \right\|_2 \leqslant l_{ij,t} + u_{j,t}, \forall (i,j) \in \Omega_N \tag{11-14}$$

其中，CB 和 OLTC 为离散动作设备，约束条件和线性化过程如下所示。

CB 动作约束如式（11－15）所示

$$Q_{CBi,t,s}=n_{CBi,t,s}Q_{CB0,i} \tag{11-15}$$

式中　$n_{CBi,t,s}$ ——t 时刻 s 场景下第 i 个 CB 的投入组数；

$Q_{CB0,t,s}$ ——第 i 个 CB 单位组的容量。

其中式（11－15）为离散优化模型，用下列方法转化为 0－1 整型规划模型

$$\begin{aligned}&0\leqslant n_{CBi,t,s}=2^0\delta_0+2^1\delta_1+\cdots+2^b\delta_n\leqslant n_{CBi,t,s,\max}\\&\delta_0,\delta_1,\cdots,\delta_n\in\{0,1\}\end{aligned} \tag{11-16}$$

式中　n ——根据 CB 设定的组数确定；

$\delta_0,\delta_1,\cdots,\delta_n$ ——二进制辅助变量。

为了将设备动作次数作为经济性指标之一，将 t 时刻到 $t+1$ 时刻 CB 组数变化计为 1 次动作，定义二元变量

$$y_{CBi,t,s}=\begin{cases}0,if\left|n_{CBi,t+1,s}-n_{CBi,t,s}\right|=0\\1,if\left|n_{CBi,t+1,s}-n_{CBi,t,s}\right|\neq 0\end{cases} \tag{11-17}$$

OLTC 动作约束满足式（11－18）和式（11－19），通过将变压器档位转化为 0－1 变量 $\lambda_{n,t}$，并采用大 M 法进行线性化，得到 OLTC 运行约束为

$$\sum_{n=0}^{N_t}2^n\lambda_{n,t}\leqslant K_{ij} \tag{11-18}$$

$$\begin{cases}m_{t,s}=k^{\min}u_{j,t,s}+\Delta k_t\sum\limits_{n=0}^{K}2^n x_{n,t,s}\\0\leqslant u_{j,t,s}-x_{n,t,s}\leqslant(1-\lambda_{n,t,s})M\\0\leqslant x_{n,t,s}\leqslant\lambda_{n,t,s}M\\u_o=k^{\min}m_{t,s}+\Delta k_t\sum\limits_{n=0}^{N_t}2^n y_{n,t,s}\\0\leqslant m_{t,s}-y_{n,t,s}\leqslant(1-\lambda_{n,t,s})M\\0\leqslant y_{n,t,s}\leqslant\lambda_{n,t,s}M\\x_{n,t,s}=\lambda_{n,t,s}u_{j,t,s}\\y_{n,t,s}=\lambda_{n,t,s}m_{t,s}\end{cases} \tag{11-19}$$

其中，u_o 为配电网首段节点电压平方；$N_{t,s}$ 为 t 时刻 OLTC 档位；$K_{t,s}$ 为

OLTC 的档位数量；Δk 为变压器每一档的增量；$k_{\min}$ 分别为 OLTC 变比下限，M 为任意一个比较大的数；$m_{t,s}$、$x_{n,t,s}$ 和 $y_{n,t,s}$ 为线性化引入的中间辅助变量。

同理定义二元变量 $y_{oltci,t,s}$

$$y_{OLTCi,t,s}=\begin{cases}0, if\left|N_{t+1}-N_t\right|=0\\1, if\left|N_{t+1}-N_t\right|\neq 0\end{cases} \tag{11-20}$$

因此，式（11－2）目标函数中的设备动作成本如式（11－21）和式（11－22）所示

$$M_{oltc,t,s}=m_{oltc}\sum_{i\in N_{OLTC}} y_{OLTCi,t,s} \tag{11-21}$$

$$M_{CB,t,s}=m_{CB}\sum_{i\in N_{CB}} y_{CBi,t,s} \tag{11-22}$$

11.2　日内实时滚动优化调度模型

在日前优化模型中采用基于场景生成与削减的方法能够一定程度应对光伏出力的不确定性，但是实时数据依然具有波动性，在实际工程中也会出现突发事故导致优化方案与理想结果偏差较大，模型预测控制因其闭环思想可以对抗不确定性，因此在日内优化阶段融入滚动思想，建立实时滚动优化模型。

在日内实时滚动阶段，保证日前优化方案不变，基于实时数据和后续预测数据对连续设备 INV 和 SVC 进行控制，补偿日前阶段决策。

11.2.1　目标函数

日内实时滚动优化目标设置为电压偏差的惩罚经济成本最小

$$\min\sum_{t=0}^{23} M_{v,t}\Delta t \tag{11-23}$$

11.2.2　约束条件

日内优化约束条件同样满足式（11－6）～式（11－12），式（11－9）变为

$$Q_{j,t}=Q_{loadj,t}+Q_{\mathrm{PV}j,t}+Q_{\mathrm{SVC}j,t}+Q_{\mathrm{CB}j,t} \tag{11-24}$$

式中　$Q_{PVj,t}$——t 时刻 j 节点光伏输出的无功功率；

$Q_{SVCj,t}$——SVC 输出无功功率。

并在此基础上满足设备动作约束如式（11－25）与式（11－26）。

SVC 动作约束如式（11－25）所示

$$Q_{\mathrm{SVC}i,t}^{\min}\leqslant Q_{\mathrm{SVC}i,t}\leqslant Q_{\mathrm{SVC}i,t}^{\max} \tag{11-25}$$

式中　$Q_{\mathrm{SVC}i,t}^{\min}$——$t$ 时刻第 i 个 SVC 无功输出的下限；

$Q_{\mathrm{SVC}i,t}^{\max}$——$t$ 时刻第 i 个 SVC 无功输出的上限。

光伏逆变器无功可调范围要满足式（11－26）

$$\left|Q_{\mathrm{PV}i,t}\right|\leqslant\sqrt{S_{\mathrm{PV}i}^{2}-P_{\mathrm{PV}i,t}^{2}} \tag{11-26}$$

式中　$S_{\mathrm{PV}i}$——第 i 个光伏的视在功率。

11.2.3　日内实时滚动优化框架

实时滚动框架下的无功优化算法的求解步骤如下：

（1）基于滚动优化思想，分成 24 个时间段，每隔 1h 一个进行一次优化，控制时域 N 为 24 个时间段，即 24h。

（2）在第 k 个时段，通过以 N 为固定调度周期进行整体化优化调度，基于第一个时段的实时数据和后续 23 个时段的源荷预测数据，获取调度周期的最优总调度方案。然而，仅在第 k 个时段执行调度方案，并记录各调节设备在执行前后的状态变化，以供下一时段参考。

（3）向前滚动到第 $k+1$ 个时段，此时数据更新为第 $k+1$ 时段的实时数据和后续预测数据。第 k 个时段结束后即在第 $k+1$ 个时段确定该时段的优化方案，以 N 为周期根据上一时段结束时各个调节设备的状态按步骤（2）的方法获得优化方案，但仅执行第 $k+1$ 时段的动作方案，直至完成 24 个时段优化。

11.3　配电网分区方法

为提高实时滚动框架下配电网无功优化计算效率，用分布式方法代替集中式方法，而合理的配电网分区策略是分布式控制模式优化求解的基础。基于合理的指标将整个配电网分成满足一定内外特性的小区，进一步进行各分区同步求解，能有效简化优化控制的复杂程度，从而实现配电网分布式无功优化。

为保证分区的可行性和合理性，并提高各分区的计算效率，配电网分区划分应遵循以下原则：① 区内节点电气耦合强，区间节点电气耦合弱，相邻分区互相影响小；② 各分区均有无功调控资源，考虑区内功率平衡，尽量避免功率外送，具有一定的电压调节能力；③ 由于分区间需要信息交换，因此分区数量适中和区内负荷节点数量适中。避免分区内节点过多而难以控制，并保证各分区运行效率大体一致。

（1）区内—区间耦合程度指标。分布式光伏的功率变化会对节点电压产生影响，通过潮流计算雅各比矩阵建立灵敏度矩阵，可以得到功率变化与电压变化的关系。同时，与按照地理位置和拓扑结构的纯阻抗距离划分指相比，更能真实地反映节点之间的电气距离

$$\begin{bmatrix}\Delta\theta\\\Delta V\end{bmatrix}=\begin{bmatrix}S^{\theta P} & S^{\theta Q}\\S^{VP} & S^{VP}\end{bmatrix}\begin{bmatrix}\Delta P\\\Delta Q\end{bmatrix} \tag{11-27}$$

式中 $\Delta\theta$ ——电压角的变化；

ΔV ——电压幅值的变化；

ΔP ——有功注入的变化；

ΔQ ——无功注入的变化；

$S^{\theta P}$ ——电压相角—有功灵敏度；

$S^{\theta Q}$ ——电压相角—无功灵敏度；

S^{VP} ——电压幅值—有功灵敏度；

S^{VQ} ——电压幅值—无功灵敏度。

使用电压幅值—无功灵敏度，节点 i 和 j 之间电压变化关系可以表示为

$$\alpha_{ij}^{Q}=\frac{S_{ij}^{VQ}}{S_{ij}^{VQ}} \tag{11-28}$$

根据灵敏度矩阵定义节点 ij 间电气距离如式（11－29）所示

$$d_{ij}^{\mathrm{Q}}=-\lg(\alpha_{ij}^{\mathrm{Q}}\alpha_{ji}^{\mathrm{Q}}) \tag{11-29}$$

理想的分区结果应该表现出区内电气关系紧密，区间电气关系稀疏，因此

定义区内耦合程度指标 ρ_{coup} 和 ρ_{dis} 和区间离散程度指标，ρ_{ele} 为耦合程度指标如式（11－30）～式（11－32）所示

$$\rho_{\text{coup}}=1-\frac{\sum_{i=1}^{n}\sum_{j\in SNi}d_{ij}}{\sum_{i=1}^{n}\sum_{j=1}^{n}d_{ij}} \tag{11-30}$$

$$\rho_{\text{dis}}=1-\frac{\sum_{i=1}^{n}\sum_{j\notin SNi}\frac{1}{d_{ij}}}{\sum_{i=1}^{n}\sum_{i\neq j,j=1}^{n}\frac{1}{d_{ij}}} \tag{11-31}$$

$$\rho_{\text{ele}}=(\rho_{\text{coup}}+\rho_{\text{dis}})/2 \tag{11-32}$$

式中　SNi——节点 i 所在的分区。

（2）无功平衡指标。分区时必须考虑群内无功功率平衡问题，即使在电压越限最严重的时候，分区内无功功率应尽可能满足区内无功平衡，减少区间无功传递，引入功率平衡指标。假设配电网被划分成 N_p 个子分区，功率平衡指标表示为

$$Q_a=\begin{cases}\dfrac{Q_{\text{sup}}}{Q_{\text{need}}} & Q_{\text{sup}}<Q_{\text{need}}\\ 1 & Q_{\text{sup}}\geqslant Q_{\text{need}}\end{cases} \tag{11-33}$$

$$\rho_Q=\frac{1}{c}\sum_{a=1}^{N_P}Q_a \tag{11-34}$$

式中　Q_{sup}——该分区能提供的无功；

　　Q_{need}——该分区需要的无功。

（3）区内节点数量指标。区内节点数量是否均衡会影响求解效率，在配电网划分时应避免出现某一分区中节点数量过多或过少，定义区内节点数量指标

$$\rho_n=1/\sum_{i=1}^{N_P}\left|n_i-\frac{N}{N_P}\right|^2 \tag{11-35}$$

式中　N——配电网节点数目。

基于上述评价指标，利用权重系数提出计及耦合程度指标、无功平衡指标以及分区规模指标的综合评价指标

$$\rho_{\text{com}} = \omega_1 \rho_{\text{ele}} + \omega_2 \rho_Q + \omega_3 \rho_n \tag{11-36}$$

式中　ω_1、ω_2、ω_3——四个指标的权重系数，$\omega_1 + \omega_2 + \omega_3 = 1$。

（4）基于布谷鸟的区域划分方法。布谷鸟算法模拟布谷鸟的孵化行为，引入莱维飞行机制扩大搜索范围，并利用随机漫游策略进行弃巢更新，避免陷入局部最优，全局搜索能力强。因此基于布谷鸟算法将配电网分区问题转化为综合评价指标的优化问题，以综合评价指标为适应度函数进行求解，算法的解即分区结果。过程如下：

Step1：初始化信息，包括鸟巢个数、最大迭代次数、发现概率、配电网总结点数、分区数量等等。

Step2：随机生成一组解 X_i，$X_i = (X_{i1}, X_{i2}, \cdots, X_{iN})$，其中 N 即配电网总节点数，若 $X_{id} = X_{ik}$ 则表示两个节点位于同一分区，此种生成解的方式可以保证一个节点只出现在一个分区内。

Step3：利用源荷数据进行潮流计算，并根据 Step2 中的分区结果计算综合评价指标，即适应度函数值。

Step4：基于莱维飞行策略和随机游走策略进行位置更新。

Step5：判断是否达到停止条件，达到则输出适应度函数值（综合评价指标）和解（分区结果），否则跳转到 Step4 继续计算。

11.4　配电网无功优化模型求解方法

由上述转化过程可知，目前随机优化模型是一个二阶锥模型，可以通过商业求解器 cplex 求解，利用预测数据获得第二天每个时刻离散设备的动作方案。

本节重点阐述日内实时滚动分布式优化方法。其优化框架如图 11－1 所示。

获得分区结果之后，先对各个分区进行同步计算，获得每个分区当前迭代的最优方案，接着各分区基于当前的优化结果通过交换一致性变量来进行下一次并行计算，直到该时刻下目标函数不发生改变，即获得各分区下设备的动作方案，实现简化模型，提升运算效率。为此，在第 3 章分区原则的基础上，提出一种基于 RMSprop－SADMM 的配电网分布式无功优化方法。

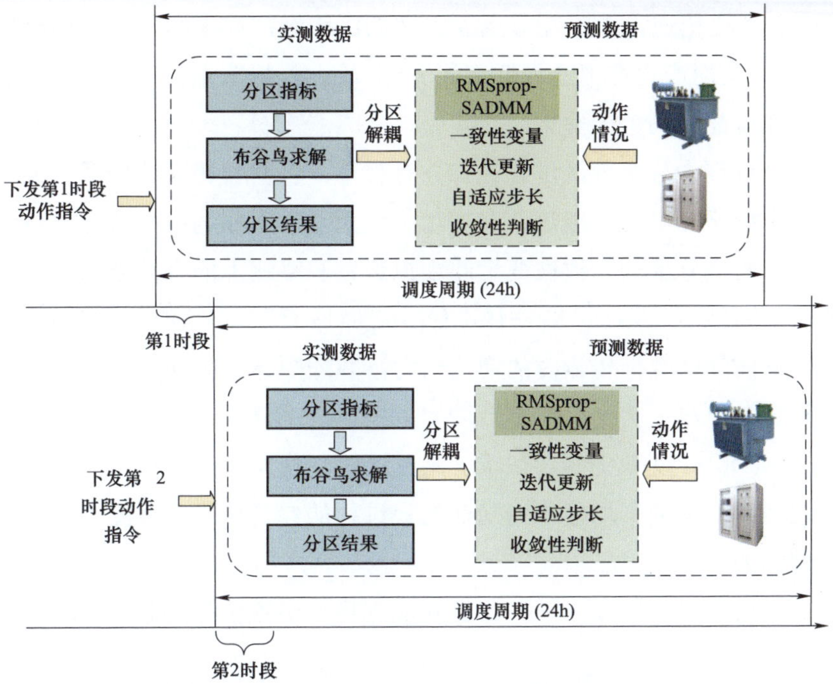

图 11－1　日内实时滚动框架下的分布式优化

11.4.1　日内分布式优化

（1）配电网分区解耦。为实现面向配电网分区的 SADMM 算法，首先需要将不同分区解耦。配电网分区解耦过程如图 11－2 所示，假设 ij 分区通过节点

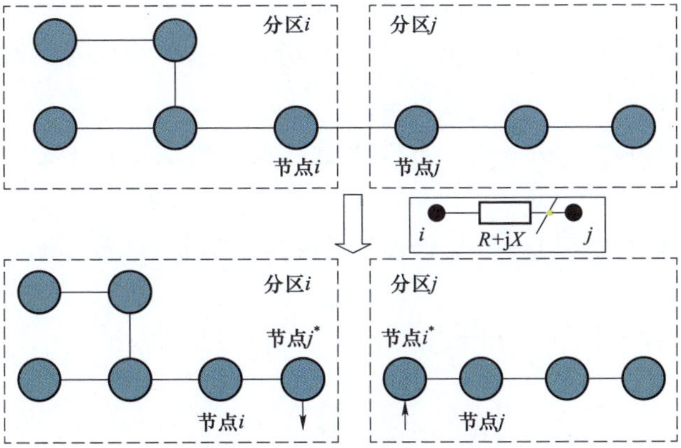

图 11－2　配电网解耦过程

ij 之间的联络线相连。先断开节点 ij 之间的联络线，原来的 ij 节点用虚拟节点 i^*，j^*代替，从而产生虚拟边界联络线 ij^*和 i^*j，虚拟节点并不改变原节点的状态，从而实现配电网分区解耦。

在计算过程中各个分区进行独立并行计算，仅需和相邻的分区交换一致性变量，采用线路的电压、电流、有功功率、无功功率作为虚拟边界联络线的一致性变量，两个分区的一致性变量即虚拟边界联络线上的有功无功电流电压分别为 $x_{ij*}=[P_{ij*},Q_{ij*},l_{ij*},u_{j*}]$ 和 $x_{i*j}=[P_{i*j},Q_{i*j},l_{i*j},u_{i*}]$。各分区只需进行少量边界数据的交互，从而降低数据传输时的通信压力，并缩短计算时间。因为节点 i^*和 j^*实际上是一个节点，所以有一致性约束，即 $x_{ij*}=x_{i*j}m$。

（2）SADMM 变量更新。在求解某分区时，使用邻近区域上一轮迭代的虚拟边界联络线变量的平均值作为当前迭代过程的参考值进行计算，SADMM 变量更新过程如下：

定义拉格朗日惩罚项为，在计算式加到目标函数中作为惩罚项

$$L_{\alpha}=\lambda_{ij^*}^{m+1}(x_{ij^*}-x_{ij^*,\,\mathrm{ref}}^{m})+\frac{\rho_{ij^*}^{m+1}}{2}\left\|x_{ij^*}-x_{ij^*,\,\mathrm{ref}}^{m}\right\|_2^2 \tag{11-37}$$

使用邻近区域上一轮迭代的虚拟边界联络线变量的平均值作为当前迭代过程的参考值进行计算，如式（11－38）所示

$$x_{ij*,ref}^{m+1}=x_{i*j,ref}^{m+1}=\frac{x_{ij*}^{m}+x_{i*j}^{m}}{2} \tag{11-38}$$

式中　$x^{m+1}{}_{ij*,ref}$ 和 $x^{m+1}{}_{i*j,ref}$ ——第 $m+1$ 此次迭代中分区 i 和 j 的虚拟联络线一致性变量参考值；

$x^{m}{}_{ij*}$ 和 $x^{m}{}_{i*j}$ ——第 m 次迭代分区 i 和 j 计算得到的虚拟联络线一致性变量。

各个分区虚拟边界联络线一致性变量以及拉格朗日乘子更新过程如下

$$\begin{cases} x_{ij^*}^{m+1}=\arg\min\left[f_i(x_{ij^*})+\lambda_{ij^*}^{m}\left(x_{ij^*}-x_{ij^*,\,\mathrm{ref}}^{m}\right)+\dfrac{\rho_{ij^*}^{m+1}}{2}\left\|x_{ij^*}-x_{ij^*,\,\mathrm{ref}}^{m}\right\|_2^2\right] \\ x_{i^*j}^{m+1}=\arg\min\left[f_j(x_{i^*j})+\lambda_{i^*j}^{m}\left(x_{i^*j}-x_{i^*j,\,\mathrm{ref}}^{m}\right)+\dfrac{\rho_{i^*j}^{m+1}}{2}\left\|x_{ij^*}-x_{i^*j,\,\mathrm{ref}}^{m}\right\|_2^2\right] \end{cases} \tag{11-39}$$

$$\begin{cases} \lambda_{ij^*}^{m+1}=\lambda_{ij^*}^{m}+\left\|x_{ij^*}-x_{ij^*,\,\mathrm{ref}}^{m}\right\| \\ \lambda_{i^*j}^{m+1}=\lambda_{i^*j}^{m}+\left\|x_{i^*j}-x_{i^*j,\,\mathrm{ref}}^{m}\right\| \end{cases} \tag{11-40}$$

并定义原始残差和对偶残差

$$r_{ij^*}^{m+1} = r_{i^*j}^{m+1} = \left\| \left(x_{ij^*}^{m+1} - x_{i^*j}^{m+1} \right) \right\| \tag{11-41}$$

$$s_{ij^*}^{m+1} = s_{i^*j}^{m+1} = \left\| \left(x_{ij^*}^{m+1} - x_{i^*j}^{m} \right) \right\| \tag{11-42}$$

11.4.2　基于 RMSprop 步长更新

在迭代过程中的变量和拉格朗日乘子都会随着迭代次数更新，而迭代步长仍然是固定值，收敛速度受到限制。因此结合 RMSprop 调整每次迭代各分区变量拉格朗日形式中的步长。

均方根传播（root mean square propagation，RMSprop）是一种自适应学习率优化方法。其基本思想是通过对梯度平方和进行指数加权移动平均来动态调整学习率，具体公式如下

$$G_t = \gamma G_{t-1} + (1-\gamma) g_t^2 \tag{11-43}$$

$$\theta_{t+1} = \theta_t - \frac{\eta}{\sqrt{G_t + \epsilon}} g_t \tag{11-44}$$

式中　G_t ——梯度平方和的指数加权移动平均值；

g_t ——当前迭代的梯度；

γ ——指数加权移动平均衰减率；

ϵ ——很小的常数避免分布为 0；

η ——学习率。

基于 RMSprop 算法，更新步长如下

$$\rho_{ij^*}^{m+1} = \rho_{ij^*}^{m} \times \frac{1}{\sqrt{G_m + \epsilon}} \tag{11-45}$$

其中

$$G_{m+1} = \gamma G_m + (1-\gamma)(r_{ij^*}^{m})^2 \tag{11-46}$$

算法迭代停止的条件为原始残差和对偶残差＜$10^{-4}\sqrt{N}$。

11.4.3 日内滚动分布式求解流程

实时滚动框架下分布式计算过程如下：

从第一个时刻起，利用当前实时数据和后续 23h 的预测数据开始实时滚动优化，在分布式计算前利用当前时刻的数据进行布谷鸟算法求解分区，在进行优化过程采用本节所提的 RMSprop－SADMM 分布式求解方法，下放当前第一个小时的动作，后续时刻也依次按照此方式进行。

在每次分布式求解过程中，算法流程如下：

Step1：初始化拉格朗日乘子，每个分区独立求解式（11－37）。决策变量包括 PV 的无功出力以及 SVC 的无功补偿量，并将优化所得的一致性变量互相传递，目标函数通过调用 CPLEX 求解器求解。

Step 2：按照式（11－38）、式（11－39）更新迭代中各个分区的虚拟联络线一致性变量值及拉格朗日乘子。

Step3：计算 $L\alpha$，重新求解，并将优化得到的一致性变量传递至相邻分区。

Step4：计算原始残差以及对偶残差，判断是否满足收敛条件，若满足则结束迭代，输出优化结果，否则进入 Step 4 继续计算。

经过上述步骤获得，第一个时刻的下发分布式求解的优化方案，并向下一个时刻滚动，重复上述步骤，求解流程图如图 11－3 所示。

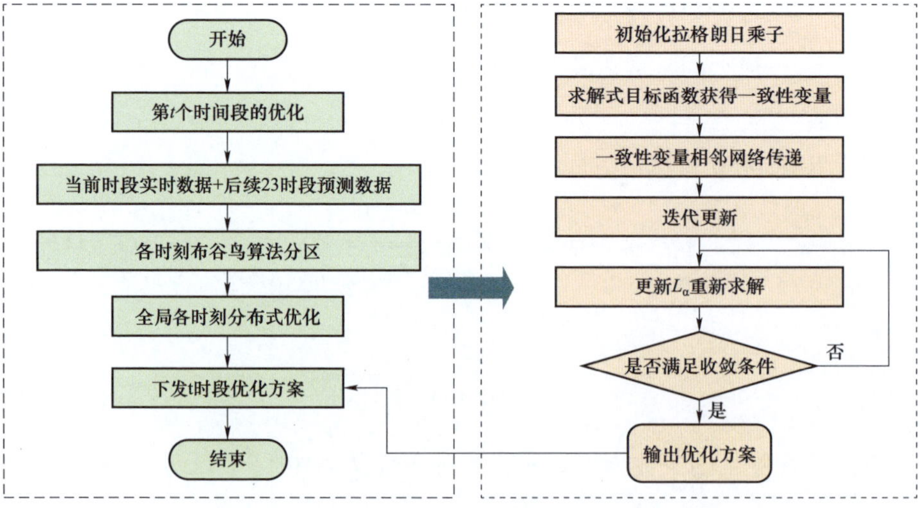

图 11－3 分布式求解算法流程图

11.5 算例分析

为验证所提出方法的有效性，基于改进的 IEEE69 节点系统，在 matlab2021a 环境下利用 Yalmip 工具包调用 CPlEX 求解器求解仿真测试，所有算法在 Intel（R）Core（TM）i7－12700H@2.70 GHz，64bit，16GB RAM 上实现。该系统的基准电压为 12.66kV，实时数据日最大负荷为 4432＋j3140kVA，源荷预测数据通过在实时数据中加入预测误差获得。在 IEEE69 节点基础上加入了 OLTC，CB，SVC 和 PV 作为无功调节设备，接入位置如图 11－4 所示，设备参数见表 11－1。

表 11－1　　设备参数

设备	位置	参数
OLTC	1－2	7 档，0.025p.u.
CB	6、10、24、31、44、59	8 组，100kW
SVC	11、50	－500－500kW
PV	5、15、23、34、43、61	1000kW

网损和电压偏移成本系数分别为 0.5 元/kWh 和 0.5 元/kV，动作成本在此基础上提高至 5 元/次。布谷鸟算法中，配电网分区数为 5，设种群数量 30 个，最大迭代次数 500 次，分区综合指标中 RMSprop 中衰减率取 0.9，光伏典型场景数设为 4，经过场景生成和削减之后的典型场景如图 11－5 所示。

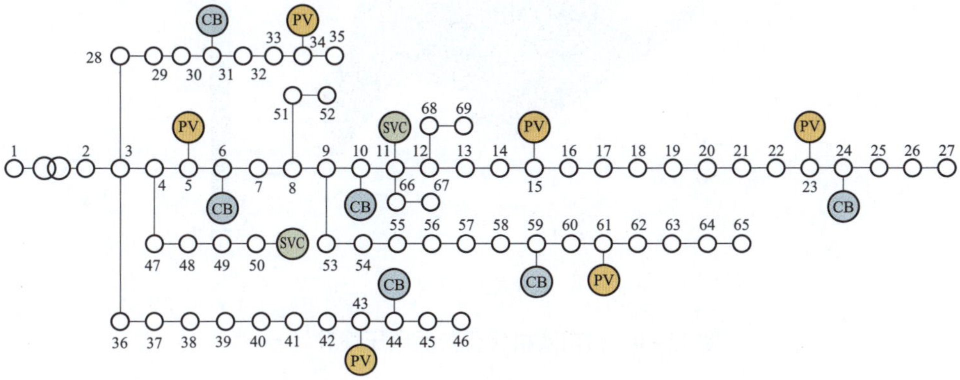

图 11－4　改进 IEEE69 节点系统

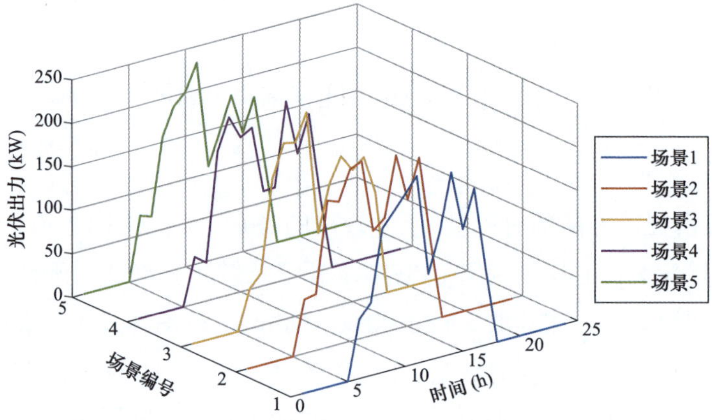

图 11－5　光伏出力典型场景

11.5.1　日前随机优化调度结果分析

（1）优化效果分析。对场景 1 下的优化调度结果进行分析，在日前随机优化调度前后的配电网节点电压如图 11－6 所示，优化前后网损如图 11－7 所示，具体电压偏移和网损如表 11－2 所示。优化后 OLTC 和 CB 的动作情况如图 11－8 和图 11－9 所示。

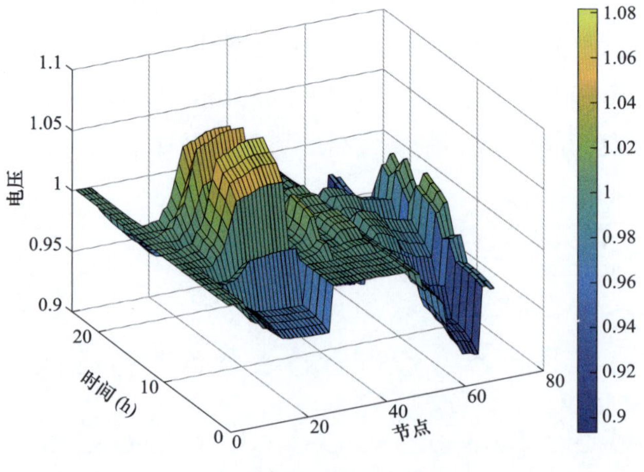

(a) 优化前电压情况

图 11－6　日前随机优化前后电压情况（一）

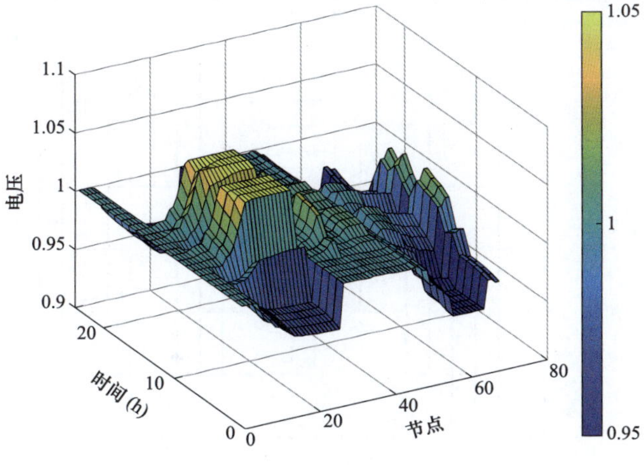

(b) 优化后电压情况

图 11－6 日前随机优化前后电压情况（二）

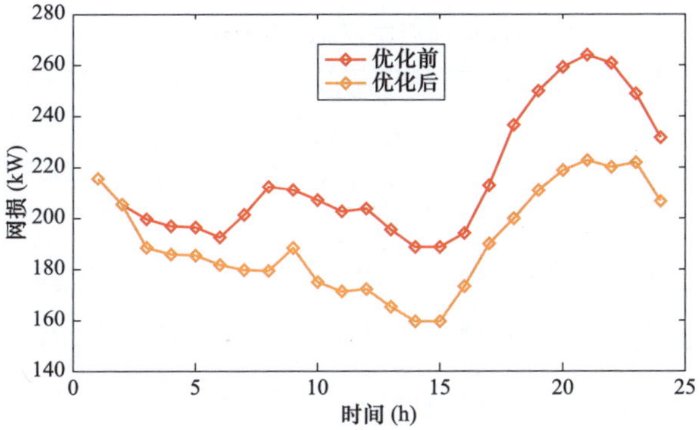

图 11－7 优化前后网损对比

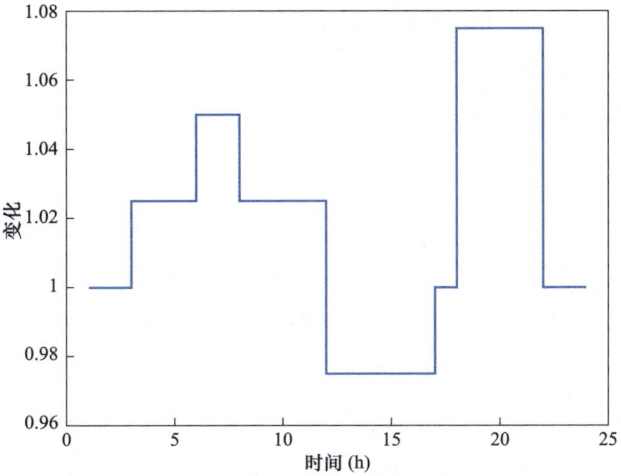

图 11－8 变压器变比

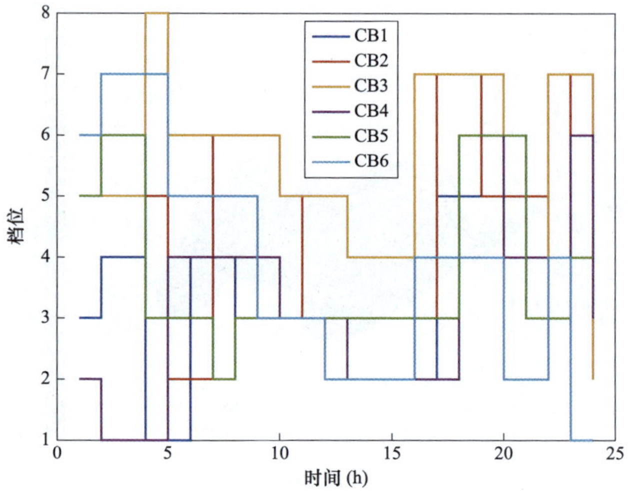

图 11－9　CB 档位

表 11－2　优化前后电压和网损情况

项目	优化前	优化后
网损（kWh）	5176.5333	4578.7433
电压偏移（kV）	385.6122	260.6087

由图 11－6 中可以看出，中午光伏大发时，出现光伏逆潮流的现象部分节点明显电压越上限，不利于配电系统的安全稳定运行。在距离起始点的位置，电压出现越下限情况，在晚间负荷高峰时，越下限情况愈发明显。经过优化后的系统全天总网损降低明显，在整个优化周期内网损从 5176.5333kWh 下降到 4578.7433kWh，下降了 11.55%，证明所提方法能有效降低线路损耗。优化后的电压全部稳定在安全范围内，而且全天的电压偏移量从 385.6122kV 下降到 260.6087kV，降低了 32.42%，而且更接近基准电压，提高了系统的电能质量，有利于系统安全稳定运行。

结合设备动作情况进行分析，在凌晨时光伏并未出力，整体电压水平偏低，除末端节点外大多节点电压处于 0.94～1.05 区间内，因此线路末端的 CB 档位较高来提升节点电压，同时 OLTC 变比维持基准水平不变。当光伏出力逐渐增加时，部分节点电压增加，同时负荷也在增加，因此 OLTC 变比增加以适应电压变化。中午 12 时光伏出力达到较高水平，此时导致节点 13～27 出现电压越限情况，剩余节点也没有欠电压的情况，此时 OLTC 和 CB 都处于较低的水平来维持电压稳定。19 点之后光伏几乎不出力同时家庭用电量增加，OLTC 变比的 CB 档为增加来补偿欠电压。因为 OLTC 和 CB 的动作次数纳入目标函数中，从图中可以看出每个离散设备在每日动作不超过 10 次。此外，OLTC 和 CB 同为离散动作设备，但是 OLTC 的调整本身并不产生无功，只是改变无功的分布，在配电网无功短缺或者富足时 OLTC 将无功缺额和盈余转移到高压侧电网，所以 CB 的动作一般在 OLTC 之前。

（2）随机优化分析。为验证所提的日前随机优化调度的有效性，将其与确定性日前优化对比（即依靠源荷预测数据进行优化）分析，两种优化方式的各项成本如表 11－3 所示。

由表 11－3 中可以看出，随机优化的总成本略高于确定性优化，主要是因为随机优化通过对不同出力场景进行计算，以一定的经济性换取优化调度策略的鲁棒性，充分考虑到了光伏出力的随机性。

表 11－3　　两种优化方式结果对比

优化方式	网损成本（元）	电压偏移成本（元）	OLTC 动作成本（元）	CB 动作成本（元）	总成本（元）
随机优化	2499.3716	170.3043	53.23	466.32	3189.2259
确定性优化	2446.4866	156.8870	50	505	3158.3737

11.5.2 日内实时滚动分布式优化调度结果分析

（1）配电网分区结果分析。基于 8.3 的方法对配电网进行区域划分，限于篇幅为方便展示，挑选 1 时、7 时、13 时、19 时的分区结果如表 11－4 所示。

表 11－4　　不同时刻配电网分区结果

时间	分区结果	综合指标
1	[2－3，211－46] [4－8，47－52] [9－15，66－69] [53－65] [16－27]	0.70916
7	[2－3，211－46] [4－8.47－52] [15－27] [9，53－65] [10－14，66－69]	0.71658
13	[2－7，211－35，47－50] [36－46] [10－14，66－69] [15－27] [11－9，51－65]	0.69204
19	[2－3，211－46] [4－8，47－52] [9－14，66－69] [15－27] [53－65]	0.7195

式由表 11－4 看出，在滚动优化模式下，配电网分区结果在会随着配电网的状态改变。在 1 时这种光伏不出力，整体负荷较小的时段，由于整个配电网

调节设备较多，无功调节能力相对较大，所以配电网分区结果和其网络结构走向基本相同。在 7 时，分区结果变化的并不显著。到达中午 13 时，光伏出力较多已经造成 14～27 节点电压变高。原有的区域划分结果并不能保证电压偏移的调节性能，此时的每个分区的节点数量更加平均，节点和无功调控资源得到重新分配。19 时距离首段节点较远的节点出现电压较低的情况，前端的分区结果基本不变，后部分的更新分区结果，直至负荷水平降低，电压偏移问题缓解。

（2）不同分区方法对比。为验证提出的基于布谷鸟算法的综合指标动态分区方法的有效性，对比不同时刻下固定分区（以基准负荷为基础，进行一次分区作为全时刻的分区结果），基于 k－means 对灵敏度聚类分区方法，利用粒子群算法求解时的各项指标利用 k－means 时，设分区数为 5，分区方法结果如图 11－10 所示。

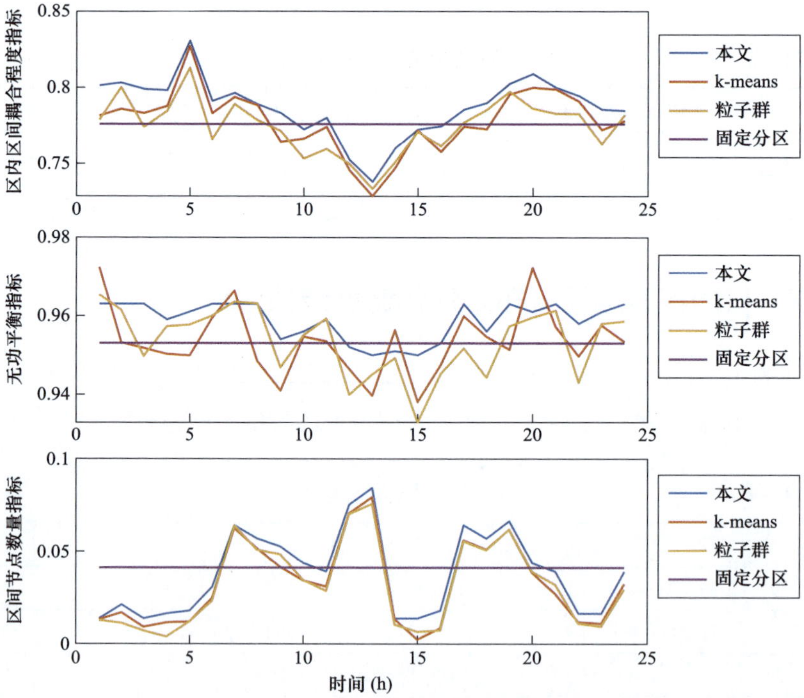

图 11－10　不同方法下指标

从图 11－10 可以看出，固定分区忽视了配电网运行状态变化的影响，无功补偿能力低于动态分区。这种固定分区无法保证各个无功调节设备得到充分运用，可能出现某个分区内的无功补偿能力不足。利用 K-means 对无功灵敏度进行聚类，其区内-区间耦合指标也小于所提方法，而且各个分区内的节点数量平衡度差，在光伏大发或负荷高峰时各项指标偏低，无功资源分布并不合理，在面对电压越上下限时无法充分利用无功补偿装置。与粒子群算法求解相比，在多数时间布谷鸟算法求得各项指标更有，可以说明其又能好的全局搜索能力，能获得更优的分区方案。

（3）日内实时滚动分布式优化结果分析。SVC 和光伏逆变器的动作情况如图 11-11、图 11-12 所示。

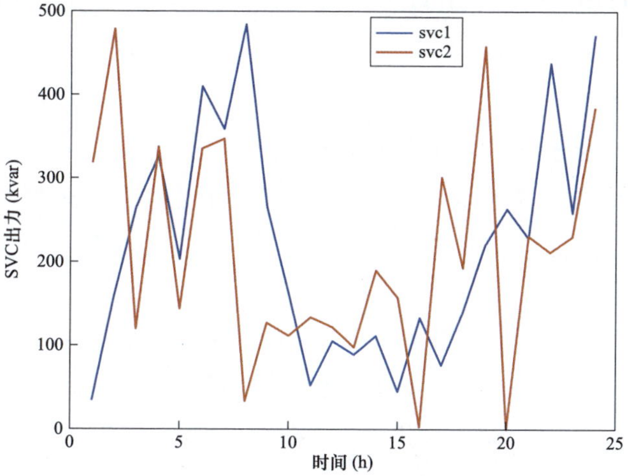

图 11-11　SVC 动作情况

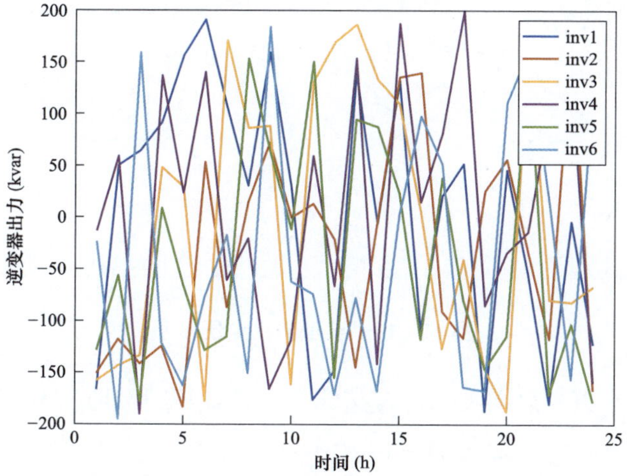

图 11-12　PV 逆变器动作情况

滚动优化框架下，每隔 1h 进行一次实时调度，共执行 24 次实时调度，各个设备在每个时段的动作情况如图所示。在 1 时经过日前优化后，节点 55～65 电压水平较低，CB 已经在档位较高以提供无功补偿，但因为其每档 100kvar 的限制，该分区的逆变器此时为负即吸收一部分无功以保证电压在合理范围内。在 7 时，inv2 与 inv3 被划分至一个分区内以满足该分区负荷水平。因为此时的负荷水平升高，并且变压器变比较高，2 个 SVC 均出力 300kvar 以上，保证该分区的电压水平。光伏出力随着时间逐渐变大全部节点电压均无欠电压，有节点电压水平较高，此时 13～27 节点所在分区的调节 inv2，inv3 吸收无功，有利于抑制节点电压升高。在晚间 SVC 的出力也增多其中 55～65 节点较低。此时该分区的 CB6 和 inv6 协调配合，无功补偿水平较高，可以适当减小电压降低幅度。

为了验证日内分布式实时滚动优化的有效性，选取了 6 个典型节点 24 的电压曲线，如图 11－13 所示。可以看出，各个节点在各个时刻不仅未越限，而且通过日内滚动优化后，电压水平明显改善，电压偏移量得到有效减少。

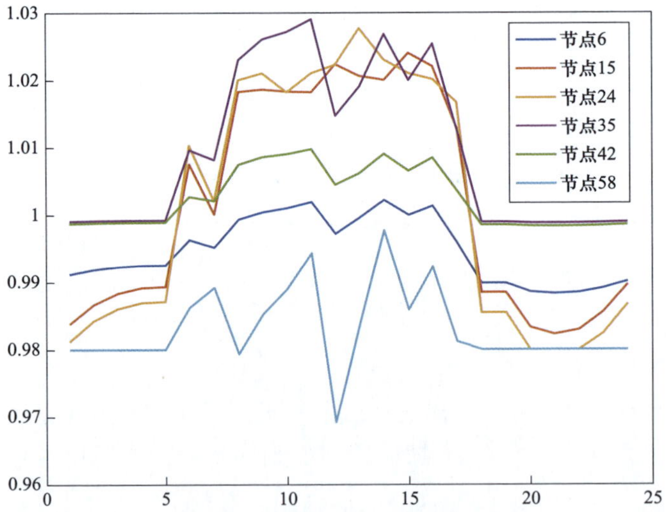

图 11－13　典型节点电压水平

为进一步证明所提无功优化方法的有效性，取 13 时的利用集中式优化和分布式优化效果对比，如图 11－14 所示。

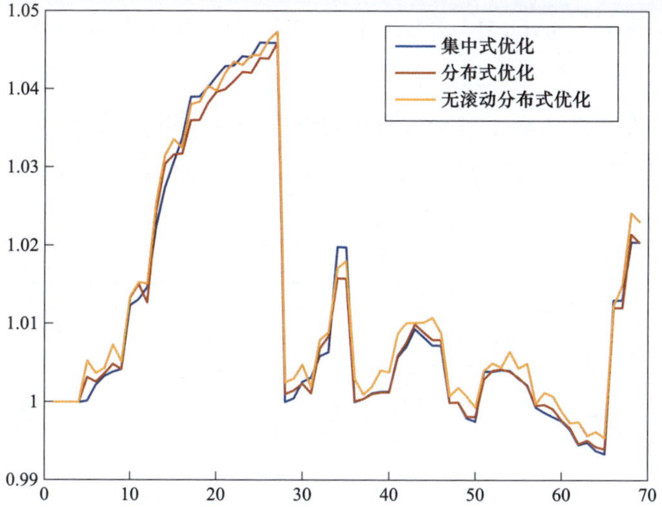

图 11－14　不同方法电压水平对比

由图 11－13 知，集中式和分布式两种方法均可以协调多种调节设备来保证电压在安全范围内，在 13 时，两种方法优化后各节点均在 1.05 以下，分布式方法在高电压节点处降压效果更好。在考虑滚动优化后，节点电压的波动性较小，因为 OLTC 和 CB 两种设备提供较大的无功支撑，滚动优化根据实时采集结果和预测数据进行实时优化可以减小电压波动。

将策略 1：本节所提方法、策略 2：与利用日内预测数据进行实时修正的日前－日内滚动优化调度对比，日内优化目标值如表 11－5 所示。

表 11－5　　各 方 法 对 比

优化策略	电压偏差（kV）	求解时间（s）
策略 1	200.73	985.7
策略 2	316.5	882.6

从表中可以看出，策略 1 比策略 2 的总的电压偏差更少，少了 36.57%。因为策略 1 利用连续实时更新的数据进行滚动实时优化，不会受到预测不准情况的影响。以 24h 作为优化周期相比于短时域优化，获得的优化结果在 24h 的调度周期下全局性更好。另一方面，24h 作为优化周期时候分布式计算次数会比短时域更多，所需要的计算时间也更多，在表 11－5 也会看看出。尽管如此，在优化结果提升幅度较大的情况下，花费计算时间并没有大幅增长，这是可以接受的。

（4）RSMprop－SADMM 算法性能分析。为了验证 RMSprop－SADMM 算法载有效性和求解速度方面的优势，将其与 SADMM 和集中式优化对比。图 11－15 为两个算法基于 13 时分区结果的对偶残差收敛曲线，表 11－6 为 SADMM、自适应步长 ADMM、RMSprop－SADMM 和集中式优化的求解时间对比。

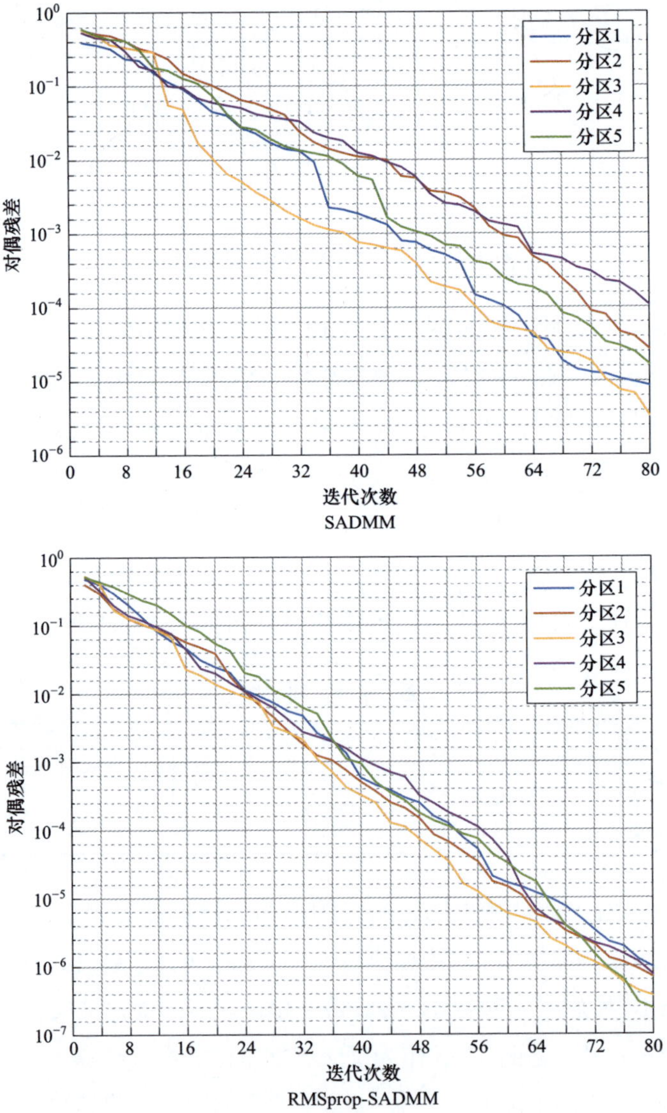

图 11－15　对偶残差收敛曲线（一）

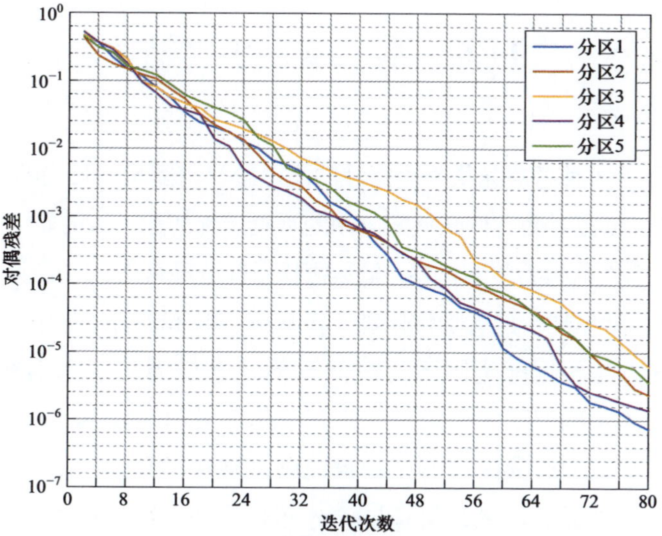

自适应步长ADMM

图 11－15　对偶残差收敛曲线（二）

表 11－6　　　　　　各方法计算时间对比

优化方法	计算时间（s）
集中式	1823.9
SADMM	1306.5
自适应步长 ADMM	1085.86
RMSprop－ADMM	985.7

由表 11－6 中的数据可以看出，采用集中式优化计算方法所需的时间远比分布式计算长，给信息中央控制器带来了很大的通信负担。相反，分布式优化算法只需要交换局部信息就能实现整体优化。分布式优化通过将集中式优化问题分解成多个子问题的分布式求解，大大缩短了计算时间。从图 11－15 中可以看出，两种方法的各区对偶残差均逐步降低并达到收敛状态。RMSprop－SADMM 过对每个参数的历史梯度平方的指数加权平均来动态调整学习率，在 45 次就出现了对偶误差小于设定值，在迭代次数相同时，对偶残差小于 SADMM 和自适应步长 ADMM，证明了给算法在收敛能力方面的优越性。

11.6 本 章 小 结

本章提出了一种考虑光伏不确定性的配电网日前随机—日内实时滚动分布式无功优化方法，以应对高比例光伏配电网的不确定性问题。结果显示，日前随机优化调度通过考虑光伏出力的随机性，虽然牺牲了部分经济性，但增强了系统的鲁棒性。日内实时滚动框架下的无功优化进一步减小了电压波动，提升了经济效益。提出的动态分区方法根据配电网不同时间点的状态最大化了无功补偿装置的能力，综合指标体系确保了分区合理性。基于此，采用 RMSprop－SADMM 算法实现分区的并行计算，显著提升了计算速度，减轻了负担。未来的研究应结合深度学习算法，设计更高效、可扩展的分布式算法，以应对大规模、多约束的配电网优化问题，并兼顾分区间的协同优化。

参 考 文 献

[1] 李鹏，姜磊，王加浩，等. 基于深度强化学习的新能源配电网双时间尺度无功电压优化［J］. 中国电机工程学报，2023，43（16）：6255－6266.

[2] 江智军，袁轩，邱文浩，等. 含新能源和电动汽车充电站并网的主动配电网无功优化模型［J/OL］. 电力系统及其自动化学报：1－11［2024－02－28］.

[3] 颜湘武，徐韵，李若瑾，等. 基于模型预测控制含可再生分布式电源参与调控的配电网多时间尺度无功动态优化［J］. 电工技术学报，2019，34（10）：2022－2037.

[4] 郑子萱，倪扶瑶，汪颖等. 基于模型预测控制混合储能系统的直流微电网韧性提升策略［J］. 电力自动化设备，2021，41（5）：152－159.

[5] 张宏，董海鹰，陈钊，等. 基于模型预测控制的光热－光伏系统多时间尺度无功优化控制策略研究［J］. 电力系统保护与控制，2020，48（09）：135－142.

[6] 李振坤，崔静，路群，等. 基于时序动态约束的主动配电网滚动优化调度［J］. 电力系统自动化，2019，43（16）：17－24.

［7］Liu Y, Ćetenović D, Li H, et al. An optimized multi-objective reactive power dispatch strategy based on improved genetic algorithm for wind power integrated systems［J］. International Journal of Electrical Power & Energy Systems, 2022, 136: 107764.

［8］Sun X, Qiu J, Tao Y, et al. Coordinated real-time voltage control in active distribution networks: An incentive-based fairness approach［J］. IEEE Transactions on Smart Grid, 2022, 13(4): 2650－2663.

［9］Long Y, Kirschen D S. Bi-level Volt/VAR optimization in distribution networks with smart PV inverters［J］. IEEE Transactions on Power Systems, 2022, 37(5): 3604－3613.

［10］张倩，丁津津，张道农，等. 基于集群划分的高渗透率分布式系统无功优化［J］. 电力系统自动化，2019，43（03）：130－137.

［11］杜红卫，尉同正，夏栋，等. 基于集群动态划分的配电网无功电压自律—协同控制［J/OL］. 电力系统自动化，1－11［2024－02－28］.

［12］Yu P, Wan C, Sun M, et al. Distributed voltage control of active distribution networks with global sensitivity［J］. IEEE Transactions on Power Systems, 2022, 37(6): 4214－4228.

［13］Li P, Wu Z, Meng K, et al. Decentralized optimal reactive power dispatch of optimally partitioned distribution networks［J］. IEEE Access, 2018, 6: 74051－74060.

［14］王晶晶，姚良忠，刘科研，等. 面向区域自治的配电网动态区域划分方法［J/OL］. 电网技术，1－12［2024－02－28］.

［15］吴新，史军，马伟哲，等. 基于并行 ADMM 的分布式电－气能量流多目标协同优化［J］. 电测与仪表，2020，57（12）：60－68.

［16］Mokhtari A, Shi W, Ling Q, et al. DQM: Decentralized quadratically approximated alternating direction method of multipliers［J］. IEEE Transactions on Signal Processing, 2016, 64(19): 51511－5173.

［17］罗清局，朱继忠. 基于多参数规划改进 ADMM 的线性电气综合能源系统分布式优化调度［J/OL］. 电工技术学报，1－13［2024－02－28］.

［18］潘军，卢彦杉，何彬彬，等. 计及风、光出力不确定性的微电网经济调度研究［J］. 电工电能新技术，2024，43（02）：56－64.

［19］苗洛源，彭勇刚，胡丹尔，等. 基于自编码器－受限时序卷积网络的数据驱动配电网无功优化策略［J/OL］. 高电压技术，1－10［2024－02－28］.

［20］Yang M, Li J, Du R, et al. Reactive Power Optimization Model for Distribution Networks

Based on the Second-Order Cone and Interval Optimization［J］. Energies, 2022, 15(6): 2235.

［21］Gao H, Wang J, Liu Y, et al. An improved ADMM-based distributed optimal operation model of AC/DC hybrid distribution network considering wind power uncertainties［J］. IEEE Systems Journal, 2020, 15(20): 2201－2211.

［22］王渝红，廖逸犇，宋雨妍，等. 风电场内部分散式无功电压优化控制策略［J］. 高电压技术，2022，48（12）：5047－5056.

［23］Nguyen H M, Torres J L R, Lekić A, et al. MPC based centralized voltage and reactive power control for active distribution networks［J］. IEEE Transactions on Energy Conversion, 2021, 36(2): 1537－1547.

［24］林少华，吴杰康，莫超等. 基于二阶锥规划的含分布式电源配电网动态无功分区与优化方法［J］. 电网技术，2018，42（01）：2311－246.

［25］Yang X S, Deb S. Cuckoo search: recent advances and applications［J］. Neural Computing and applications, 2014, 24: 169－174.

［26］王斌，张裕，罗晨. 高比例光伏接入的配电网分布式运行优化技术［J/OL］. 南方电网技术，1－10［2024－06－24］.

［27］梁梓均，林舜江，刘明波. 一种求解交直流互联电网分布式最优潮流的同步 ADMM 方法［J］. 电力系统保护与控制，2018，46（23）：211－36.

［28］张蕊，李铁成，李晓明等. 考虑设备动作损耗的配电网分布式电压无功优化［J］. 电力系统保护与控制，2021，49（24）：31－40.

［29］Ruan, Hebin, et al. Distributed voltage control in active distribution network considering renewable energy: A novel network partitioning method. IEEE Transactions on Power Systems 35.6(2020): 4220－4231.

［30］吴晗，欧阳森，梁炜焜，等. 基于自适应步长 ADMM 的柔性配电网光－储协同分布鲁棒优化配置［J］. 电力自动化设备，2023，43（07）：35－43.

第 12 章

计及时延的智能配电网光储就地—分布电压优化控制方法

高比例光伏并入配电网，会引发潮流单向流动变为双向流动，进而导致功率倒送和电压越限问题，严重限制了分布式光伏的发展。若不采取电压优化控制措施，光伏发电系统可能面临脱网的风险，甚至发生电压崩溃事故。由于高比例、强随机性的分布式光伏无序接入智能配电网，常引发节点电压越限；而在调压过程中，控制对象间不可避免的通信时延又加剧了智能配电网电压优化控制的难度。为此，提出了一种考虑时延因素影响的光储就地—分布式协调控制策略。首先，分析光伏逆变器无功调压能力，确定就地控制的无功出力限度，并引入分布式一致性因子，构建配电网高比例光伏的就地—分布控制策略，进一步结合储能的有功调节能力，提出光储协调的就地—分布电压优化控制无时延模型。然后，考虑通信时延的影响，建立算法与通信时延耦合的一致性协议，构建光储协调的就地—分布电压优化控制时延模型。先利用线性矩阵不等式求解出时延模型的稳定裕度，再利用时延模型进行补偿控制。最后，通过改进的 IEEE33 节点系统进行算例验证，结果表明用所提的方法进行通信时滞补偿后，系统网络损耗和电压偏差分别下降了 23.01%和 20.52%，证明了该方法的优越性。

12.1　无时延的光储就地—分布电压优化模型

12.1.1　光伏逆变器无功调节

光伏逆变器在提供有功功率的同时，还具备无功电压支撑能力，能够主动参与电压调节。图 12－1 为光伏逆变器有功/无功容量变化曲线。

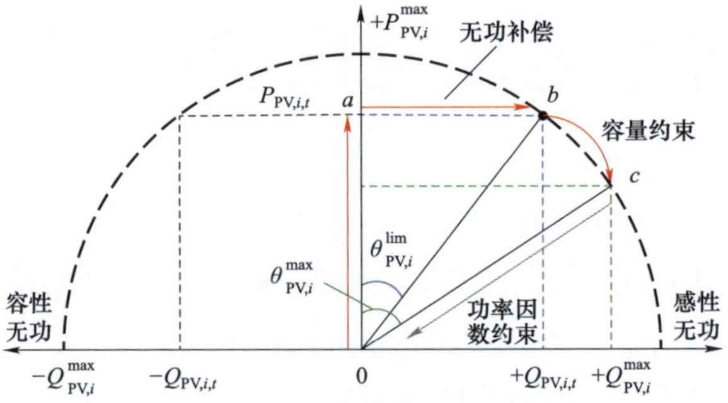

图 12－1　光伏逆变器容量变化曲线

如图 12－1 所示，在光伏逆变器无功补偿阶段，逆变器有功功率 $P_{\mathrm{PV},i,t}$ 保持不变。随着逆变器功率因数角 $\theta_{\mathrm{PV},i,t}$ 增加，其无功功率 $Q_{\mathrm{PV},i,t}$ 也随之增大，直至在某一特定点（即 a 点）达到最大功率，记此时的功率因数角为逆变器的容量约束角 $\theta_{\mathrm{lim},i,t}$。逆变器各参量间的关系如式（12－1），逆变器可调无功与容量之间的关系如式（12－2），功率因数约束如式（12－3）。

$$\cos\theta_{i,t}=\frac{P_{\mathrm{PV},i,t}}{\sqrt{P_{\mathrm{PV},i,t}^{2}+Q_{\mathrm{PV},i,t}^{2}}} \tag{12－1}$$

$$Q_{\mathrm{PV},i}^{\max}=\pm\sqrt{S_{\mathrm{INV},i}^{2}-P_{\mathrm{PV},i,t}^{2}} \tag{12－2}$$

$$\cos\theta_{i,t}\in[-1,-0.9]\cup[0.9,1] \tag{12－3}$$

式中　$Q_{\mathrm{PV},i}^{\max}$ ——节点 i 光伏逆变器最大可调无功容量；

$S_{\mathrm{INV},i}$ ——节点 i 光伏逆变器额定容量。

12.1.2 储能系统有功调节

储能系统有功调节不仅要考虑本身的容量限制，还要考虑储能荷电状态（SOC）。储能装置可调有功与储能 SOC 的关系如式（12-4）～式（12-7）所示

$$S_{\min} \leqslant S_{i,t} \leqslant S_{\max} \tag{12-4}$$

$$S_{i,t} = S_{i,t-\Delta t} + \Delta S_{i,t} \tag{12-5}$$

$$P_{\mathrm{ESS},i,t} = \frac{S_{\mathrm{ESS},i}\Delta S_{i,t}}{\eta \Delta t} \tag{12-6}$$

$$-P_{\mathrm{ESS},i}^{\mathrm{R}} \leqslant P_{\mathrm{ESS},i,t} \leqslant P_{\mathrm{ESS},i}^{\mathrm{R}} \tag{12-7}$$

式中 $S_{i,t}$ ——t 时刻节点 i 储能荷电状态；

$S_{\min}$、$S_{\max}$ ——分别为荷电状态最低阈值、最高阈值，本章分别取 20%、80%；

$S_{\mathrm{ESS},i}$ ——节点 i 储能系统额定容量；

$\Delta S_{i,t}$ ——t 时刻节点 i 储能 SOC 的变化量；

η ——储能充放电效率，本章取 0.9；

$P_{\mathrm{ESS},i,t}$ ——t 时刻节点 i 储能系统的有功功率；

$P_{\mathrm{ESS},i}^{\mathrm{R}}$ ——节点 i 储能额定有功功率。

12.1.3 分布式一致性优化算法

在双向通信链路的电力系统中，通信网络的拓扑结构可以用无向图 $\boldsymbol{G}=(\boldsymbol{V},\boldsymbol{E},\boldsymbol{A})$ 表示。其中，$\boldsymbol{V}=[v_1,v_2,\cdots,v_n]$ 为拓扑图顶点的集合，在本章代表配电网中 n 个调压设备的集合；$\boldsymbol{E}=[e_{ij}]\subseteq \boldsymbol{V}\times\boldsymbol{V}$ 为边集合，在本章中代表各调压设备间的通信链路；$\boldsymbol{A}=[a_{ij}]$ 为图的加权邻接矩阵，定义元素 a_{ij}：如果节点 i 与节点 j 之间存在通信关系，则 $a_{ij}=1$，反之 $a_{ij}=0$，同时定义 $a_{ii}=0$。度矩阵 $\boldsymbol{D}=\mathrm{diag}[d_1,d_2,\cdots,d_n]$ 为 $n\times n$ 的对角矩阵，定义如式（12-8）所示

$$d_i = \sum_{j\in \mathrm{N}_i}^{N} a_{ij} \tag{12-8}$$

式中 d_i ——与节点 i 相邻接的节点数总和；

N_i ——节点 i 的邻接集合。

一致性协议定义为

$$\dot{x}_i(t)=u_i(t)=-\sum_{j\in N_i}(x_i(t)-x_j(t)) \tag{12-9}$$

式中 $x_i(t),u_i(t)$——可控设备 i 在 t 时刻的状态量和输入量。

根据邻接矩阵和度矩阵的定义，将对称半正定的拉普拉斯（Laplacian）矩阵定义为 $\boldsymbol{L}=\boldsymbol{D}-\boldsymbol{A}=[l_{ij}]$，用来表示图 $\boldsymbol{G}$ 点和边的关系，则

$$\dot{\boldsymbol{x}}=-\boldsymbol{L}\boldsymbol{x} \tag{12-10}$$

式中 $\boldsymbol{L}$——图 $\boldsymbol{G}$ 的拉普拉斯矩阵，即

$$l_{ij}=\begin{cases}1, & i=j\\ \dfrac{-1}{|N_i|}, & j\in N_i\\ 0, & 其他\end{cases} \tag{12-11}$$

本章节分布式一致性控制是将 PV 逆变器和储能系统视作可控设备，并利用局部通信实现协调控制目标，使状态变量收敛于稳定的共同值。基于式（12-9）提出的一致性协议是系统实现一致性控制的核心，也是本章节电压优化策略的关键。

12.1.4 光储就地—分布电压优化模型

针对光伏并网导致系统节点电压越限问题，本章提出的光储就地—分布电压优化策略如图 12-2 所示。

（1）光伏无功就地控制。光伏逆变器的就地无功补偿量应为

$$\Delta Q_{\mathrm{PV},i,t}=\frac{U_{i,t}^2-U_{\mathrm{lim}}^2}{2\sum_{j=1}^{i}X_i} \tag{12-12}$$

式中 $\Delta Q_{\mathrm{PV},i,t}$——$t$ 时刻节点 i 光伏逆变器的无功补偿量；

$U_{i,t}$——t 时刻节点 i 的电压值；

U_{lim}——电压限值，即调压目标值；

X_i——节点 i 与节点 j 之间线路的等效电抗。

同时，若采用就地无功补偿策略能有效解决对应节点电压越限问题，相应的无功补偿量应满足以下约束

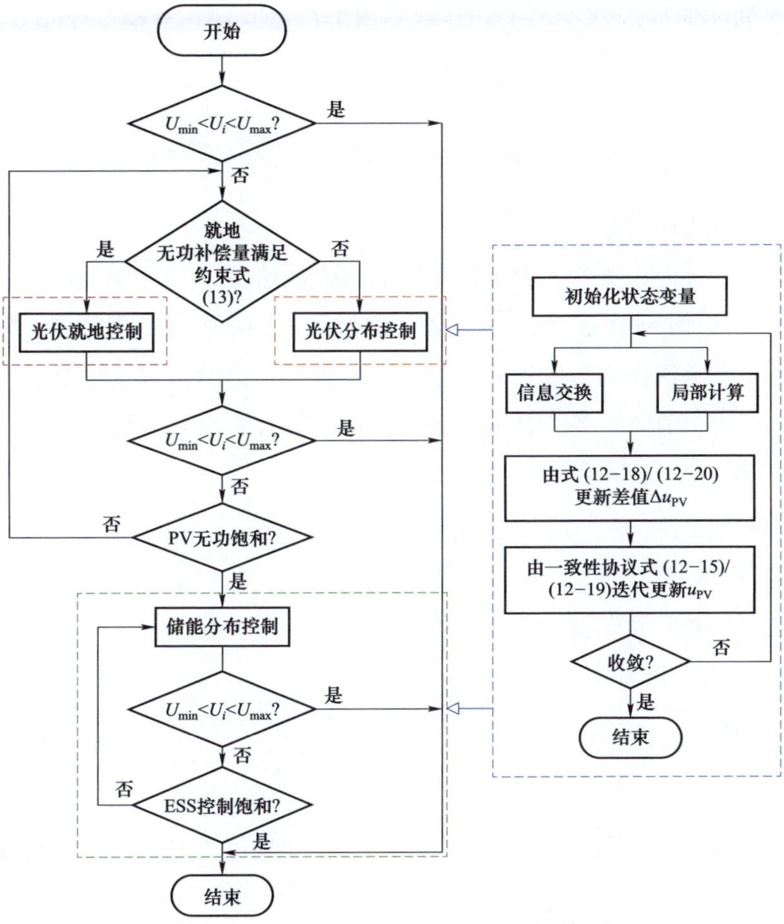

图 12−2　光储就地—分布控制策略流程图

$$\left|Q_{PV,i,t}+\Delta Q_{PV,i,t}\right|\leqslant\left|Q_{PV,i}^{\max}\right| \tag{12−13}$$

当监测到节点电压越限，首先应判断式（12−13）是否成立：如果成立，则利用光伏就地控制策略；如果不成立，则直接转向利用光伏分布式控制策略。

（2）光伏分布式一致性控制。为最大化利用光伏逆变器的无功调节能力，本章节将光伏逆变器无功利用率 $u_{PV,i,t}$ 作为状态变量。$u_{PV,i,t}$ 表示 t 时刻节点 i 光伏逆变器无功功率与最大可调无功容量的比值，表达式为

$$u_{PV,i,t}=\frac{Q_{PV,i,t}}{Q_{PV,i}^{\max}} \tag{12−14}$$

将 $u_{PV,i,t}$ 作为一致性变量，计算出 $u_{PV,i,t}$ 变化量的参考值；然后，通过光伏

逆变器之间的通信网络交换无功功率利用率信息，迭代后最终实现 $u_{\mathrm{PV},i,t}$ 的一致。具体迭代过程如式（12－15）所示

$$u_{\mathrm{PV},i,t}(k)=u_{\mathrm{PV},i,t}(k-1)+\rho\sum_{j=1}^{n}-l_{ij}\Delta u_{\mathrm{PV},i,t}^{\mathrm{ref}}(k-1) \tag{12-15}$$

式中　k ——迭代次数；

ρ ——一个正实数，用于控制算法的收敛速度；

$\Delta u_{\mathrm{PV},i,t}^{\mathrm{ref}}$ ——t 时刻节点 i 光伏逆变器无功功率利用率变化的参考值，将这一参考值作为一致性算法的一致性因子，当所有一致性因子收敛于同一值时，各光伏逆变器分担调压的目的也就达到。

定义本章电压越限偏差为

$$f=\sum_{i=1}^{n}\frac{1}{2}(U_{i,t}-U_{\mathrm{lim}})^2 \tag{12-16}$$

式中　f ——n 个节点电压偏差总和。

f 对 $u_{\mathrm{PV},i,t}$ 的偏导为

$$\frac{\partial f}{\partial u_{\mathrm{PV},i,t}}=\frac{\partial f}{\partial U_{i,t}}\cdot\frac{\partial U_{i,t}}{\partial Q_{\mathrm{PV},i,t}}\cdot\frac{\partial Q_{\mathrm{PV},i,t}}{\partial u_{\mathrm{PV},i,t}}=(U_{i,t}-1)\frac{U_{i,t}}{-U_{i,t}^2B_i+Q_{\mathrm{PV},i,t}}Q_{\mathrm{PV},i}^{\max} \tag{12-17}$$

式中　$\dfrac{\partial U_{i,t}}{\partial Q_{\mathrm{PV},i,t}}$ ——受控节点电压对该节点注入无功功率的敏感度，通过潮流方程可得到；

B_i ——节点 i 的网络电纳。

为加强算法的收敛速度，基于负梯度原理进行优化。负梯度是指函数下降最快的方向，因此取 $\Delta u_{\mathrm{PV},i,t}^{\mathrm{ref}}(k-1)$ 为式（12－17）在 $u_{\mathrm{PV},i,t}(k-1)$ 处的负值，即

$$\Delta u_{\mathrm{PV},i,t}^{\mathrm{ref}}(k-1)=-\left.\frac{\partial f}{\partial u_{\mathrm{PV},i,t}}\right|_{u_{\mathrm{PV},i,t(k-1)}} \tag{12-18}$$

（3）储能分布式一致性控制。当光伏逆变器就地—分布控制达到饱和后，储能系统分布式控制参与到电压控制环节。在这一阶段，选取储能 SOC 变化量作为状态变量，具体迭代过程为

$$\Delta S_{i,t}(k)=\Delta S_{i,t}(k-1)+\Delta S_{i,t}^{\mathrm{ref}}(k-1) \tag{12-19}$$

式中　$\Delta S_{i,t}$ ——t 时刻节点 i 储能 SOC 变化量；

$\Delta S_{i,t}^{\text{ref}}$ ——t 时刻节点 i 储能 SOC 变化量变化的参考值。

取 $\Delta S_{i,t}^{\text{ref}}(k-1)$ 为 f 对 $\Delta S_{i,t}$ 的偏导在 $\Delta S_{i,t}(k-1)$ 处的负值，即

$$\begin{aligned}\Delta S_{i,t}^{\text{ref}}(k-1) &= -\frac{\partial f}{\partial \Delta S_{i,t}}\Big|_{\Delta S_{i,t}(k-1)} \\ &= -\frac{\partial f}{\partial U_{\text{PV},i,t}} \cdot \frac{\partial U_{\text{PV},i,t}}{\partial P_{\text{PV},i,t}} \cdot \frac{\partial P_{\text{PV},i,t}}{\partial \Delta S_{i,t}}\Big|_{\Delta S_{i,t}(k-1)} \\ &= -(U_{i,t}-1)\frac{U_{i,t}}{U_{i,t}{}^2 G_i + P_{\text{ESS},i,t}} \frac{S_{\text{ESS},i}}{\eta \Delta t}\Big|_{\Delta S_{i,t}(k-1)}\end{aligned} \tag{12-20}$$

式中　G_i ——节点 i 的网络电导。

上述提出的分布式一致性优化算法，有效减少了集中式优化算法对系统全局信息的依赖，仅利用局部通信实现协调控制目标。

12.2　考虑时延的光储就地—分布电压优化模型

12.2.1　计及时延影响的电压优化补偿模型

电压优化模型在数据采集和指令传输等环节存在时延，可能导致系统信息发送和接收不同步，从而引发控制滞后问题，时延因素对于电压优化模型的影响如图 12－3 所示。

如图 12－3 所示，在 $t-\tau$ 时刻，光伏功率补偿将第 n 个节点电压由过电压节点调节至安全电压点。但是在通信时滞 τ 期间，当节点注入功率产生波动时，第 n 个节点电压会由过电压节点继续上升。第一种情况是在较小的注入功率波动下，在过电压 a_1 点、c_1 点的初始电压上升较小，采用光伏功率补偿可将过电压 c_1 点调节至安全电压 d_1 点，原有电压调节方法仍然有效；第二种情况是在较大的注入功率波动下，在过电压 a_2 点、c_2 点的初始电压上升较大，采用光伏功率补偿不足以将过电压 c_2 点调节至安全范围，电压调节后的 d_2 点仍会存在过电压问题。综上所述，当节点注入功率在通信时滞期间的变化超出阈值时，原有电压调节方法可能无效。

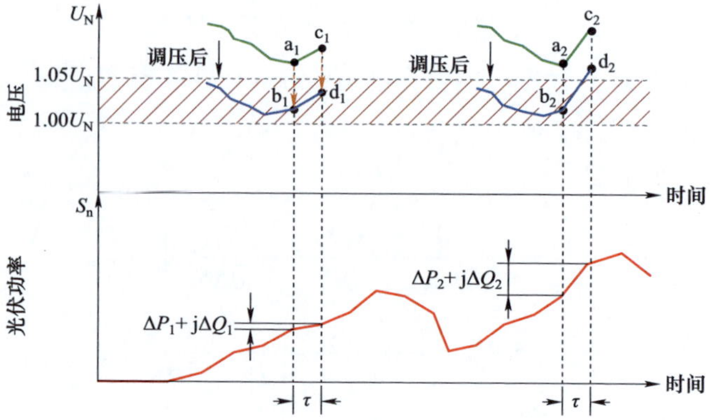

图 12－3　时延对电压优化控制的影响

因此，针对式（12－9）所示的连续时间系统，考虑存在大小为 τ 的时延，提出计及时延的基于一致性算法的电压优化模型如式（12－21）所示

$$\dot{x}_i(t)=u_i(t)=-\sum_{j\in N_i}(x_i(t-\tau)-x_j(t-\tau)) \tag{12-21}$$

（1）光伏逆分布式一致性控制。基于 $t-\tau$ 时刻控制设备接收的信息，光伏逆变器无功利用率迭代过程为

$$u_{\mathrm{PV},i,t}(k)=u_{\mathrm{PV},i,t-\tau}(k-1)+\Delta u_{\mathrm{PV},i,t-\tau}^{\mathrm{ref}}(k-1) \tag{12-22}$$

取 $\Delta u_{\mathrm{PV},i,t-\tau}^{\mathrm{ref}}(k-1)$ 为目标函数 f 对 $u_{\mathrm{PV},i,t}$ 的偏导在 $u_{\mathrm{PV},i,t-\tau}(k-1)$ 处的负值，即

$$\begin{aligned}\Delta u_{\mathrm{PV},i,t-\tau}^{\mathrm{ref}}(k-1)&=-\frac{\partial f}{\partial u_{\mathrm{PV},i,t}}\bigg|_{u_{\mathrm{PV},i,t-\tau}(k-1)}\\&=(U_{i,t-\tau}-1)\frac{U_{i,t-\tau}}{-U_{i,t-\tau}{}^2B_i+Q_{\mathrm{PV},i,t-\tau}}Q_{\mathrm{PV},i}^{\max}\bigg|_{u_{\mathrm{PV},i,t-\tau}(k-1)}\end{aligned} \tag{12-23}$$

（2）储能系统分布式控制。基于 $t-\tau$ 时刻控制设备接收的信息，储能 SOC 变化量迭代过程为

$$\Delta S_{i,t}(k)=\Delta S_{i,t-\tau}(k-1)+\omega\bullet\Delta S_{i,t-\tau}^{\mathrm{ref}}(k-1) \tag{12-24}$$

取 $\Delta S_{i,t-\tau}^{\mathrm{ref}}(k-1)$ 为目标函数 f 对 $\Delta S_{i,t-\tau}$ 的偏导在 $\Delta S_{i,t-\tau}(k-1)$ 处的负值，即

$$\begin{aligned}\Delta S_{i,t-\tau}^{\mathrm{ref}}(k-1)&=-\frac{\partial f}{\partial \Delta S_{i,t-\tau}}\bigg|_{\Delta S_{i,t-\tau}(k-1)}\\&=-(U_{i,t-\tau}-1)\frac{U_{i,t-\tau}}{U_{i,t-\tau}{}^2G_i+P_{\mathrm{ESS},i,t-\tau}}\frac{S_{\mathrm{ESS},i}}{\eta\Delta t}\bigg|_{\Delta S_{i,t-\tau}(k-1)}\end{aligned} \tag{12-25}$$

考虑到本章节建立的电压优化时延模型是典型的偏导数微分超越方程，在数学上存在无穷多种可能的解，复杂变化的时延项也难以处理，导致直接求解比较困难。因此，本章节采用 Lyapunov 直接法进行求解，以避免繁杂的计算和对时延项的直接处理，从而简化求解过程。

12.2.2 最大通信时延

本章节讨论的是基于固定拓扑结构下的定常时延模型。针对式（12－21）所示系统，当时延满足如下条件时，系统可以实现一致性目标

$$\tau \in [0, \tau_{\max}) \tag{12-26}$$

为求解时延稳定裕度τ，本章节采用基于 Lyapunov 的积分二次型方法。通过构建式（12－27）所示时延系统的 Lyapunov 函数，可以获得保守性较低的稳定判据。结合线性矩阵不等式（LMI）数值分析法进行分析

$$\begin{aligned} V(t) = & \boldsymbol{x}^{\mathrm{T}}(t)\boldsymbol{P}\boldsymbol{x}(t) + \int_{t-\tau}^{t} \boldsymbol{x}^{\mathrm{T}}(s)\boldsymbol{Q}\boldsymbol{x}(s)\mathrm{d}s + \\ & \int_{-\tau}^{0}\int_{t+\theta}^{t} \dot{\boldsymbol{x}}^{\mathrm{T}}(s)\boldsymbol{R}\dot{\boldsymbol{x}}(s)\mathrm{d}s\mathrm{d}\theta \end{aligned} \tag{12-27}$$

式中 $\boldsymbol{P}$、$\boldsymbol{Q} \in \boldsymbol{R}^{n\times n}$——半正定矩阵，$rank(\boldsymbol{P}) = rank(\boldsymbol{Q}) = n-1$；

$R \in \boldsymbol{R}^{n\times n}$——正定矩阵。

从而 Lyapunov 泛函$V(t)$正定。

为得到判定系统稳定即保证$\dot{V}(t) < 0$的条件，引入下述引理：

引理 1：牛顿莱布尼兹公式

$$\int_{t-\tau}^{t} \dot{\boldsymbol{x}}(s)\,\mathrm{d}s = \boldsymbol{x}(t) - \boldsymbol{x}(t-\tau) \tag{12-28}$$

引理 2：对于任意的$x, y \in \boldsymbol{R}^{n\times n}$以及对称正定矩阵$\bar{R} \in \boldsymbol{R}^{n\times n}$，（取$\bar{\boldsymbol{R}}$为$\boldsymbol{R}$的共轭矩阵）则

$$2\boldsymbol{x}^{\mathrm{T}}\boldsymbol{y} \leqslant \boldsymbol{x}^{\mathrm{T}}\bar{\boldsymbol{R}}^{-1}\boldsymbol{x} + \boldsymbol{y}^{\mathrm{T}}\bar{\boldsymbol{R}}\boldsymbol{y} \tag{12-29}$$

引理 3：中值定理。如果函数$f(x)$在闭区间$[a,b]$上连续，在开区间(a,b)上可导，那么在开区间(a,b)内至少存在一点ξ使得

$$f'(\xi) = \frac{f(b) - f(a)}{b - a} \tag{12-30}$$

引理 4：Schur 补引理。对于对称矩阵 $\boldsymbol{A}_{11}$、$\boldsymbol{A}_{12}$、$\boldsymbol{A}_{22}$，以下三个条件等价：

1）$\begin{bmatrix} \boldsymbol{A}_{11} & \boldsymbol{A}_{12} \\ \boldsymbol{A}_{12}^{\mathrm{T}} & \boldsymbol{A}_{22} \end{bmatrix} < 0$；

2）$\boldsymbol{A}_{11} < 0$，$\boldsymbol{A}_{22} - \boldsymbol{A}_{12}^{\mathrm{T}}\boldsymbol{A}_{22}^{-1}\boldsymbol{A}_{12} < 0$；

3）$\boldsymbol{A}_{22} < 0$，$\boldsymbol{A}_{11} - \boldsymbol{A}_{12}\boldsymbol{A}_{22}^{-1}\boldsymbol{A}_{12}^{\mathrm{T}} < 0$。

利用上述引理推导保证系统稳定的判定条件，得到式（12－21）所示时延系统稳定性判据为：

定理：对于满足 $0 < \tau < \tau_{\max}$ 的任意时延 τ，若存在对称正定矩阵 $\boldsymbol{P}$，$\boldsymbol{Q} \in \boldsymbol{R}^{n\times n}$，对称半正定矩阵 $\boldsymbol{R} \in \boldsymbol{R}^{n\times n}$，使得式（12－31）成立，则系统渐进稳定

$$\begin{bmatrix} -\boldsymbol{PL} - \boldsymbol{L}^{\mathrm{T}}\boldsymbol{P} + \boldsymbol{Q} & \boldsymbol{PL} & \boldsymbol{0} \\ \boldsymbol{L}^{\mathrm{T}}\boldsymbol{P} & -\dfrac{\boldsymbol{R}}{\tau} & \boldsymbol{0} \\ \boldsymbol{0} & \boldsymbol{0} & -\boldsymbol{Q} + \tau\boldsymbol{L}^{\mathrm{T}}\boldsymbol{RL} \end{bmatrix} < \boldsymbol{0} \tag{12-31}$$

综上，得到本章所构建时延系统的稳定判据，即定理 1。通过利用 LMI 求解器对式（12－31）进行求解，可得到系统保持稳定所能允许的最大时延上界值 $\tau_{\max}$：当时延处于 $0 < \tau < \tau_{\max}$，系统能够稳定调控；当时延超出范围即 $\tau > \tau_{\max}$，系统无法保持稳定。

12.3 仿 真 验 证

12.3.1 算例描述

本章节基于改进 IEEE33 节点配电系统进行算例验证。系统拓扑及通信网络如图 12－4 所示。IEEE33 节点配电网络包含 32 条线路和 5 条联络线，系统基准电压为 12.66kV，基准功率为 10MW，节点电压标幺值的允许范围为[0.95, 1.05]。线路上共 9 处装设 PV 和 ESS，相关参数如表 12－1 所示，功率因数为 $\cos\theta = 0.95$，光伏出力如图 12－5 所示。

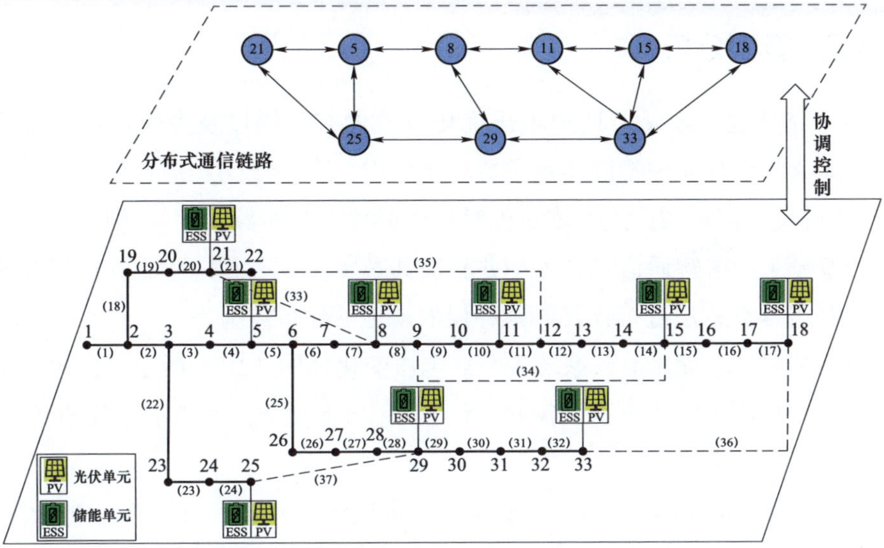

图 12－4　改进的 IEEE33 节点系统及通信网络

表 12－1　　　　　　　　　　PV 和 ESS 参数

类型	节点位置	额定容量
PV	5、8、11、15、18	600kVA
	21、25、29、33	800kVA
ESS	5、8、11、15、18	100kW
	21、25、29、33	120kW

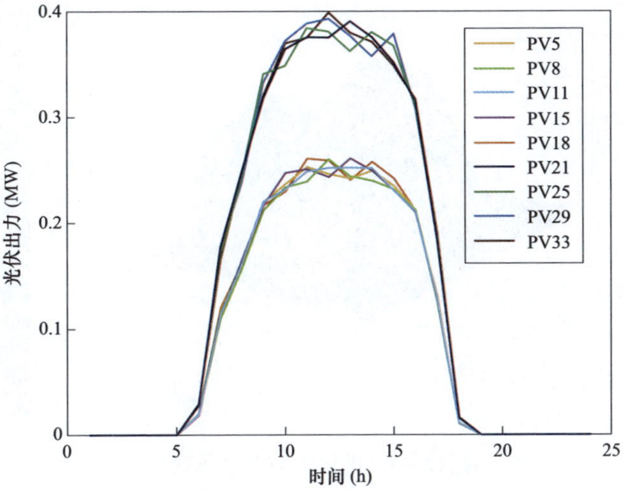

图 12－5　光伏出力曲线

12.3.2 算例分析

为了充分验证本章节所提电压优化方法的有效性以及考虑通信时延的必要性，本章节设置 4 种不同场景进行对比分析。① 情景 1：进行无时延的集中电压控制；② 情景 2：进行本章无时延的就地—分布控制；③ 情景 3：在情景 2 的基础上，求解通信时延大小并验证其必要性；④ 情景 4：在情景 3 的基础上，利用本章方法进行计及时延补偿的就地－分布控制。

（1）情景 1：优化前，系统各节点电压变化如图 12－6 所示；优化后，节点电压变化如图 12－7 所示，各 PV 无功利用率如图 12－8 所示，各 SOC 状态变化如图 12－9 所示。

观察图 12－6～图 12－9：虽然集中式电压优化方法有效降低了电压偏差，但是由于各 PV 和 ESS 出力差异大，容易造成设备调节容量的浪费，并且可能因过充过放而损害储能设备的使用寿命。

（2）情景 2：进行本章就地—分布一致性电压优化。利用本章节方法进行优化，节点电压变化如图 12－10 所示，各 PV 无功变化如图 12－11 所示，各 SOC 状态变化如图 12－12 所示。

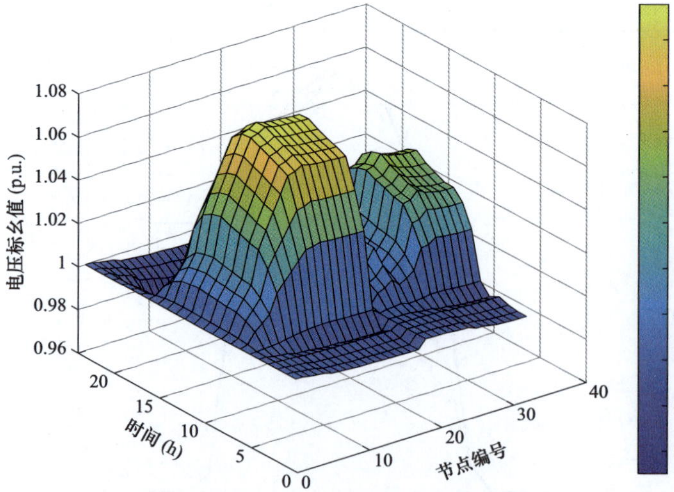

图 12－6　优化前节点电压变化

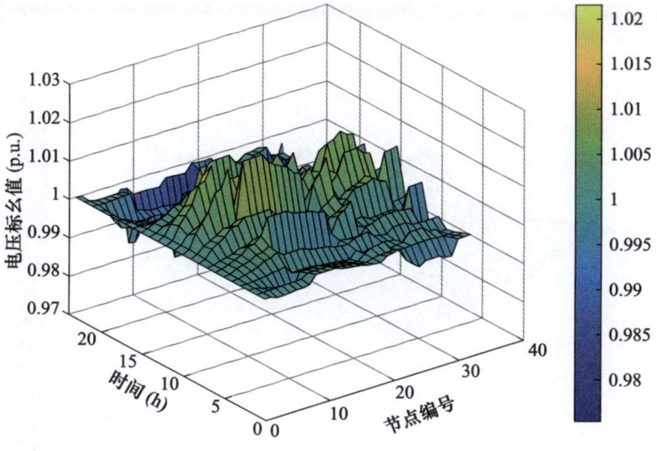

图 12-7　集中式优化后电压变化

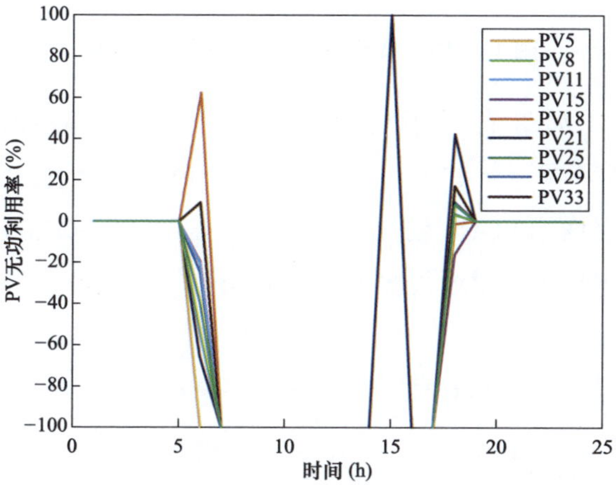

图 12-8　集中式优化后 PV 无功利用率

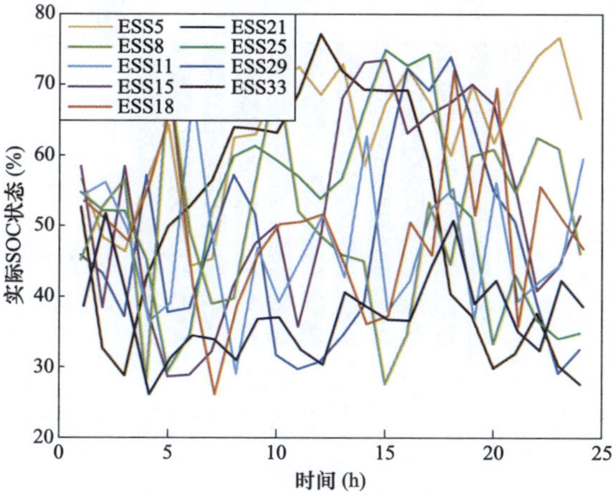

图 12-9　集中式优化后 SOC 状态

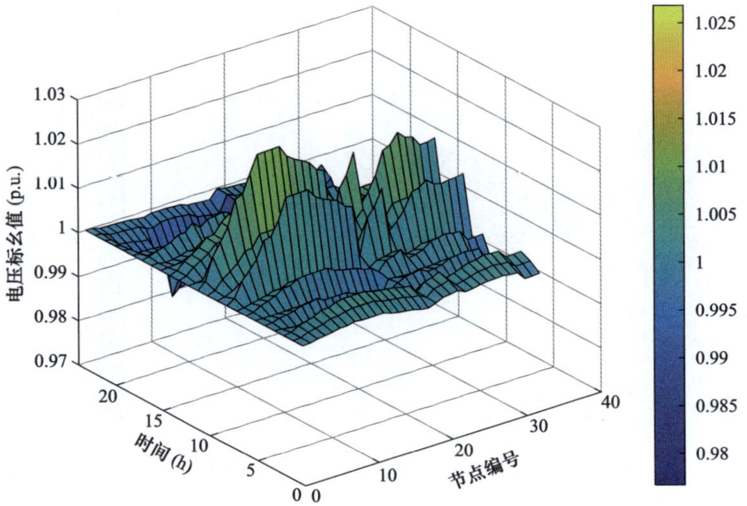

图 12－10　就地—分布优化后电压变化

观察图 12－11 和图 12－12：在 0:00～5:00 期间，储能系统释放有功以补偿 PV 无功调节的不足；在 12:00～16:00 期间，PV 无功优化达到极限，储能系统吸收有功并随之增加 SOC，防止电压过高；在 17:00～24:00 期间，储能系统输出有功以支撑电压。上述过程实现了更为均衡的充放电管理，避免了 ESS 过充过放的问题。

情景 1 和情景 2 的电压优化结果如表 12－2 所示。

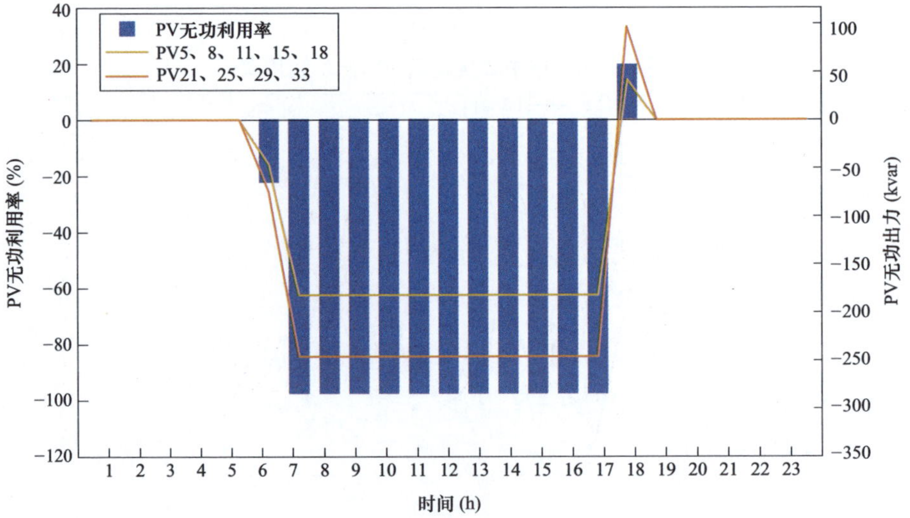

图 12－11　PV 无功变化

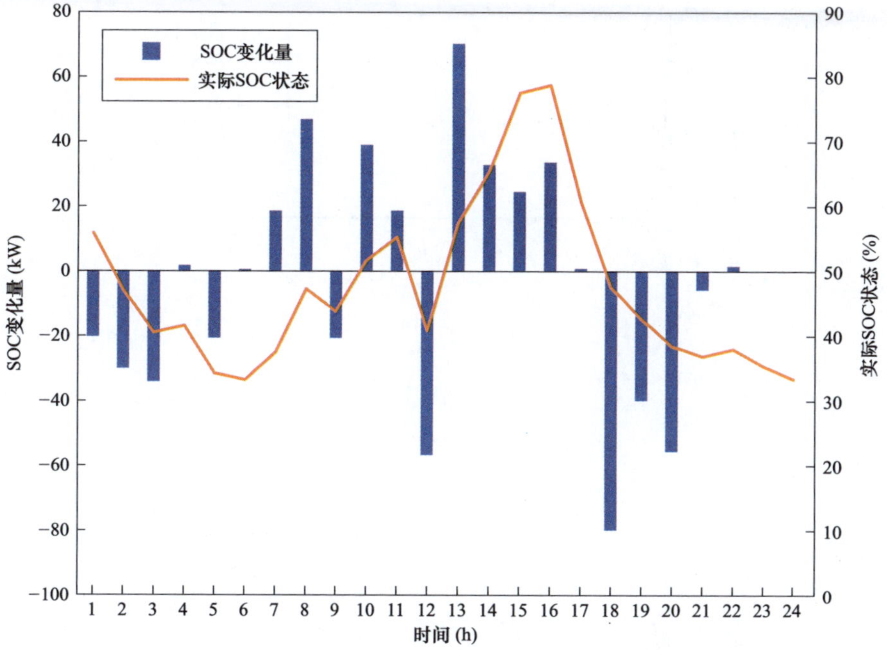

图 12-12　SOC 状态变化

表 12-2　不同情景优化效果对比

情景	总网络损耗（MW）	总电压偏差（p.u.）	最高电压（p.u.）	最低电压（p.u.）	PV 利用率（%）
优化前	0.426	2.323	1.080	0.975	—
集中控制	0.192	0.892	1.022	0.975	84.73
本章节方法	0.201	0.906	1.022	0.975	89.67

对比表 12-2 数据可以发现：在降低网络损耗和电压偏差方面，本章节方法和集中控制方法都有显著改善；在光伏利用率方面，本章节方法比集中控制方法提高了 5.83%；在储能 SOC 状态偏差方面，本章节方法避免了过充过放问题，而集中控制方法下的 SOC 状态差值较大，利用不均衡。

（3）情景 3：为说明通信时延对系统稳定性的影响，以 PV 为例，根据各 PV 位置和初始无功出力比例，依据定理 1，计算得到系统最大时延上界 $\tau_{max}=3.06\mathrm{s}$。图 12-13 展示了在四种时延情况下 $\tau=0$、$\tau=0.8\tau_{max}$、$\tau=\tau_{max}$、$\tau=1.2\tau_{max}$ 下系统的收敛情况，并对四种时延情况的电压优化控制结果进行分析，具体网损和电压偏差对比结果如表 12-3 所示。

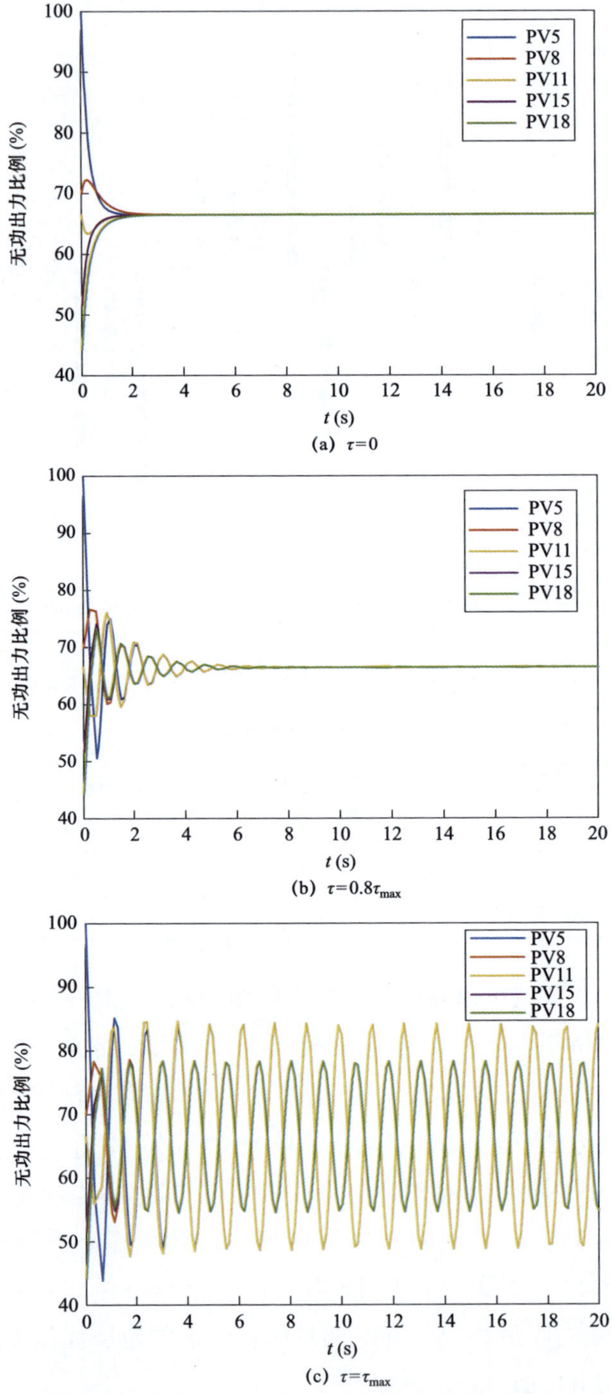

图 12－13　不同时滞影响下的 PV 无功出力比例变化（一）

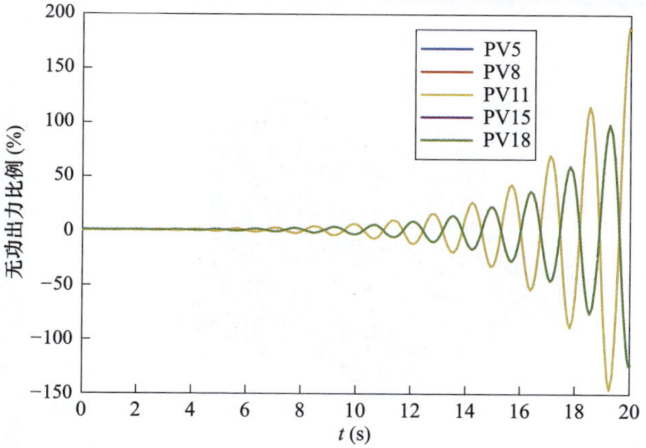

(d) $\tau=1.2\tau_{max}$

图 12－13　不同时滞影响下的 PV 无功出力比例变化（二）

由图 12－13 可知：当时延为 0，系统表现与未考虑时延的系统一致；当时延为 $0.8\tau_{max}$，系统收敛速度变慢但最终稳定；当时延为 τ_{max}，系统处于临界稳定状态；当时延 $1.2\tau_{max}$，系统发生振荡并逐渐失稳。上述结果验证了考虑通信时延情况下系统稳定裕度求解方法的正确性。

表 12－3　　　　　　　　不同情景优化效果对比

情景	总网络损耗（MW）	总电压偏差（p.u.）	最高电压（p.u.）	最低电压（p.u.）
电压优化前	0.426	2.323	1.080	0.975
$\tau=0$	0.201	0.906	1.022	0.975
$0.8\tau_{max}$	0.247	1.062	1.049	0.978
τ_{max}	0.292	1.127	1.050	0.970
$1.2\tau_{max}$	0.365	1.374	1.063	0.974

分析表 12－3：随着通信时滞越大，电压优化控制过程受影响也越严重。当 $\tau<\tau_{max}$ 时，虽然网络损耗和电压偏差较未计及时滞情况下显著增加，但是仍能解决电压越限问题；当 $\tau>\tau_{max}$ 时，时滞影响下的电压优化控制策略无法解决电压越限问题，与未计及时滞情况下的电压调控效果相差较远。

（4）情景 4：以 $1.2\tau_{max}$ 为例，为克服时滞对电压优化控制策略的影响，进行时延补偿控制，各节点电压变化如图 12－14 所示，图 12－15 对比展示了部分节点的未计及时滞与时滞补偿后的电压优化结果，数据对比如表 12－4 所示。

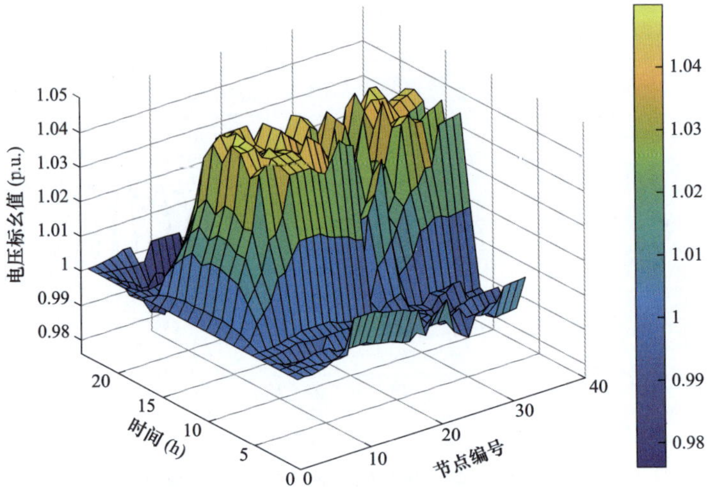

图 12－14　时延模型补偿后电压变化

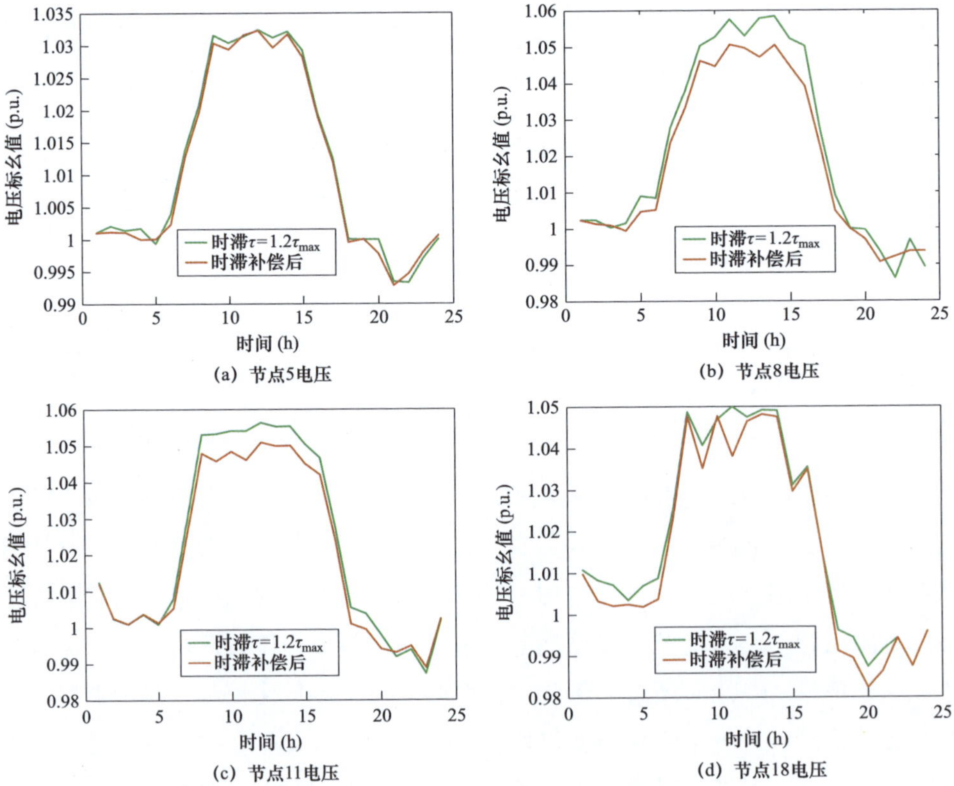

图 12－15　节点电压优化对比（一）

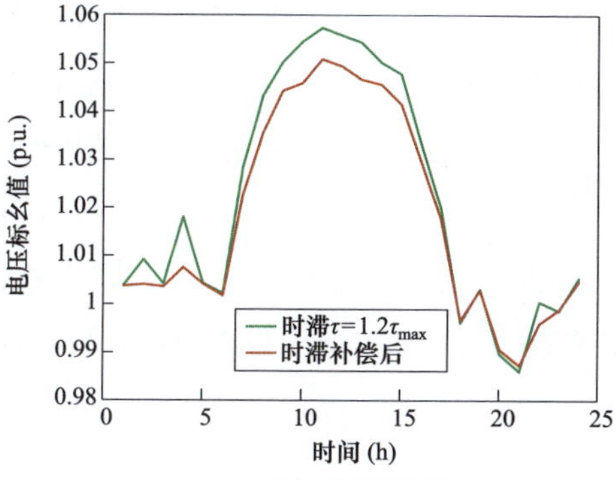

(e) 节点28电压

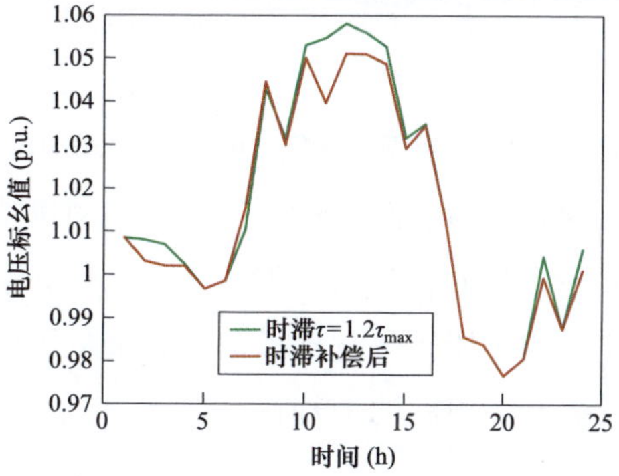

(f) 节点33电压

图 12-15 节点电压优化对比（二）

表 12-4 不同情景优化效果对比

情景	总网络损耗（MW）	总电压偏差（p.u.）	最高电压（p.u.）	最低电压（p.u.）
电压优化前	0.426	2.323	1.080	0.975
$1.2\tau_{max}$	0.365	1.374	1.063	0.974
时滞补偿后	0.281	1.092	1.050	0.975

如图 12-14 所示：对通信时滞的影响进行补偿，解决了电压越限问题。对比结果如图 12-15 和表 12-4 所示：进行时滞补偿后，网络损耗和电压偏差分别下降了 23.01%和 20.52%，也并未出现电压越限问题，证明了本章节提出的智能配电网光储就地—分布式电压优化控制时滞补偿方法的有效性。

综上，本章节验证了计及时延的智能配电网光储就地—分布式电压优化控制方法的有效性。与情景 1 的传统集中式优化方法相比，情景 2 采用本章节提出的就地—分布式控制方法，利用了就地控制无需通信的特点，并有效平衡了功率负担。然而，模型仅考虑系统通信条件件和数据计算等因素并不全面，可能会导致系统响应不及时而制约光储功率协调控制。为此，情景 3 和 4 引入了计及时延因素的电压优化方法，实验结果证明了该方法有效补偿了通信滞后影响，增强了系统的响应能力。

12.4 本 章 小 结

本章节针对高比例光伏并网在实际时延通信环境下的电压优化控制问题，

提出了一种计及时延的智能配电网光储就地—分布式电压优化控制方法，以 PV 无功利用率和储能 SOC 为一致性变量。通过算例分析，研究表明，该方法有效解决了电压越限问题，相比传统集中式电压优化方法，在 PV 利用率上提升了 5.83%，并避免了 ESS 过充过放的风险。此外，提出的时延稳定判据能够有效评估系统的稳定性，确保当时延小于稳定裕度时，系统维持稳定，反之则失稳。建立的电压优化时延模型显著降低了网络损耗 23.01%和电压偏差 20.52%，有效提升了电网的运行稳定性。

参 考 文 献

［1］ Ge LJ, Liu HX, Yan J, et al. A Virtual Data Collection Model of Distributed PVs Considering Spatio-Temporal Coupling and Affine Optimization Reference［J］. IEEE Transactions on Power Systems, 2023, 38(4): 3939－3951.

［2］ 张博，唐巍，蔡永翔，等. 基于一致性算法的户用光伏逆变器和储能分布式控制策略［J］. 电力系统自动化，2020，44（2）：86－94.

［3］ Wu M, He Y, She J H, et al. Delay-dependent criteria for robust stability of time-varying delay systems［J］. Automatica, 2004, 40(8): 1435－1439.

［4］ Lin P, Jia Y. Average consensus in networks of multi-agents with both switching topology and coupling time-delay［J］. Physica A: Statistical Mechanics and its Applications, 2008, 387(1): 303－313.

［5］ Jung S M, Kim J H. Hyers-Ulam stability of Lagrange's mean value points in two variables［J］. Mathematics, 2018, 6(11): 216.

［6］ Zheng W, Lam H K, Sun F, et al. Robust Stability Analysis and Feedback Control for Uncertain Systems With Time-Delay and External Disturbance［J］. IEEE Transactions on Fuzzy Systems, 2022, 30(12): 5065－5077.

第 13 章

基于混合动作空间的深度强化学习配电网双时间尺度电压控制

在有源配电网的电压/无功控制（VVC）中，需要将传统稳压装置与现代智能光伏逆变器相结合，以避免电压违和。然而，基于模型的多设备 VVC 算法依赖于精确的系统模型进行决策，而复杂的建模过程使得该方法在实际应用中可能面临挑战。为了解决 VVC 中多设备合作的问题，本章节提出了一种基于配电网状态决策的混合动作空间强化学习算法。为了协调传统稳压设备的离散动作和敏捷智能设备的连续动作，提出了一种混合动作表示双延迟深度确定性策略梯度（HAR－TD3）算法。具体来说，为了促进这些不同动作空间的协作，提出了一个利用嵌入表和变分自编码器的连续离散动作重构网络。该网络通过将离散和连续的动作嵌入到潜在的表示空间中，并随后解码以进行动作重构，从而捕获异构动作之间的依赖关系。所提出的电压控制策略在 IEEE 33 节点、IEEE 69 节点和 IEEE 123 节点配电系统上进行了验证。数值结果表明，与现有的强化学习算法相比，该算法能够熟练地协调离散连续设备，并实现最小的电压违例。

13.1　混合动作空间电压控制方法概述

创新的电压控制策略有效地监督离散和连续无功装置，以确保节点电压保持在所需范围内。本章节提出的 HAR－TD3 电压控制算法框架如图 13－1 所示。

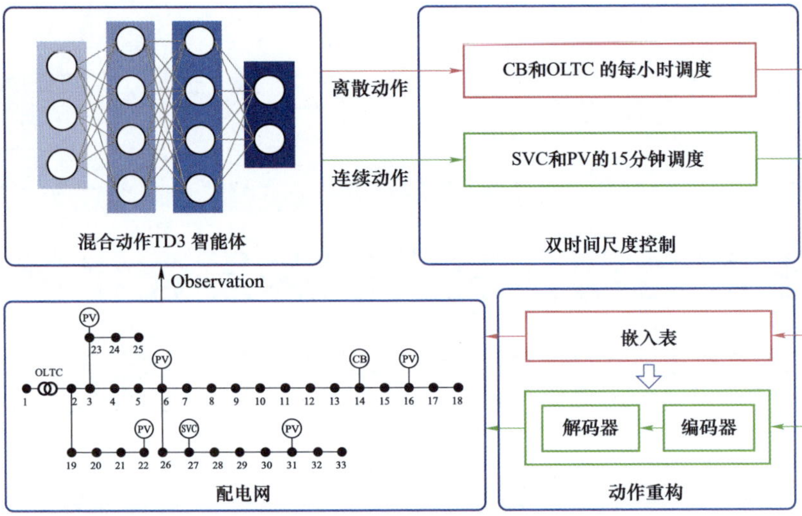

图 13－1　基于混合动作表示的 TD3 电压无功控制算法框架

配电网包括两类设备：传统的离散设备和连续设备。为了解决用单一动作空间控制这两种类型的挑战，提出了一种混合动作空间强化学习算法。

此外，为了适应在不同时间尺度下运行的设备的不同控制需求，该算法将一天分为两个时间尺度。慢时标以 1 小时的控制间隔运行，时间指标值 $T=\{1,\cdots,N_T\}$，其中 $N_T=24$；快速时标以 15min 的控制间隔运行，时间指标值用 $t=\{1,\cdots,N_t\}$ 表示，其中 $N_t=96$。在这种设置中，每个慢时标周期被分成 m 个快时标周期。分立器件如 CBs 和 OLTC 在慢时间尺度内工作，而连续器件如 PV 逆变器和 SVC 在快时间尺度内工作。HAR－TD3 算法由增强的混合动作空间 TD3 算法和混合动作重建网络组成，以促进离散和连续动作的同步。改进的混合动作 TD3 代理持续接收来自配电网的实时状态观察。它在慢时间尺度上更新网络中离散设备的动作，在快时间尺度上调整连续设备的动作。随后，混合动作重建网络构建一个嵌入表来表示离散动作，并利用 VAE 将连续动作映射到潜在动作空间中。最后，将各设备的动作重构为原始动作维度，并应用到配电网中。

13.2　强化学习中的马尔可夫决策过程建模

强化学习的基本假设是环境可以被建模为马尔可夫决策过程（MDP）。MDP由一个五元组(S,A,p,r,γ)定义，其中S为状态空间，状态$s\in S$；A为动作空间，动作$a\in A$；p为状态转移概率分布；r是即时奖励；γ是折现因子。在典型的 RL 场景中，代理根据预定义的策略在一段时间内与环境进行交互，这种交互过程符合 MDP 的结构。在每一步中，agent 根据当前状态选择一个动作，导致环境状态的过渡，并出现即时奖励。强化学习学习了一个最大化奖励的策略

$$\mu^*(a_t|s_t)=\arg\max_{\mu} J(\mu) \tag{13-1}$$

$$J(\mu)=E\left[\sum_{t=0}^{N_t}\gamma^t r_t\right] \tag{13-2}$$

式中　a_t,s_t ——步骤 t 的动作和状态；

μ ——在状态s_t下选择动作a_t的概率，即$a_t\sim\mu(\cdot|s_t)$；

N_t ——一个回合的长度；

r_t ——第t步的即时奖励。

MDP 定义如下：

在 VVC 问题中，离散和连续控制设备必须协调，以最小化长期平均电压偏差和有功功率损耗，利用从电网传感器收集的实时信息。这些实时数据为决策提供了基础。在这种情况下，配电网内的潮流代表了环境。在智能体的决策过程中，网络中的多个可控设备作为控制变量。因此，多设备 VVC 问题可以构建为马尔可夫决策过程（MDP），其情节、混合行动、状态和奖励定义如下。

（1）回合：在马尔可夫决策过程（MDP）中，第t步的一个回合被定义为一天，时间步长为 15min，因此每个回合总共有 96 个时间步。连续设备的动作周期为 15min，每个时间步都执行一次动作。离散设备的动作周期为一小时，每隔 m 步执行一次动作。

（2）混合动作空间：配电网中的CB、PV和SVC的数量分别为N_B,N_{PV},N_{SVC}。OLTC和第i个CB的可调档位数量分别为n^{OLTC},n^{CBi}。向量a_d^T的长度为L_d，表示传统设备在时间步T的离散动作信息，其中$L_d=n^{\text{OLTC}}\cdot n^{\text{CB}_1}\cdots\cdot n^{\text{CB}_{N_\text{B}}}$。在与配电网环境交互时，$a_d^T$可以映射到具体的离散设备动作，即$a_d^T\to[a_T^{\text{TAP}},a_{1,T}^{\text{CB}},\cdots,a_{N_\text{B},T}^{\text{CB}}]^T$，其中$a_T^{\text{TAP}}$表示OLTC的档位，且$a_T^{\text{TAP}}\in\{t_p^{\min},\cdots,-1,0,1,\cdots,t_p^{\max}\}$，$t_p^{\min}$和$t_p^{\max}$分别是档位的最大值和最小值；$a_{i,T}^{\text{CB}}$是第$i$个CB的动作，且$a_{i,T}^{\text{CB}}\in\{0,1,\cdots,n^{\text{CB}_i}\}$。连续设备在时间步$t$的动作定义为$a_t^c=[a_{1,t}^{\text{PV}},a_{2,t}^{\text{PV}},\cdots,a_{N_{\text{PV}},t}^{\text{PV}},a_{1,t}^{\text{SVC}},a_{2,t}^{\text{SVC}},\cdots a_{N_{\text{SVC}},t}^{\text{SVC}}]^T$，其中$a_{i,t}^{\text{PV}}$和$a_{i,t}^{\text{SVC}}$分别表示光伏逆变器和静态无功补偿器的动作，取值范围为-1到1。向量a_t^c的长度为$L_c=N_{\text{PV}}+N_{\text{SVC}}$。

（3）状态：MDP在时间步t的状态定义为向量$\boldsymbol{s}_t=[\boldsymbol{V}_t,\boldsymbol{P}_t^{\text{PV}},\boldsymbol{Q}_t^{\text{SVC}},k_t,load_t,t]^T$，其中$\boldsymbol{V}_t$表示所有节点电压幅值的向量；$P_t^{PV}=[P_{1,t}^{\text{PV}},P_{2,t}^{\text{PV}}\cdots,P_{N_{\text{PV}},t}^{\text{PV}}]^T$，其中$P_{i,t}^{PV}$是第$i$个光伏逆变器的有功功率输出；$\boldsymbol{Q}_t^{\text{SVC}}=[Q_{1,t}^{\text{SVC}},Q_{2,t}^{\text{SVC}}\cdots,Q_{N_{\text{SVC}},t}^{\text{SVC}}]^T$，其中$Q_{i,t}^{\text{SVC}}$是第$i$个静态无功补偿器的无功功率输出；$k_t$表示所采取离散动作的索引值；$load_t$是负载功率因数。

（4）奖励：r_t是时间步骤t的奖励。奖励包括两个部分，如下

$$r_t=-P_t^{\text{loss}}-pV_t^{\text{loss}} \tag{13-3}$$

$$P_t^{\text{loss}}=\sum_{ij\in\mathcal{E}}P_{ij,t}^{\text{loss}} \tag{13-4}$$

$$V_t^{\text{loss}}=\sum_{i\in\mathcal{N}}[[\underline{V}-V_{i,t}]_+ +[V_{i,t}-\overline{V}]_+] \tag{13-5}$$

式中　P_t^{loss}——有功功率损耗；

ij——从节点i到节点j的分支；

ε——配电网中的所有分支集合；

p——是用于惩罚电压超限的惩罚因子；

V_t^{loss}——电压越限率；

$\mathcal{N}$——配电网中的节点集合；

$\overline{V},\underline{V}$——电压的下限和上限；

$V_{i,t}$——时间步t时节点i的电压值；

其中，$[\cdot]_+$定义为$[\cdot]_+=\max(0,x)$。

13.3 HAR-TD3 算法设计与实现

改进了 TD3 算法的动作空间。具体来说，该算法具有为配电网络中的离散设备和连续设备量身定制的两个动作空间。OLTC 和 CB 的动作在较慢的时间尺度上运行，而 PV 逆变器和 SVC 的动作在较快的时间尺度上执行。提出了一种可解码的基于 VAE 的动作重建网络，将离散动作和连续动作嵌入到潜在表示空间中，捕捉它们的相互依赖性。

13.3.1 TD3 算法

TD3（twin delayed deep deterministic policy gradient）算法是对 DDPG 算法的改进，可以有效缓解 Q 值过估计、过拟合以及更新效果差等问题。在 Actor-Critic 框架下，TD3 智能体由参数为 θ^Q 的评估网络 $Q\left(s,a\middle|\theta^Q\right)$ 和参数为 θ^μ 的策略网络 $\mu\left(s\middle|\theta^\mu\right)$ 组成。每个策略网络和评估网络都配备了对应的目标网络 $Q'\left(s,\hat{a}\middle|\theta^{Q'}\right)$ 和 $\mu'\left(s\middle|\theta^{\mu'}\right)$。策略网络持续选择基于输入状态的确定性动作，而评估网络负责评估这些选定的动作，为策略网络提供梯度信息。这些梯度引导策略网络逐步选择更加优化的动作。

TD3 算法具有以下三个特点：

首先，TD3 建立了两个评估网络：$Q_1\left(s,a\middle|\theta^{Q_1}\right)$ 和 $Q_2\left(s,a\middle|\theta^{Q_2}\right)$。每个评估网络都对应一个目标网络：$Q_1'\left(s,\hat{a}\middle|\theta^{Q_1'}\right)$ 和 $Q_2'\left(s,\hat{a}'\middle|\theta^{Q_2'}\right)$。通过式（13-6），可以计算出下一状态的两个不同的动作值，具体如下

$$\begin{cases} Q_1'(\boldsymbol{s}_{t+1},\hat{\boldsymbol{a}}_{t+1}\mid\theta^{Q_1'}) = Q_1'(\boldsymbol{s}_{t+1},\mu'(\boldsymbol{s}_{t+1}\mid\theta^{\mu'})\mid\theta^{Q_1'}) \\ Q_2'(\boldsymbol{s}_{t+1},\hat{\boldsymbol{a}}_{t+1}\mid\theta^{Q_2'}) = Q_2'(\boldsymbol{s}_{t+1},\mu'(\boldsymbol{s}_{t+1}\mid\theta^{\mu'})\mid\theta^{Q_2'}) \end{cases} \tag{13-6}$$

为了解决在计算 Q 值时高估的问题，TD3 算法采用了一种策略，即使用两个动作值中较小的一个来确定目标 Q 值。此外，这个最小化的动作值有助于计算 TD3 算法中（13-7）和（13-8）中概述的两个批评网络的损失函数

$$y_t = r_t + \gamma \min_{i=1,2} Q_i'(\boldsymbol{s}_{t+1},\hat{\boldsymbol{a}}_{t+1}\mid\theta^{Q_i'}) \tag{13-7}$$

$$L(\theta^{Q_i})=E[(y_t-Q_i(\boldsymbol{s}_t,\boldsymbol{a}_t\mid\theta^{Q_i})\mid\boldsymbol{a}_t=\mu(\boldsymbol{s}_t\mid\theta^{\mu}))^2] \tag{13-8}$$

式中　y_t ——在特定状态 s_t 和动作 a_t 下的目标 Q 值；

$L(\theta^{Q_i})$ ——损失函数。

评估网络通过梯度下降更新参数，如式（13－9）和式（13－10）所示

$$\nabla_{\theta^{Q_i}}L(\theta^{Q_i})=E[(y_t-Q_i(\boldsymbol{s}_t,\boldsymbol{a}_t\mid\theta^{Q_i}))\nabla_{\theta^{Q_i}}Q_i(\boldsymbol{s}_t,\boldsymbol{a}_t\mid\theta^{Q_i})]|_{i=1,2} \tag{13-9}$$

$$\theta^{Q_i}\leftarrow\theta^{Q_i}-\alpha\nabla_{\theta^{Q_i}}L(\theta^{Q_i}) \tag{13-10}$$

式中　$\nabla_{\theta^{Q_i}}L(\theta^{Q_i})$ ——损失函数相对于 θ^{Q_i} 的梯度；

$\nabla_{\theta^{Q_i}}Q_i(\boldsymbol{s}_t,\boldsymbol{a}_t\mid\theta^{Q_i})$ ——Q 值相对于 θ^{Q_i} 的梯度；

α ——评估网络的学习率。

参数 θ^{μ} 的更新目标是最大化预期的累积奖励。此优化过程通过梯度上升调整参数，以提升 Q 值。

$$\begin{aligned}\nabla_{\theta^{\mu}}J(\theta^{\mu})=E\,[&\nabla_{\boldsymbol{a}}Q_1(\boldsymbol{s},\boldsymbol{a}\mid\theta^{Q_1})\mid\boldsymbol{s}=\boldsymbol{s}_t,\\ &\boldsymbol{a}=\mu(\boldsymbol{s}_t\mid\theta^{\mu})\cdot\nabla_{\theta^{\mu}}\mu(\boldsymbol{s}\mid\theta^{\mu})\mid\boldsymbol{s}=\boldsymbol{s}_t]\end{aligned} \tag{13-11}$$

$$\theta^{\mu}\leftarrow\theta^{\mu}+\beta\nabla_{\theta^{\mu}}J(\theta^{\mu}) \tag{13-12}$$

式中　$\nabla_{\theta^{\mu}}J(\theta^{\mu})$ ——目标函数 $J(\theta^{\mu})$ 关于 θ^{μ} 的梯度；

$\nabla_{\boldsymbol{a}}Q_1(\boldsymbol{s},\boldsymbol{a}\mid\theta^{Q_1})$ ——Q 值关于动作 a_t 的梯度；

$\nabla_{\theta^{\mu}}\mu(\boldsymbol{s}\mid\theta^{\mu})$ ——策略 μ 关于 θ^{μ} 的梯度；

β ——策略网络的学习率。

其次，为了缓解过拟合和减小时间差（TD）目标的方差，在目标动作中引入一个裁剪的正态分布噪声 ξ，表示

$$\hat{\boldsymbol{a}}_{t+1}\leftarrow\mu'(\boldsymbol{s}_{t+1}\mid\theta^{\mu'})+\xi,\xi\sim\mathrm{clip}(N(0,\sigma^2),-\mathrm{c},\mathrm{c}) \tag{13-13}$$

TD3 算法的另一个关键点是减少 Q 值估计的方差。为此，与主网络相比，目标策略网络和目标评估网络的更新频率较低，从而减少了每次更新过程中累积的误差。

13.3.2　混合动作空间的 TD3 改进

在同时控制离散和连续动作的背景下，传统的强化学习智能体存在一定的局限性。为了解决这一挑战，并有效管理配电网络中的离散—连续型无功功率

设备，本章节聚焦于参数化动作马尔可夫决策过程（PAMDP）。PAMDP 是对标准马尔可夫决策过程（MDP）的扩展，它引入了包含离散和连续组成部分的混合动作空间。

具体而言，对 TD3 算法的策略网络和目标策略网络进行了以下两项增强，如图 13－2 所示。在图 13－2 中，$\boldsymbol{a}^{d}_{\mathrm{TD3},t}$ 和 $\boldsymbol{a}^{c}_{\mathrm{TD3},t}$ 分别是网络在时间步 t 输出的离散动作和连续动作向量；策略网络的结构由多层感知器（MLP）、ReLU 函数和 tanh 函数组成。

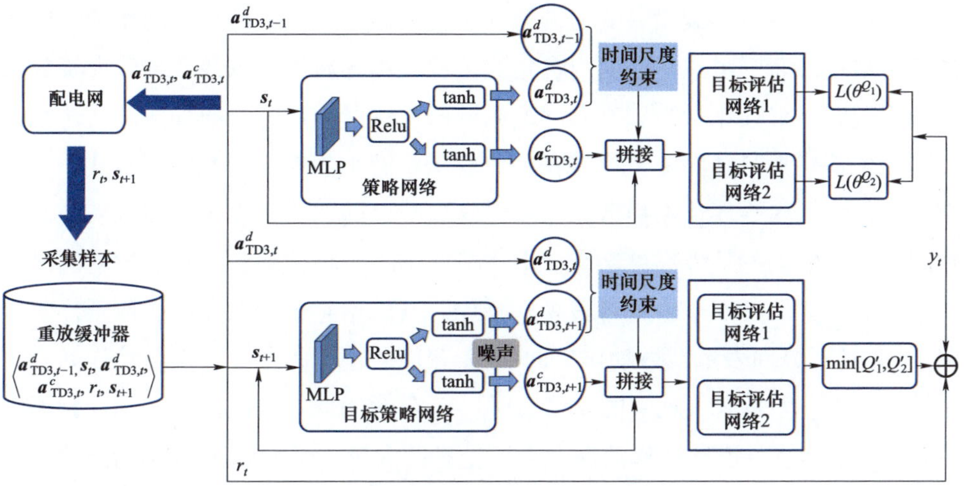

图 13－2　混合动作空间 TD3 算法框架

（1）混合动作输出：策略网络的输入为配电网络的状态，输出为在该状态下应执行的动作。此过程可以通过式（13－14）和式（13－15）表示

$$\boldsymbol{a}^{d}_{\mathrm{TD3},t} = \tanh_{\mathrm{d}}(\mathrm{Relu}(\mathrm{MLP}(\boldsymbol{s}_t))) \tag{13-14}$$

$$\boldsymbol{a}^{c}_{\mathrm{TD3},t} = \tanh_{\mathrm{c}}(\mathrm{Relu}(\mathrm{MLP}(\boldsymbol{s}_t))) \tag{13-15}$$

式中　MLP(•)——多层感知器网络，由多个完全连接的层组成；

Relu(•)——Relu 激活函数；

$\tanh_{\mathrm{d}}(\bullet), \tanh_{c}(\bullet)$——输出离散动作和连续动作的双曲正切函数，其输出维度分别为 L_d 和 L_c。

（2）时间尺度约束：为满足与离散设备动作相关的时间尺度约束，引入了一种专门的更新机制。该机制确保离散设备动作仅在较慢的时间尺度上进行修

改。该约束可通过式（13－16）表示如下

$$\boldsymbol{a}_{\mathrm{TD3},t}^{d}=\begin{cases}\boldsymbol{a}_{\mathrm{TD3},t}^{d}, & t \bmod m=0\\ \boldsymbol{a}_{\mathrm{TD3},t-1}^{d}, & else\end{cases}\qquad(13-16)$$

式中　m ——两次离散动作执行之间连续动作执行的次数，这里 $m=4$；

mod ——取模运算符，当 $t \bmod m=0$ 时，表示 t 能被 m 整除。

13.3.3　混合动作重构网络

在涉及离散—连续设备的协同无功优化问题中，仅仅将离散动作和连续动作简单结合，而不考虑它们的内在相互依赖性和异质性，可能会导致训练效果不佳。受近年来强化学习和表示学习领域研究进展的启发，所提方法从传统的混合动作策略学习转向在一个潜在动作表示空间中的连续策略学习范式，在该空间中，配电网络环境中离散动作和连续参数之间的交互和关联得以表征。该空间与环境的动态特性高度契合。本小节介绍了一种构建紧凑且可解释的潜在表示空间的方法，用于协调各设备的动作。其网络结构如图 13－3 所示，其中 $\boldsymbol{a}_{\mathrm{TD3},t}^{c}$ 和 $\boldsymbol{a}_{\mathrm{TD3},t}^{d}$ 分别表示混合动作空间 TD3 智能体输出的连续和离散动作向量。在该结构中，k 是嵌入表中的向量索引，δ_s 是解码器的输出，用于辅助预测系统状态；z 是表示连续动作的潜在表示变量的向量；而 k_t 和 a_t^c 分别为最终的离散动作和连续动作。

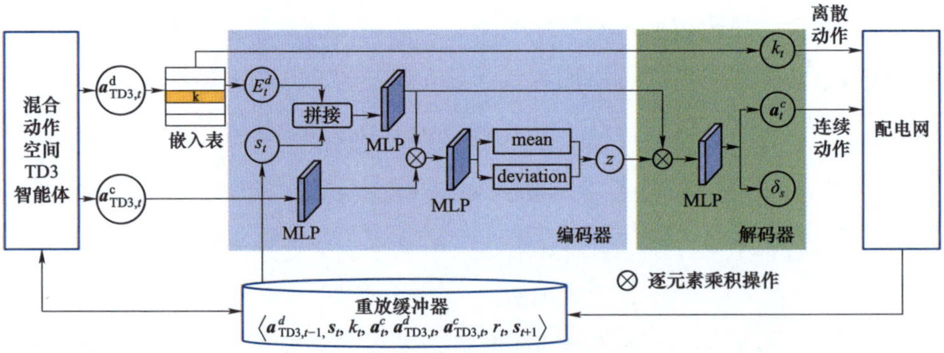

图 13－3　混合动作重构网络结构

建立一个嵌入表 $E\in\mathbb{R}^{K\times L_d}$ 来表示离散动作，其中 K 为离散动作的总数。每一行对应一个离散的动作，用一个连续的向量表示。离散设备的动作通过嵌入

表进行编码，公式如式（13－17）和式（13－18）所示。式（13－17）计算离散动作向量 $\boldsymbol{a}_{\mathrm{TD3},t}^{d}$ 与嵌入表中每行向量 $E(k)$ 的 L_2 范数，并选择范数最小的行的索引，记为 k_t。式（13－18）得出与 k_t 对应的嵌入向量，作为动作向量 $\boldsymbol{a}_{\mathrm{TD3},t}^{d}$ 的编码，记为 E_t^d。

$$k_t = \underset{k \in K}{\operatorname{argmin}} \left\| E(k) - \boldsymbol{a}_{\mathrm{TD3},t}^{d} \right\|_2 \tag{13-17}$$

$$E_t^d = E(k_t) \tag{13-18}$$

接着，使用变分自编码器（VAE）构建连续参数的潜在表示空间。VAE 包含由参数 ϕ 表示的解码器 q_ϕ 和由参数 φ 表示的编码器 p_φ。编码器将连续动作向量 $\boldsymbol{a}_{\mathrm{TD3},t}^{c}$、离散动作嵌入 E_t^d 和状态 s_t 映射为潜在表示变量 $z \in \mathbb{R}^l$，如公式（13－19）所示。更具体地说，编码器输出高斯分布 $N(\mu,\sigma)$ 的均值 μ 和标准差 σ，潜在空间变量 z 满足该高斯分布。

$$z \sim q_\phi(\bullet \mid \boldsymbol{a}_{\mathrm{TD3},t}^{c}, \boldsymbol{s}_t, E_t^d) \tag{13-19}$$

解码器基于这个潜在表示空间 z、离散动作嵌入 E_t^d 和状态 s_t 重构连续动作，如式（13－20）所示

$$\boldsymbol{a}_t^c = p_\varphi(\boldsymbol{z}, \boldsymbol{s}_t, E_t^d) \tag{13-20}$$

最后，k_t 和 a_t^c 分别作用于配电网中的离散设备和连续设备。

通过最小化损失函数 L_{VAE} 来训练嵌入表和 VAE，如式（13－21）所示

$$L_{VAE} = E_{\boldsymbol{s}_t, k_t, \boldsymbol{a}_t^c \sim D, z \sim q_\phi} [\| \boldsymbol{a}_t^c - \tilde{\boldsymbol{a}}_t^c \|_2^2 + D_{KL}(q_\phi(\bullet \mid \boldsymbol{a}_t^c, \boldsymbol{s}_t, E_t^d) \| N(0,1))] \tag{13-21}$$

式中　D——重放缓冲区；

$\tilde{\boldsymbol{a}}_t^c$——VAE 在训练过程中输出的结果。

其中，第一个项表示 L2 范数平方的重构误差；第二项为潜在变量 z 与标准高斯先验分布之间的 KL 散度。

为了使智能体能够更好地评估每个设备动作对配电网络的影响，预测系统状态变得至关重要。这种预测能力使智能体能够就动作做出更明智和优化的决策。为增强这种预测能力，基于状态动态预测的无监督学习损失被引入。损失函数的构建过程详述如下

$$L_S = E[\| \delta_s - (\boldsymbol{s}_{t+1} - \boldsymbol{s}_t) \|_2^2] \tag{13-22}$$

通过最小化以下损失函数来训练嵌入表和 VAE

$$L = L_{VAE} + \varepsilon L_S \tag{13-23}$$

式中　ε——超参数，用于衡量状态动态预测损失的权重。

13.4　算　例　分　析

HAR－TD3 电压控制策略在修改后的 IEEE 33 节点、IEEE 69 节点和 IEEE 123 节点配电网络上进行了测试。在修改后的 IEEE 33 节点测试配电电路中，OLTC（负载调节变压器）安装在 1 号和 2 号母线之间，具有 11 个分接头位置，每个位置对应一个不同的匝比，范围从 0.95 到 1.05。一个 4 级断路器（CB）位于 14 号母线，电容器的容量为 400kvar。五个光伏（PV）系统（额定容量为 200kVA）分别安装在 6 号、16 号、22 号、23 号和 31 号母线上。一个容量为 200kvar 的静态无功补偿装置（SVC）安装在 27 号母线。在修改后的 IEEE 69 节点配电电路中，OLTC 安装在 1 号和 2 号母线之间，具有 11 个分接头位置，对应的匝比范围从 0.95 到 1.05。两个 4 级断路器分别位于 56 号和 59 号母线，每个电容器的容量为 400kvar。两个容量为 200kvar 的 SVC 分别安装在 62 号和 64 号母线。八个光伏（PV）系统（额定容量为 200kVA）分别安装在 6 号、16 号、22 号、23 号、31 号、34 号、53 号和 60 号母线上。在修改后的 IEEE 123 节点配电电路中，OLTC 安装在 122 号和 1 号母线之间，具有 11 个分接头位置，对应的匝比范围从 0.95 到 1.05。三个 4 级断路器分别安装在 64 号、93 号和 98 号母线，每个电容器的容量为 400kvar。4 个容量为 400kvar 的 SVC 分别安装在 52 号、61 号、96 号和 97 号母线。此外，15 个光伏（PV）系统，每个光伏系统的额定容量为 600kVA，分别安装在 15 号、20 号、25 号、31 号、26 号、42 号、51 号、60 号、72 号、80 号、88 号、93 号、96 号、100 号和 109 号母线上。

电力负荷和光伏发电数据以 15min 的分辨率进行采样。为了模拟电压控制的不确定性，向这两组数据中引入了标准差为 5%的随机高斯噪声，以生成多个不同的随机场景。在训练过程中，每个回合都会从训练数据集中随机选择一组光伏输出和负荷数据，以模拟不同的电网运行场景。电力负荷根据原始 IEEE 测试配电网络中所列的空间负荷分布，分布到不同的节点上。

13.4.1　训练过程和参数设置

提出的 HAR–TD3 算法结合了多种可学习网络，包括演员网络（actor network）、评论家网络（critic network）、嵌入表（embedding table）和编码器–解码器（encoder–decoder），采用多阶段训练方法来提高网络性能和收敛性。训练过程分为三个阶段。

第一阶段，将 1000 轮训练样本收集到回放缓冲区中，然后使用这些样本对离散动作嵌入表、编码器和解码器进行 5000 轮的预训练。预训练完成后，嵌入表和 VAE 网络的参数被冻结。

第二阶段，在继续将新样本收集到回放缓冲区的同时，对演员网络和评论家网络进行 1000 轮的训练，而 VAE 和嵌入表保持冻结状态。

第三阶段，与演员网络和评论家网络的持续训练同步，对离散动作嵌入表和 VAE 网络进行微调，直至训练收敛。该微调过程进一步优化了潜在表示，并提高了整体性能。

对 VAE 组件的预训练确保了编码器和解码器具有良好的初始化，从而稳定了演员–评论家网络的训练。在初始演员—评论家阶段冻结 VAE，避免了可能影响策略学习的不稳定更新。通过在后续阶段微调 VAE 和嵌入表，系统进一步优化了其潜在表示，并在整个训练过程中提升了性能，最终实现了更稳定的收敛和更优的最终结果。训练参数设置见表 13–1。

表 13–1　训 练 设 置

参数	数值
智能体的回放缓冲区大小	100000
重构网络的回放缓冲区大小	1000000
智能体的小批量大小	128
重构网络的小批量大小	128
评论家网络的学习率	0.0003
演员网络的学习率	0.0003
重构网络的学习率	0.0001

续表

参数	数值
软更新因子	0.001
折扣因子	0.99
噪声的标准差	0.1
状态动态预测损失的权重	1

13.4.2 基线算法比较

在对比试验中，将提出的 HAR－TD3 算法与四种能够处理离散和连续混合动作的主流强化学习算法进行比较。

（1）第一种基线算法：为本章提出的 HAR－TD3 算法，但未包括本章节所提出的混合动作重构网络，记为“HAR－TD3 w/o VAE”。

（2）第二种基线算法：参数化动作空间深度确定性策略梯度算法（PA－DDPG），专为处理混合动作空间而设计。

（3）第三种基线算法：分层混合 Q 网络（HHQN），包括一个高层网络用于协调离散动作，以及一个低层网络用于学习连续参数的协调策略。HHQN 方法采用分层结构，分别训练高层和低层网络，遵循集中训练与分散执行的范式。

（4）第四种基线算法：参数化深度 Q 网络（parameterized deep Q-network，PDQN），该算法通过融合 DQN 和 DDPG 的结构，独立更新离散动作和连续动作的策略。

所有算法均在双时间尺度设置下运行，并在相同的配电系统和数据条件下进行训练。

13.4.3 电压控制性能比较

在本小节中，通过多个指标评估每种算法的电压控制性能，包括 24h 总奖励、24h 内所有节点的累计电压偏差（cumulative voltage deviation，CVV）以及每种电压控制算法的 24h 总有功功率损耗。HAR－TD3 算法及基线算法的训练过程中，这些指标的收敛曲线如图 13－4～图 13－6 所示。图中，每个点表示最近 100 次回合的平均值；实线为 5 个随机种子实验的平均值，阴影区域表示该平均值的方差范围。奖励曲线的值越高，表明网络的训练性能越好。此外，为确保稳定运行，所有节点的电压应理想地保持在 0.95 至 1.05 p.u.范围内，这意味着平均累计电压偏差曲线的收敛值应趋近于零。

对于 IEEE 33 节点配电系统，图 13－4 的奖励曲线显示，尽管提出的 HAR－TD3 算法和基线算法均能收敛，但 HAR－TD3 的最终收敛值明显高于其他基线算法。

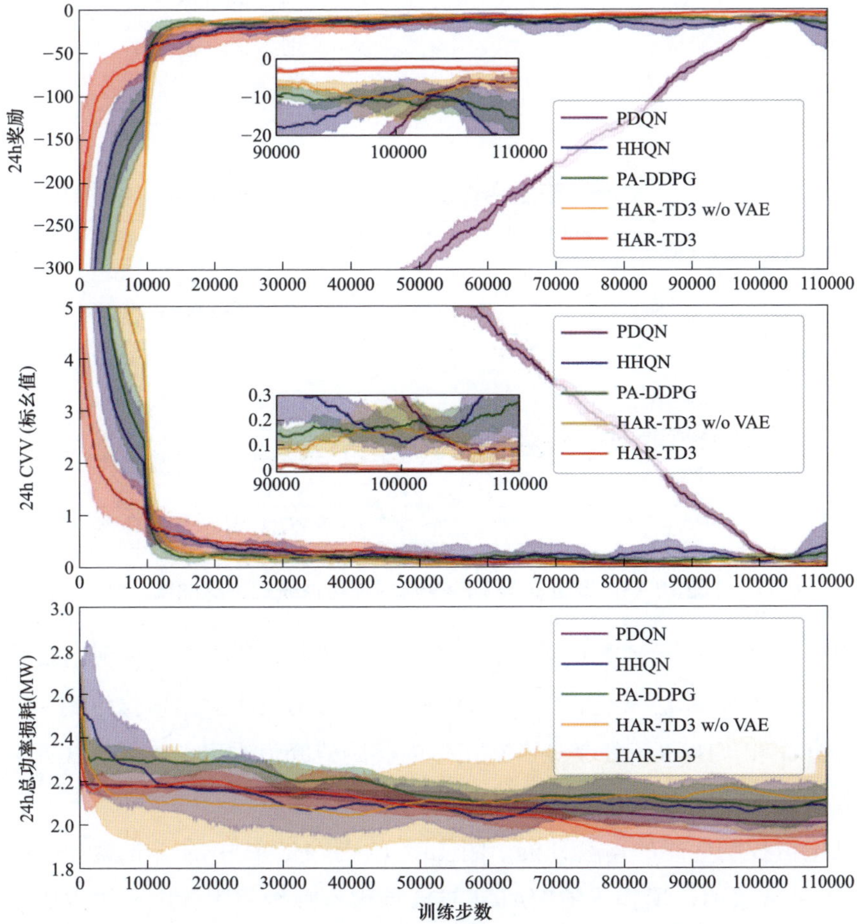

图 13－4　改进的 IEEE 33 总线配电系统的训练曲线

对于 IEEE 69 节点配电系统，如图 13－5 所示，随着配电网络环境要求的动作和状态空间维度增加，基线算法的收敛性能往往下降。值得注意的是，在这一场景中，HAR－TD3 的收敛值显著高于基线算法。

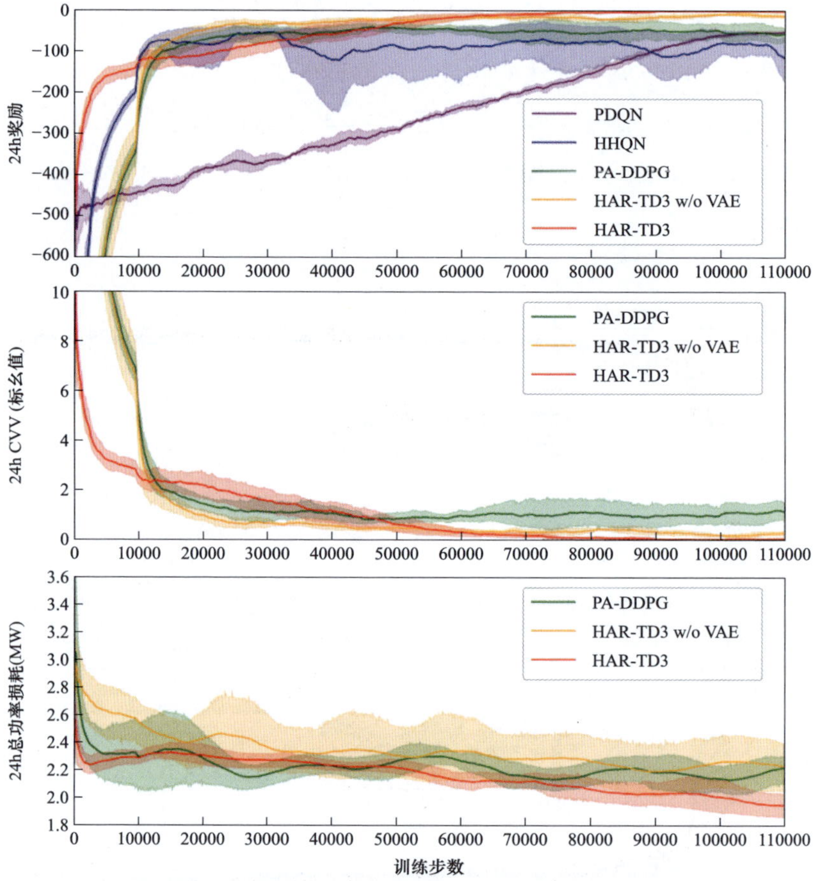

图 13-5　改进的 IEEE 69 总线配电系统的训练曲线

对于 IEEE 123 节点配电系统，如图 13-6 所示，基线算法表现出较差的收敛性能：HHQN 算法未能收敛，而 PDQN 算法的最大奖励值仅达到-1500。PA-DDPG 和“HAR-TD3 w/o VAE”的奖励值峰值约为 500，而 HAR-TD3 成功收敛，奖励值接近 0。

从电压控制性能的角度分析，图 13-4～图 13-6 中的 24h 累计电压越限（CVV）曲线表明，所提出的 HAR-TD3 能够有效地将累计电压越限值收敛至接近于零的水平。相比之下，基线算法在协调配电网中多个可控设备以保持电压在规定范围内方面表现不佳。在 IEEE 33 节点配电系统中，尽管基线算法能够将电压控制在较低的越限范围内，但其电压越限值仍高于所提出的 HAR-TD3 所实现的水平。此外，对有功功率损耗曲线的检查表明，基线算法的功率损耗收敛值高于所提出的 HAR－TD3。

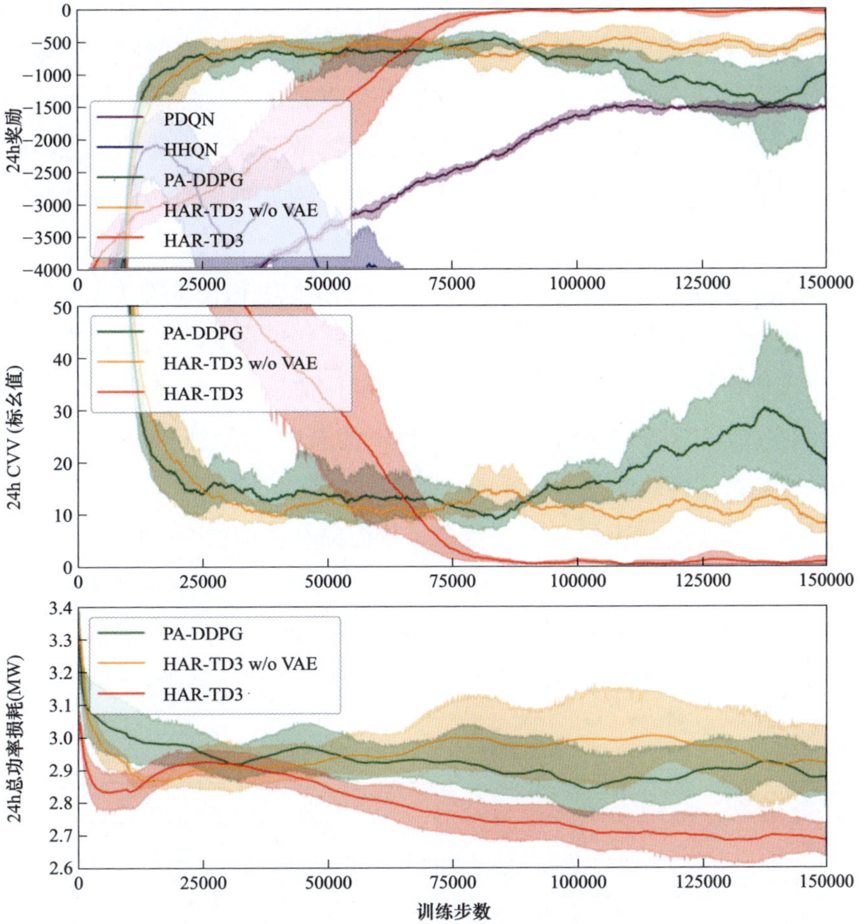

图 13－6　改进的 IEEE 123 总线配电系统的训练曲线

对于 IEEE 69 节点配电系统，通过基于更好的奖励值收敛的比较发现，在 60000 至 110000 的训练步数范围内，所提出的 HAR－TD3 成功地将电压越限降低至接近于零，同时最小化了功率损耗。而在 IEEE 123 节点配电系统中，经过 80000 次训练步数后，HAR－TD3 算法在电压越限和功率损耗方面均显著优于基线算法。使用 HAR－TD3 时，电压越限几乎被控制为零，而基线算法仍表现出相对较高的电压越限水平。

如图 13－4～图 13－6 所示，在训练的初始阶段，所提出的 HAR－TD3 的 actor 和 critic 网络需要进行探索性学习，以适应 VAE 网络的动作重构过程，这导致了较慢的收敛速度。然而，随着训练的推进，所提出的方法在最终性能上显著优于基线算法。这种改进主要得益于 VAE 网络构建的潜在表示空间。具体来说，离散动作通过嵌入表转换为可学习的向量表示，这些向量与连续动作向量相结合后输入到 VAE 中。经过 VAE 编码器处理后，生成了统一的潜在表示。在这一过程中，嵌入表和编码器捕捉到了离散动作和连续动作之间的动态关系，使得模型能够在同一表示空间内同时处理两种类型的动作，从而提高了决策的准确性。

在处理高维状态和动作时，提取有用的状态信息并做出准确决策变得更加复杂和具有挑战性。如图 13－6 所示，集成 VAE 在这些场景下显著提升了模型性能。这种改进主要得益于 VAE 在捕捉连续和离散动作依赖关系的同时，通过生成结构化表示优化了动作选择的能力。通过构建统一的潜在表示空间，VAE 改善了决策过程中关键特征的表达能力，有效过滤掉了无关或次要的信息。此能力使模型能够更高效地从高维数据中提取有用信息，从而提高决策的准确性。

根据表 13－2 提供的信息，该表显示了在 5 个随机种子下 24h 累计电压越限值的最优收敛值及其对应的网络总功率损耗的平均值，可以明显看出，所提出的 HAR－TD3 算法在离散和连续多设备电压控制任务中优于各类基线算法。

表 13－2　　不同算法的 VVC 性能比较

系统	算法	24h CVV（p.u.）	总功率损耗（MW）
33 节点系统	PDQN	4.837e－02	2.01
	HHQN	4.428e－02	2.05
	PA－DDPG	4.362e－02	2.09
	HAR－TD3 w/o VAE	1.776e－02	2.13
	HAR－TD3	2.398e－04	1.91
69 节点系统	PDQN	1.039e－00	1.80
	HHQN	6.560e－01	2.18
	PA－DDPG	5.426e－01	2.17
	HAR－TD3 w/o VAE	1.174e－01	2.22
	HAR－TD3	5.848e－04	1.98
123 节点系统	PDQN	2.781e＋01	2.86
	HHQN	3.928e＋01	2.87
	PA－DDPG	7.080e－00	2.92
	HAR－TD3 w/o VAE	4.984e－00	2.93
	HAR－TD3	1.495e－03	2.70

当电力负荷的需求超过分布式光伏的供电时，电压往往会下降。在夜间，分布式光伏不发电时，如果 OLTC 和无功补偿设备调整不足，可能会导致电压水平过低。图 13－7～图 13－9 显示了 24h 内的电压情况。在对配电系统中的每个设备进行控制之前，连续和离散电压调节设备运行不协调，导致了严重的电压越限现象。

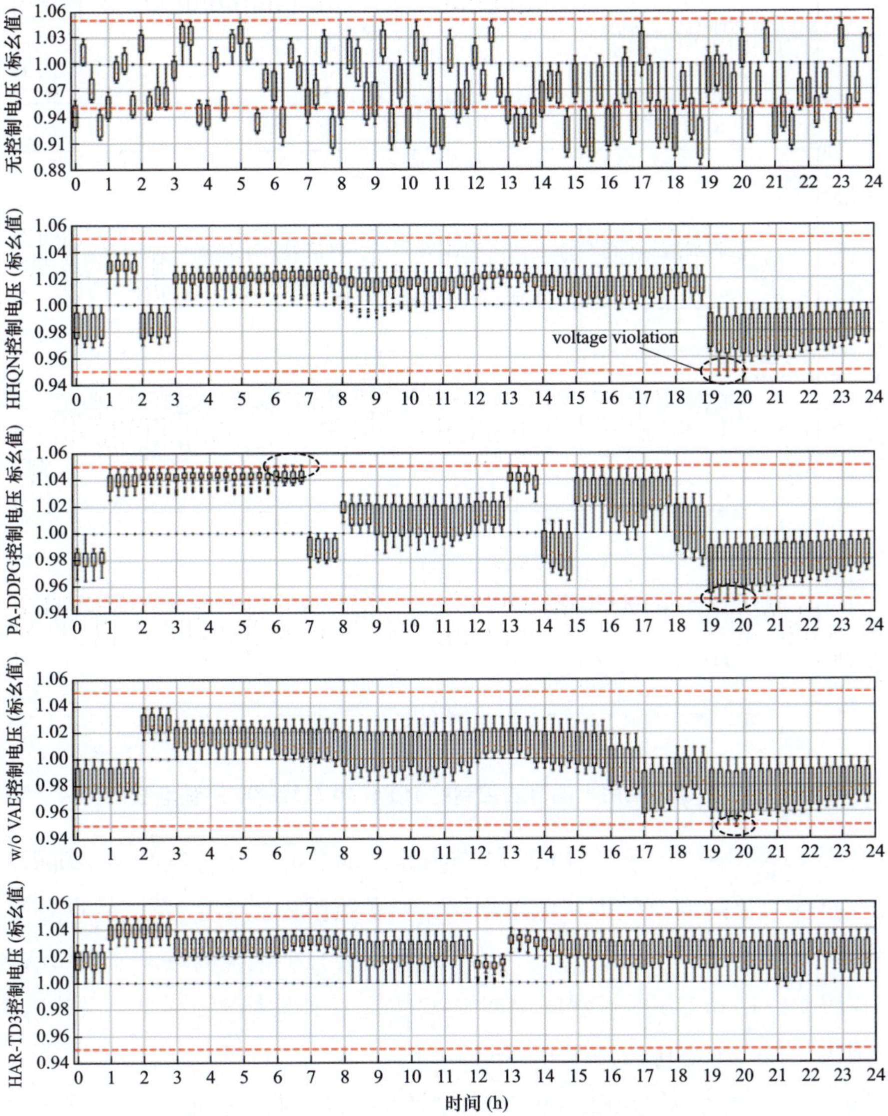

图 13－7　采用不同算法控制的 IEEE 33 总线配电系统电压

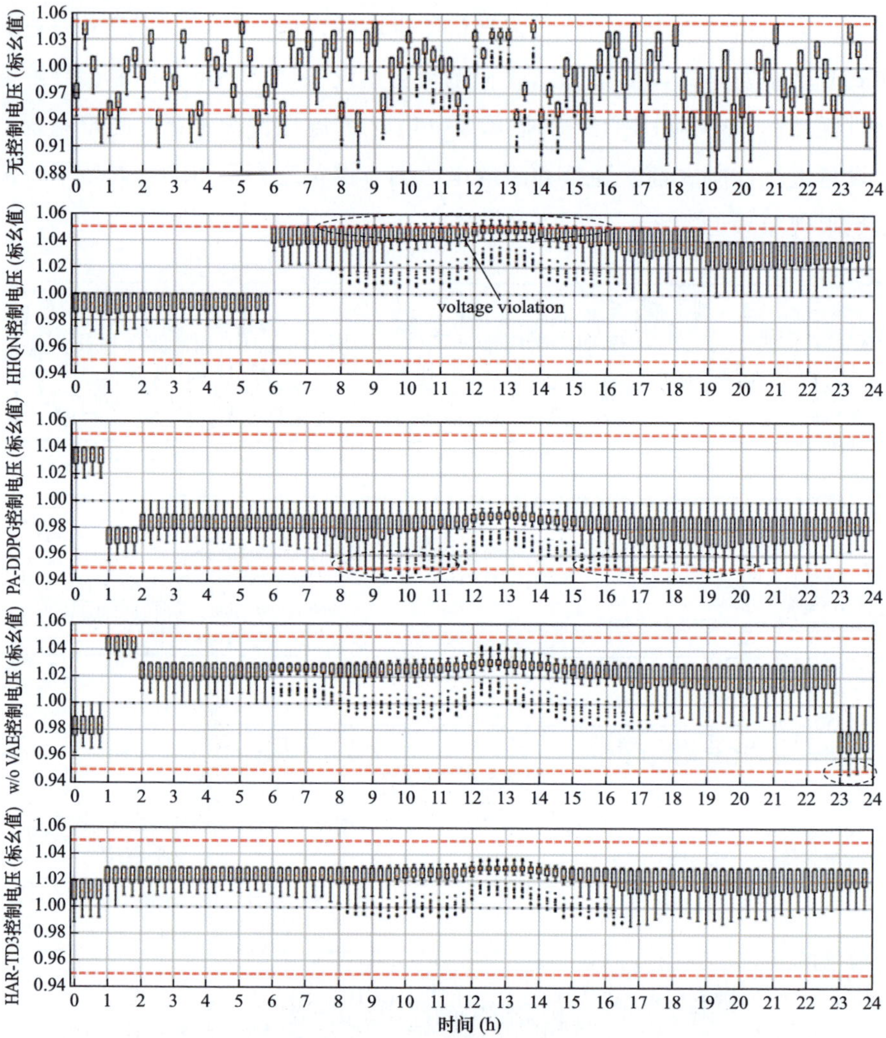

图 13-8 采用不同算法控制的 IEEE 69 总线配电系统电压

在图 13-7 中，展示了 IEEE 33 节点系统的 24h 电压控制结果。所提出的 HAR-TD3 方法能够有效地将电压维持在要求范围内。然而，在诸如晚上 7 点之后的时间段，由于光伏发电减少但电力负荷仍有小幅高峰时，基线算法难以准确调整 OLTC 和 CB 的设置或增加 SVC 的无功补偿能力。因此，系统出现低电压现象，多个节点电压降至 0.95p.u.以下。

图 13-8 展示了 IEEE 69 节点系统的 24h 电压控制结果。所提出的 HAR-TD3 方法能够有效保持电压稳定，配电网络中没有发生电压越限现象。

相比之下，在基线算法的控制下，观察到多个电压越限问题。使用 HHQN 算法时，从上午 11 点到下午 3 点，由于光伏输出过高且设备操作不当，大量电压值超过了 1.05p.u.。在 PA－DDPG 算法下，从早上 8 点到晚上 8 点的两个高峰用电时段内，许多电压值低于 0.95p.u.。在不使用动作重构网络的混合动作 TD3 算法下，从晚上 11 点到 12 点之间，有少数节点电压低于 0.95p.u.。

图 13－9 显示了 IEEE 123 节点系统的电压控制结果，在基线算法控制下，发生了大量电压越限现象。相比之下，HAR－TD3 算法能够有效管理设备运行，使电压维持在规定范围内。

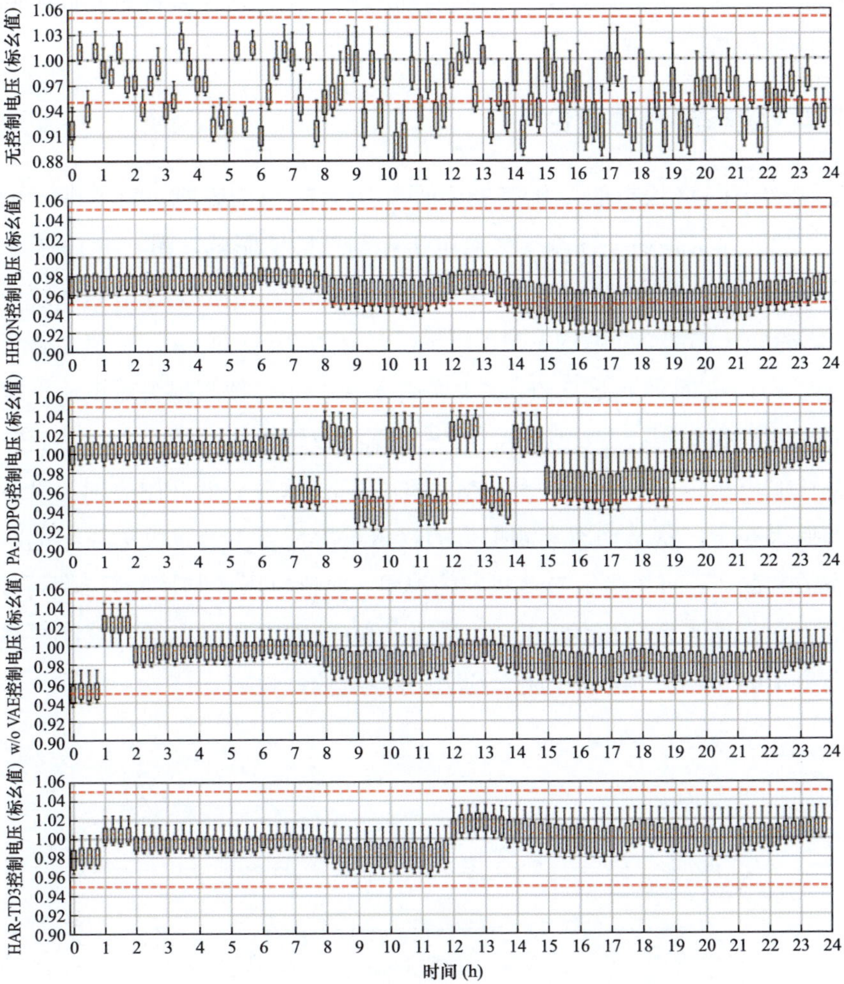

图 13－9　采用不同算法控制的 IEEE 123 总线配电系统电压

从图 13－4～图 13－9 和表 13－2 中对各算法电压控制性能的对比可以清晰地看出，所提出的 HAR－TD3 在收敛性能和电压控制效果方面表现出色。本研究中改进的混合动作空间 TD3 算法的实施展现了卓越的学习能力，同时在混合动作的协调方法上也得到了进一步优化。针对离散设备档位的多样性设置和连续设备功率值的特性，在可学习的嵌入表中为每个离散动作分配了一个连续向量。然后，基于状态和离散动作嵌入，利用变分自编码器（variational autoencoder，VAE）构建连续动作的潜在表示空间。动作重构网络结合配电网络的实时状态，将离散设备和连续设备的动作映射到同一参数空间进行重构。此过程能够学习离散和连续动作之间的动态相关性，从而实现对不同时间尺度下两类设备的最优决策。

13.4.4 状态预测的讨论

监测配电网络状态的变化有助于评估决策的长期影响。为了进一步分析式（13－22）中状态动态预测损失对电压控制性能的影响，图 13－10 展示了当式（13－23）中状态动态预测损失权重 ε 取不同值时，IEEE 33 节点系统一天内总 CVV 的变化趋势。如图 13－10 所示，当 ε 为 0～2 时，CVV 值显著下降，并在 ε 处于 1～2 时达到最低点。这表明引入状态动态预测损失对电压控制性能具有明显的积极作用。在此阶段，损失权重被设置为适中的水平，从而有效提升了系统的电压控制性能。然而，当 ε 超过 2 时，CVV 值开始迅速上升。这种增长的原因在于，状态动态预测损失的权重过大使得算法过度关注配电网络未来状态的预测，从而忽略了当前状态的决策，导致电压控制性能受到不利影响。总体而言，在适当范围内的 ε 值下，状态动态预测损失可以帮助算法更好地考虑当前决策的长期影响，从而进一步改善电压控制性能。

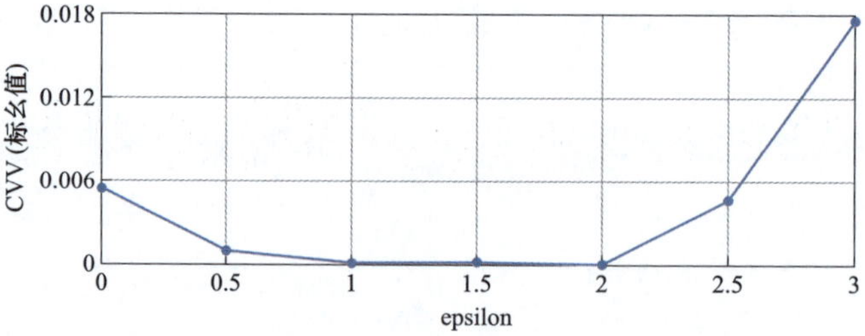

图 13－10　超参数 Epsilon 对 CVV 的影响

13.4.5 计算时间比较

表 13－3 展示了基准算法和所提出的 HAR－TD3 算法在 33 节点、69 节点和 123 节点系统中执行一个包含 96 次决策的 24h 周期所需的时间。深度强化学习的计算时间主要受模型参数数量和输入数据规模的影响，通常保持在毫秒级。从表Ⅲ的数据可以看出，随着配电网络规模的增加，算法的计算时间略有增加，但相比基准算法的增长幅度稍高，这主要是由于 HAR－TD3 的模型复杂性相较基准算法有所提高。然而，这种增加仍保持在毫秒范围内。例如，在 123 节点系统中，与基准算法相比，HAR－TD3 的电压控制结果使 CVV 降低了几个数量级。然而，全天所有决策的总计算时间仅增加了约 20ms。这一结果表明，所提出的算法在保持计算效率的同时，显著提升了电压控制性能并减少了功率损耗，且未显著增加计算时间。

表 13－3　　不同算法计算时间的比较

算法	每回合计算时间（ms）		
	33 节点系统	69 节点系统	123 节点系统
PDQN	25.3	27.4	31.2
HHQN	22.2	23.6	25.7
PA－DDPG	17.4	18.5	21.3
HAR－TD3 w/o VAE	17.4	18.6	21.5
HAR－TD3	42.8	43.9	48.6

13.5 本章小结

本章提出了一种基于混合动作空间强化学习的双时间尺度 VVC 策略，旨在优化分布式光伏系统配电网的电压/无功控制。通过提出 HAR－TD3 算法，将混合动作空间结合起来，约束离散和连续动作在不同时间尺度上运行，并设计了一个利用变分自编码器（VAE）的混合动作重建网络，促进设备间的协作。实验结果表明，HAR－TD3 在减少电压越限、提高系统稳定性、降低功率损耗方面优于现有基线算法。该算法优化了离散和连续动作的协同控制，能更好地捕捉动作之间的动态相关性。在复杂配电系统中，HAR－TD3 展现出更快的收敛速度和更高的收敛值，特别是在大规模网络如 IEEE 123 节点系统中表现突出。尽管模型复杂，HAR－TD3 的计算时间仍保持在毫秒级，并且随着网络规模的增加，计算时间仅轻微增加。本章的 HAR－TD3 算法通过混合动作空间和潜在表示空间的设计，有效提升了配电系统的电压控制性能，未来可进一步探索适用于大规模配电网的分布式强化学习算法，特别是针对多约束优化问题和高效协同控制的研究。

参 考 文 献

［1］ D. P. Kingma and M. Welling, “Auto-encoding variational bayes,” in Proceedings of the 2nd International Conference on Learning Repre-sentations(ICLR), Banff, Canada, Apr. 2014, pp. 1－14.

［2］ T. P. Lillicrap, J. J. Hunt, A. Pritzel et al. , “Continuous control with deep reinforcement learning, ”Journal of Lightwave Technology, CoRR, vol. abs/1509. 02971, 2015.

［3］ W. Masson, P. Ranchod, and G. Konidaris, “Reinforcement learning with parameterized actions,” in Proceedings of the 30th Association for the Advancement of Artificial Intelligence Conference on Artificial Intelligence, Phoenix, Arizona, USA, Feb. 2016, pp.1934－1940.

［4］ B. Li, H. Tang, Y. Zheng et al., “Hyar: Addressing discrete-continuous action reinforcement learning via hybrid action representation,” in Proceedings of the 10th International Conference on Learning Representations(ICLR), Virtual Event, Austria, Apr. 2022, pp.1－22.

［5］ M. E. Baran and F. F. Wu, “Network reconfiguration in distribution systems for loss reduction and load balancing,” IEEE Transactions on Power delivery, vol.4, no.2, pp.1401－1407, Apr. 1989.

［6］ M. J. Hausknecht and P. Stone, “Deep reinforcement learning in parameterized action space,” in Proceedings ofthe 4th International Conference on Learning Representations (ICLR), San Juan, Puerto Rico, May 2016, pp.1－12.

[7] H. Fu, H. Tang, J. Hao et al., "Deep multi-agent reinforcement learning with discrete-continuous hybrid action spaces," in Proceedings of the Twenty-Eighth International Joint Conference on Artificial Intelligence (IJCAI – 19), Macao, China, Aug. 2019, pp.2329 – 2335.

[8] J. Xiong, Q. Wang, Z. Yang et al., "Parametrized deep q-networks learning: Reinforcement learning with discrete-continuous hybrid action space," CoRR, vol.abs/1810.06394, 2018.